왕초보 유튜브 부업왕

소소한 용돈부터 월세 수익까지
현직 유튜버의 영업비밀 대공개!

문준희(수다쟁이쭌) 지음

진원

왕초보 유튜브 부업왕

초판 1쇄 발행 2019년 7월 2일
초판 3쇄 발행 2021년 12월 13일

지은이 • 문준희
발행인 • 강혜진
발행처 • 진서원
등록 • 제2012-000384호 2012년 12월 4일
주소 • (03938) 서울시 마포구 월드컵로36길 18 삼라마이다스 1105호
대표전화 • (02) 3143-6353 / **팩스** • (02) 3143-6354
홈페이지 • www.jinswon.co.kr | **이메일** • service@jinswon.co.kr

편집진행 • 김혜영 | **기획편집부** • 한주원, 최고은 | **베타테스터** • 강현식, 강준규
표지 및 내지 디자인 • 디박스 | **일러스트** • 남은비 | **인쇄** • 교보피앤비 | **마케팅** • 강성우

ISBN 979-11-86647-30-1 13560

진서원 도서번호 18001

값 19,800원

SPECIAL THANKS TO

유튜브를 처음 시작하는 왕초보 분들이 책을 통해 더욱 풍성하게 크리에이터의 세계를 이해할 수 있도록 협조해주신 유튜브 크리에이터 분들께 감사의 인사를 전합니다. 이분들의 도움이 없었다면 책이 완성되지 못했을 겁니다. 지면을 통해 다시 한번 고맙다는 말씀을 드립니다.

갑수목장님, 공돌이 용달님, 급등백프로님, 김기수님, 또또TV님, 라임튜브님, 레이니님, 리뷰엉이님, 마이미니라이프님, 메탈킴님, 발없는새님, 백수골방님, 쇼킹부동산님, 안될과학님, 영국남자님, 오창영님, 온도님, 이사배님, 자도르님, 장삐쭈님, 제이플라님, 쩡대님, 책그림님, 체리 콕콕님, 최성TV님, 콩마니님, 크리에이터 쫜느님, 타코리뷰님, 토이문님, 토이천국님, 트위티님, 피로님, 한세님, ARTBEAT님, Brad Hall님, Blimey님, Dana ASMR님, OKCUT님, POWER MOVIE님, Soy ASMR님, 1분과학님

모두 진심으로 감사드립니다.

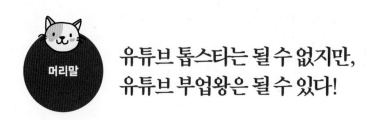

유튜브 톱스타는 될 수 없지만,
유튜브 부업왕은 될 수 있다!

회사원, 공무원, 전문직, 자영업자까지
1,000명 이상의 수강생을 만나고 나서 쓴 책

　시중에는 이미 수많은 유튜브 서적이 나와 있다. 하지만 다른 세상에서 살고 있는 유튜브 스타나 많은 시간을 쏟아 부어야 하는 전업 유튜브 크리에이터 기준으로 노하우를 소개한 책들은 평범한 직장인이나 가볍게 유튜브를 시작해볼까 하는 사람들에게는 먼 이야기다. 필자는 '퇴사학교'에서 '왕초보 유튜브 크리에이터 스쿨'을 통해 수년간 1,000명이 넘는 수강생을 만났고, 평범한 직장인이 어떻게 유튜브로 수익을 얻을 수 있을지를 연구하며 시간을 보냈다. 수강생들은 전직 시장, 기자, PD, 변호사 등 전문직은 물론 대기업 신입사원, 중소기업 대리, 공무원, 자영업자 등 20대부터 60대까지 다양했고, 그간 유튜브에 대해 막연하게 관심을 가졌을 뿐 구체적인 계획을 세워둔 상태는 아니었다.

　그런 그들에게 전업 유튜브 크리에이터를 기준으로 처음부터 각종 전문지식을 쏟아내는 스파르타 교육은 눈높이에도 맞지 않고 이해하기도 쉽지 않았다. 대부분이 직장 생활을 병행해야 했기에 절대적인 시간조차 부족했다. 이렇듯 여러 가지로 제한된 상황에서 필자는 '부업으로 유튜브를 시작해서 수익을 낼 수 있는 방법은 과연 무엇인가?'를 고민하며 수업 커리큘럼을 보완해나갔다.

매달 일정 수익이 목표!
10만원이 50만원으로, 50만원이 100만원으로!

《왕초보 유튜브 부업왕》은 수강생들이 본업과 병행할 수 있는 부업으로 유튜브를 시작해 유튜브 크리에이터로 정착할 수 있도록 실현 가능한 내용과 방법을 추려서 그 엑기스만을 담은 책이다.

대박을 목표로 유튜브 스타를 꿈꾸는 사람들에게는 실망스러울지 모르겠지만, 매주 2개의 콘텐츠를 1년 반에서 2년 이상 꾸준히 제작할 정도로 끈기 있는 사람들에게는 이 책이 매달 소정의 수익을 얻게 해 주는 귀한 마중물이 되리라 생각한다. 실제로 이 책에 담은 내용을 익힌 수강생 중에는 회사생활과 병행하며 부수입을 얻고 있는 분들이 많다. 그리고 직장생활을 하면서 부업으로 시작했지만, 1년도 안 되는 기간에 상당한 수익을 벌어 퇴사하고 전업 유튜브 크리에이터로 활동하는 분도 있다.

과욕보다 꾸준함이 먼저!
유튜브 부업왕은 바로 여러분!

어떤 길을 택하든 유튜브는 개인이 조직에 기대지 않고 성실한 작업을 통해 꾸준히 수익을 낼 수 있는 뉴미디어 플랫폼이자, 아직도 개척되지 않은 영역이 많은 기회의 땅이다. 이 책을 통해 유튜브로 수익을 내는 사람들의 이야기가 더 이상 남이 아닌 여러분의 이야기가 되기를 소망한다.

처음부터 과욕을 내지 않고 작게라도 실행하여 꾸준히 운영한다면 누구나 그럴 수 있으리라 생각한다. 대박을 내는 유튜브 스타는 아무나 될 수 없어도 부업으로 어느 정도의 수익을 내는 유튜브 부업왕은 누구나 될 수 있기 때문이다.

문준희

유튜브 부업왕 3가지 유형!

나는 어떤 부업왕이 돼볼까?

제2의 월급을 원한다면?	은퇴 후 노후를 준비한다면?	무료로 내 가게를 홍보하려면?

1 │ 직장인 부업 유튜버	2 │ 노후 준비 유튜버	3 │ 창업 준비 유튜버

대표사례 ©마이미니라이프	대표사례 ©최성TV	대표사례 ©자도르
월세 수익 창출!	용돈 수익 창출!	돈 안 들이고 가게 홍보!

나에게 맞는 유튜브 콘텐츠 찾기!
(Feat. 얼굴 공개 안 해도 OK!)

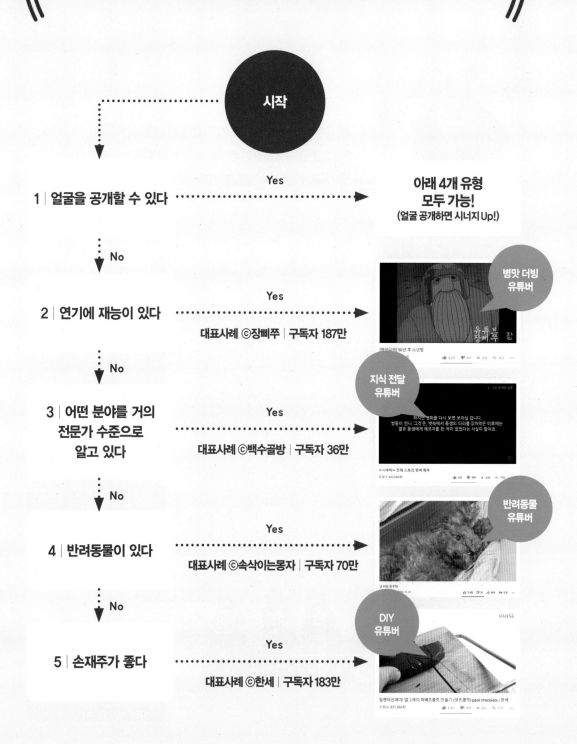

시작

1 │ 얼굴을 공개할 수 있다 ·········· **Yes** ·········▶ **아래 4개 유형 모두 가능!**
(얼굴 공개하면 시너지 Up!)

↓ No

2 │ 연기에 재능이 있다 ·········· **Yes** ·········▶ **병맛 더빙 유튜버**
대표사례 ⓒ장삐쭈 │ 구독자 187만

↓ No

3 │ 어떤 분야를 거의 전문가 수준으로 알고 있다 ·········· **Yes** ·········▶ **지식 전달 유튜버**
대표사례 ⓒ백수골방 │ 구독자 36만

↓ No

4 │ 반려동물이 있다 ·········· **Yes** ·········▶ **반려동물 유튜버**
대표사례 ⓒ속삭이는몽자 │ 구독자 70만

↓ No

5 │ 손재주가 좋다 ·········· **Yes** ·········▶ **DIY 유튜버**
대표사례 ⓒ한세 │ 구독자 183만

유튜브 부업왕이 되는 3분 동영상의 비밀!

조회 수 상승! 구독자 수 폭발!

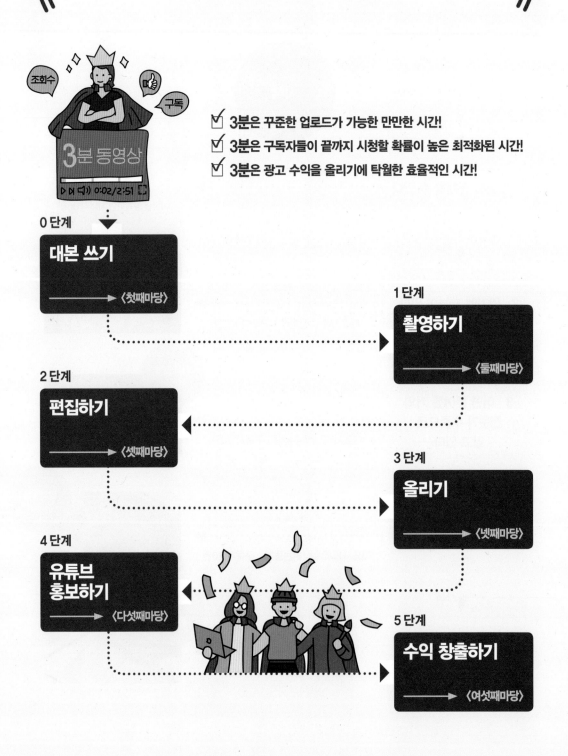

☑ **3분**은 꾸준한 업로드가 가능한 만만한 시간!

☑ **3분**은 구독자들이 끝까지 시청할 확률이 높은 최적화된 시간!

☑ **3분**은 광고 수익을 올리기에 탁월한 효율적인 시간!

0 단계

대본 쓰기
───▶ 〈첫째마당〉

1 단계

촬영하기
───▶ 〈둘째마당〉

2 단계

편집하기
───▶ 〈셋째마당〉

3 단계

올리기
───▶ 〈넷째마당〉

4 단계

유튜브 홍보하기
───▶ 〈다섯째마당〉

5 단계

수익 창출하기
───▶ 〈여섯째마당〉

목
차

머리말   6

|| 준비마당 ||
유튜브 부업왕 되는 법
24

01 유튜브는 세계 최고 커뮤니티! 기회의 장!   26

유튜브는 단순 공유가 아닌, 커뮤니티!   26

구독자 증가의 핵심은 꾸준한 소통!   27

유튜브 커뮤니티를 끈끈하게 – 구독자 수별 7단계 혜택   28

02 유튜브 부업왕의 자격 – 구독자 1,000명+시청 시간 4,000시간   31

유튜브 수익 2가지 – 광고, 후원   31

구독자 수와 시청 시간을 달성해야 YPP 참여 가능!   32

왕초보도 꾸준히 업로드하면 목표달성 가능!   33

03 유튜브 부업왕 3가지 유형 살펴보기   36

처음부터 전업 유튜버를 꿈꾸는 것은 비추!   36

부업은 이들처럼 1 | 직장인 부업 유튜버   37

부업은 이들처럼 2 | 노후 준비 유튜버   38

부업은 이들처럼 3 | 창업 준비 유튜버   39

04 **얼굴 공개는 싫지만, 유튜버는 하고 싶다면?** 40

얼굴 공개가 싫어서 유튜버를 포기한다고? 40

대안 1 | 목소리만 출연하기 41

대안 2 | 신체 일부만 출연하기 42

대안 3 | 화면 녹화로 진행하기 43

05 **돈 없이 시작하자! – 무료 소스, 무료 프로그램** 44

시작은 부담 없이, 장비 욕심은 나중에! 44

상업적으로 이용할 수 있는 유튜브 오디오 라이브러리 46

06 **이것만 알면 나도 유튜버 – 찍고, 편집하고, 올리고!** 50

조회 수와 구독자 수를 늘리는 비법은? 영상 콘텐츠! 50

0 | 대본 쓰기 – 대사, 행동, 화면구성을 간단하게 51

1 | 촬영하기 – 왕초보는 스마트폰 촬영 추천 52

2 | 편집하기 – 영상 자르고 붙이고, 자막과 음악 넣기 53

3 | 올리기 – 유튜브에 업로드하기 54

07 **알쏭달쏭 유튜브 아이템 선택, 레드오션이 유리하다?** 56

추천 동영상 알고리즘 때문에 블루오션은 No! 56

유튜브에서 인기만점! 10가지 유형의 콘텐츠 57

어떤 아이템을 선택해야 할까? 63

08 **유튜브 부업왕이 되기 위한 생활습관 5단계** 66

유튜브 부업왕의 첫 번째 조건은 꾸준한 업로드 66

1 | 하루 일과표 만들기 67

2 | 콘텐츠 기획 먼저 하기 68

3 | 기획한 콘텐츠 간단하게 제작하기 69

4 | 일주일에 2~3개씩 꾸준히 업로드하기 69

5 | 시간관리 최적화하기 70

|| 첫째마당 ||

초간단! 3분 동영상 대본 쓰기

76

09	**동영상 콘텐츠 기획은 벤치마킹부터!**	78
	경쟁자의 인기 콘텐츠 VS 비인기 콘텐츠	78
	인기 콘텐츠 비틀어보기 – 3줄 구성법	81
10	**내 채널의 방향성 정하기 – 채널명, 콘셉트, 타깃팅**	84
	채널명은 부담 없이 친근하게	84
	채널 콘셉트는 콘텐츠와 채널명이 잘 어우러지게	86
	선순환 효과를 얻기 위한 예비 구독자 타깃팅하기	88
11	**초간단! 영상기획서 작성법 – 6하원칙**	91
	1	비틀어보기로 영상기획서 틀 잡기	92
	2	6하원칙으로 영상기획서 구체화하기	93
	3	제작비용 산출하기	94
	나만의 영상기획서 작성하기	95
12	**손쉬운 3분 동영상 대본 작성법**	97
	왕초보는 짧고 쉬운 3분 동영상부터	97
	수익과 최대 시청 시간을 위한 최적의 3분	98
	3분 동영상 대본 작성하기	99
	1	아이디어 떠올리기 – 포인트 장면을 중심으로	100
	2	대본 쓰기 – 제목과 멘트 중심으로	101
	3	대본 수정하기	102
	4	대본 점검하기	103

13　**일정 확인과 소품 준비는 촬영 하루 전까지 완료!**　　　106

　　준비가 철저할수록 촬영 시간 단축!　　　106

　　1 | 스케줄 확인하기　　　107

　　2 | 촬영 소품 준비하기　　　108

　　3 | 촬영 장비 점검하기　　　108

14　**왕초보 유튜버를 위한 카메라 추천 Tip**　　　112

　　1 | 스마트폰 – 왕초보 추천　　　112

　　2 | 고프로 – 야외 촬영을 위한 액션캠　　　113

　　3 | DSLR 카메라 – 유튜브 숙련자 추천　　　114

　　4 | 미러리스 카메라 – 가성비 갑!　　　114

　　▶도전 유튜버◀ 스마트폰 촬영 기본기 다지기　　　116

15　**유튜브에 적합한 촬영샷과 구도 정하기**　　　123

　　화면에 인물이 담긴 정도로 구분하는 촬영샷　　　123

　　야외는 풀 샷, 실내는 바스트 샷과 웨이스트 샷　　　125

　　시청자 눈높이에 맞게 정중앙에서 촬영　　　126

16　**유튜브 동영상은 고정 촬영이 무난!**　　　127

　　왕초보에게 적합한 카메라 고정 촬영　　　127

　　뷰티 콘텐츠 유튜버라면? 조명이 필수!　　　128

17   **스마트폰으로 3분 동영상 촬영하기**   131

1 | 리허설로 문제 상황 미리 파악하기   131

2 | 대본 순서대로 촬영하기   132

3 | 촬영 결과 확인하고 재촬영하기   133

4 | 작업 결과물 백업하기   133

18   **오캠으로 촬영 대신 컴퓨터 화면 녹화하기**   134

화면 녹화로 얼굴 공개 없이 유튜버 되기   134

워터마크가 없고, 고화질 녹화가 가능한 '오캠'   135

컴퓨터 녹화 프로그램의 종류와 특징   136

▶도전 유튜버◀ 오캠으로 컴퓨터 화면 녹화, 녹음하기   138

|| 셋째마당 ||
프리미어 프로 3분 동영상 편집하기
142

19   **3분 동영상 편집 5단계면 완성!**   144

한눈에 보는 영상 편집 5단계   144

1 | 편집 폴더 만들기   144

2 | 편집영역(시퀀스) 만들기   146

3 | 타임라인에 영상과 소리 배열하기   146

4 | 자막과 음악 넣기   147

5 | mp4 파일로 추출하기   149

20 유료 VS 무료! 영상 편집 프로그램의 특징　　　　　　151
　　다양한 편집을 원한다면 유료 프로그램 추천　　　　　　151
　　왕초보 추천! 영상 편집 프로그램의 종류와 특징　　　　　　152

21 동영상 No.1 편집 프로그램, 프리미어 프로 살펴보기　　　　　　156
　　영상 편집 기능 총집합! 프리미어 프로　　　　　　156
　　프리미어 프로 작업 화면 한눈에 보기　　　　　　157
　　작업 영역으로 편집 순서 이해하기　　　　　　160

22 실전! 3분 동영상 편집하기　　　　　　163
　　촬영된 영상이 없다면, 실습 예제 따라하기　　　　　　163
　　▶도전 유튜버◀ 프리미어 프로 설치하고 편집 폴더 만들기　　　　　　165
　　▶도전 유튜버◀ 편집 영역(시퀀스) 만들고 영상과 음악 불러오기　　　　　　172
　　▶도전 유튜버◀ 영상을 자르고 붙이고 편집하기　　　　　　175
　　▶도전 유튜버◀ 동영상에 배경음악(BGM) 넣기　　　　　　187
　　▶도전 유튜버◀ 동영상에 자막 넣기　　　　　　190
　　▶도전 유튜버◀ 완성된 영상을 mp4 형식으로 만들기　　　　　　197

23 조회 수 높이는 섬네일 만들기　　　　　　202
　　호기심과 흥미를 유발하는 섬네일　　　　　　202
　　시청자의 눈길을 끌어야 조회 수 상승!　　　　　　203
　　좋은 섬네일은 벤치마킹과 자기 객관화가 중요　　　　　　204
　　섬네일 제작 체크리스트　　　　　　204
　　섬네일은 무료 프로그램으로도 충분!　　　　　　206
　　▶도전 유튜버◀ 파워포인트로 섬네일 만들기　　　　　　208

|| 넷째마당 ||
유튜브 채널 만들고 동영상 올리기
214

24	**유튜브 채널과 브랜드 계정 만들기**	216
	업로드하기 전 내 채널부터 만들자!	216
	유튜브 브랜드 계정을 만드는 이유	217
	유튜브 운영에는 크롬을 추천	218
	▶도전유튜버◀ 유튜브 채널 개설하고 브랜드 계정 만들기	219
	▶도전유튜버◀ 유튜브 계정 확인받기	225
	▶도전유튜버◀ 브랜드 계정에 관리자 추가하기	229

25	**유튜브 채널 브랜딩 – 채널 아트, 채널 아이콘**	232
	브랜딩이란 시청자에게 이미지를 각인시키는 것	232
	채널 아트의 적정 사이즈는 2560×1440px	233
	채널 아이콘의 적정 사이즈는 800×800px	234
	무료 사이트 활용해 채널 아이콘 만들기	235
	채널 아이콘 자체 제작하기	237
	▶도전유튜버◀ 아바타메이커로 채널 아이콘 만들기	238
	▶도전유튜버◀ 유튜브에 채널 아이콘 적용하기	240
	▶도전유튜버◀ 파워포인트로 채널 아트 만들고 적용하기	242

26	**조회 수 Up! 영리하게 동영상 올리기**	249
	동영상, 업로드가 끝이 아니다!	249
	조회 수 높이고 시청 시간 늘리는 업로드 방법	250
	▶도전유튜버◀ 내가 만든 동영상 유튜브에 올리기	252

▶도전 유튜버◀ 최종 화면에 〈구독〉 버튼과 추천 동영상 추가하기   258

▶도전 유튜버◀ 유튜브 채널에서 재생목록 만들기   263

▶도전 유튜버◀ 채널 홈에 재생목록 추가하기   267

▶도전 유튜버◀ 유튜브 동영상 수정하기 – 제목, 설명, 태그, 섬네일   269

27   채널 레이아웃 변경하기   273

방문자 특성별로 달라지는 채널 레이아웃   273

채널 레이아웃에서 설정할 수 있는 기능   274

▶도전 유튜버◀ 신규, 재방문 구독자용 영상 자동 재생하기   276

▶도전 유튜버◀ 채널 설명과 채널 아트에 SNS 링크 넣기 – 채널 정보   279

|| 다섯째마당 ||
구독자 수 늘리는 최강 홍보법
284

28   외부 커뮤니티에 내 채널 홍보하기   286

커뮤니티를 활용해 내 채널을 홍보하자   286

주의사항 1 | 대놓고 홍보하지 말 것!   287

주의사항 2 | 관련 커뮤니티가 아닌 곳에 공유하지 말 것!   287

주의사항 3 | 구독자 수 1만~3만명까지는 적극적으로 공유할 것!   288

▶도전 유튜버◀ YouTube 스튜디오로 시청자 유입경로 분석하기   289

29 블로그, 인스타그램에 내 영상 공유하기 294

네이버 블로그는 반드시 개설하라 294

여성 분야 채널은 인스타그램이 필수! 296

꾸준한 홍보가 중요! 296

▶도전유튜버◀ 네이버 블로그에 유튜브 영상 공유하기 298

▶도전유튜버◀ 인스타그램에 유튜브 영상 링크 및 업로드하기 300

30 외국어 번역 기능으로 해외 구독자 모으기 304

외국어 자막과 제목을 통해 해외 구독자 확보하기 304

다양한 나라의 언어로 번역하기 305

▶도전유튜버◀ 영상에 외국어 자막 추가하기 306

▶도전유튜버◀ 시청자에게 자막 번역 요청하기 311

▶도전유튜버◀ 영상 제목 및 설명 번역하기 313

31 노출 가능성 높이는 메타데이터 활용법 315

조회 수를 높여주는 메타데이터 315

인기 채널의 숨은 비밀, 메타데이터 316

▶도전유튜버◀ 인기 키워드 추출해 메타데이터로 활용하기 318

32 구독자 수 늘리는 댓글 활용법 321

시청자를 충성 구독자로 바꾸는 답글 321

댓글 기능으로 댓글 Up! 스팸 Out! 322

▶도전유튜버◀ 악성 댓글 차단 및 필터링하기 325

33 적극적으로 구독 요청하기 – 구독 팝업, 카드, 브랜딩 328

적극적으로 구독을 요청하는 3가지 방법 328

클릭만 해도 메시지가 나타난다! 구독 팝업 329

시청자와 소통할 수 있는 카드 기능 329

동영상 시청 중에도 구독 가능! 브랜딩 331

▶도전유튜버◀ 구독 팝업 설정하기 332

▶도전유튜버◀ 카드 기능 활용하기   335

▶도전유튜버◀ 영상에 브랜딩 추가하기   341

34 진성 구독자는 물론 수익 창출까지 – 실시간 스트리밍(슈퍼챗)   343

라이브 방송으로 진성 구독자 수 늘리기   343

실시간 스트리밍으로 수익 창출 – 슈퍼챗   344

실시간 스트리밍은 구독자 수 1만~5만 명 이상일 때 추천!   345

1 | 실시간 스트리밍 콘텐츠 준비하기   346

2 | 실시간 스트리밍 장비 점검하기   347

3 | 실시간 스트리밍 진행하기   349

▶도전유튜버◀ 노트북(PC)으로 실시간 스트리밍 진행하기   350

▶도전유튜버◀ 스마트폰으로 실시간 스트리밍 진행하기   356

|| 여섯째마당 ||

유튜브 부업왕 되는 애드센스 활용법

358

35 YouTube 파트너 프로그램 참여로 수익 창출하기   360

YouTube 파트너 프로그램에 참여 신청하기   360

왕초보 Q&A! YouTube 파트너 프로그램   363

▶도전유튜버◀ YouTube 파트너 프로그램 참여하기   365

36 **유튜브로 어떻게 돈을 벌까?** – 유튜브 수익 채널   372

유튜브도 미디어, 광고 수익은 애드센스로 입금!   372

유튜브 광고 형식 6가지 총정리   373

유튜브 광고 외 수익 채널 3가지   377

왕초보 Q&A! 유튜브 수익 모델   379

37 **유튜브 광고 수익 정산받기**   382

외화로 입금되는 유튜브 광고 수익   382

왕초보 Q&A! 유튜브 광고 수익   383

▶도전 유튜버◀ 광고 수익 확인하고 내 계좌로 지급받기   384

38 **유튜브 밖에서도 돈 버는 유튜브 부업왕**   390

다양한 수익을 얻기 위한 유튜브 기초 체력 만들기   390

체력이란? 콘텐츠 제작과 실행!   391

정신력이란? 채널 기획과 운영!   392

유튜브 추가 수익 1 | 브랜디드 콘텐츠 제작   394

유튜브 추가 수익 2 | 강연료   396

유튜브 추가 수익 3 | 온라인 마케팅 대행   397

유튜브 추가 수익 4 | 방송 등 게스트 출연료   398

유튜브 추가 수익 5 | 오프라인 행사 패널 참가비   399

맺음말   400

찾아보기   403

Tip
목차(가나다순)

[타임라인] 패널에서 곧바로 영상 편집하기　184

#(해시태그) 사용 시 주의사항　320

SWIFT 은행 식별 코드　387

YPP 참여 후 수익이 발생하면 어떻게 되나요?　370

3분 동영상, 스마트폰으로도 편집 가능!　200

3분 동영상을 만들기 위한 최소 촬영분　133

공정 사용, 저작권에서 자유롭다!　48

광고 형식을 바꾸고 싶어요!　371

구독자 수 쑥쑥 늘리는 댓글 노하우　324

구독자가 많아지면 어떤 점이 좋은가요?　297

귀찮은데 자막을 꼭 넣어야 하나요?　191

기본 크리에이터 환경 설정 바꾸기　226

내 콘텐츠의 매력도는 얼마? – 평균 조회율　364

내가 적당히 좋아하는 아이템이
　최고의 유튜브 아이템!　75

도전! 유튜브 부업왕 시간관리 계획표　71

동영상 캡처하는 법　207

동영상 콘텐츠 폴더 관리법　155

맥 사용자는 퀵타임으로 화면 녹화　140

무료 폰트 사용하기　196

미러리스 카메라 구매 시 주의사항　121

배경음악을 고르기 힘들 땐 어떻게 하면 될까요?　189

섬네일 제작 시 권장사항　207

섬네일 효과, 다음에도 똑같이
　사용하고 싶다면?　213

섬네일의 적정 용량은 2MB!　251

스마트폰에서 동영상 업로드하기　255

스크립트 작성 및 자동 동기화 사용 시 유의사항　309

슬라이드 크기 조절하는 법　209

시청 시간이 상위노출 가능성을 높인다!　319

시퀀스 설정 시 프레임 크기 지정하는 법　173

실시간 스트리밍 중 자막을 넣고 싶다면
　– OBS 스튜디오　355

업로드는 규칙적으로, 처음엔 비공개로!
　– 예약, 비공개 기능 활용법　256

업로드한 동영상 제목과 설명,
　간단하게 수정하기　272

영상 업로드 추천 시간은
　평일 16~19시, 주말 09~11시　283

영상 재생 속도가 너무 느리다면?　186

유튜브 광고 수익 수령 시 수수료 아끼는 방법　389

유튜브 동영상 확장자는 mp4　150

유튜브 시장의 틈새를 노려라! – 퍼플오션　65

유튜브 채널 주소,
　내 마음대로 설정하고 싶어요!　334

유튜버도 소속사가 있다? – MCN   381

유튜브에서 간단하게 블로그 포스팅하기   299

음성 싱크 맞추는 법   189

인기 동영상 스스로 기획하기   82

잠깐! 링크 공유하기 전 주의사항   303

저작권 침해 걱정 없는 무료 이미지 사이트   47

저작권 침해 동영상은 수익 창출 불가능!   35

집 공개가 싫다면, 어디에서 촬영할까?   111

채널명을 바꾸고 싶어요!   224

채널 사용자별 권한   231

프리미어 프로 자동 결제를 취소하고 싶어요   170

프리미어 프로 자동 저장이란?   199

SOS
궁금한 점이 있다면?
저자에게 무엇이든 물어보세요

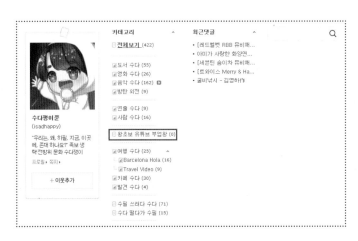

문준희 저자가 운영하는 블로그(수다쟁이쭌, blog.naver.com/isadhappy)에 접속해서 〈왕초보 유튜브 부업왕〉 게시판의 Q&A 글에 댓글로 질문을 남기면 저자의 답변을 받아볼 수 있습니다.

01 | 유튜브는 세계 최고 커뮤니티! 기회의 장!

02 | 유튜브 부업왕의 자격 – 구독자 1,000명 + 시청 시간 4,000시간

03 | 유튜브 부업왕 3가지 유형 살펴보기

04 | 얼굴 공개는 싫지만, 유튜버는 하고 싶다면?

05 | 돈 없이 시작하자! – 무료 소스, 무료 프로그램

06 | 이것만 알면 나도 유튜버 – 찍고, 편집하고, 올리고!

07 | 알쏭달쏭 유튜브 아이템 선택, 레드오션이 유리하다?

08 | 유튜브 부업왕이 되기 위한 생활습관 5단계

준 | 비 | 마 | 당

유튜브 부업왕
되는 법

01 유튜브는 세계 최고 커뮤니티! 기회의 장!

유튜브는 단순 공유가 아닌, 커뮤니티!

"유튜브를 사용한다는 것은 전 세계 사람들과 함께하는 커뮤니티의 일원이 된다는 것입니다."

유튜브 사이트의 정책 및 안전 페이지에 나오는 첫 문장인데요, 유튜브는 2005년 2월 페이팔에 다니던 채드 헐리(Chad Hurley), 스티브 첸(Steve Chen), 자베드 카림(Jawed Karim)이 공동으로 창립한 전 세계 최대 무료 동영상 공유 사이트입니다.

유튜브에 업로드하는 사람들을 '유튜버' 혹은 '유튜브 크리에이터'라고 합니다. 유튜버는 말 그대로 유튜브에 동영상을 업로드하는 사람을 가리킵니다. 처음 유튜브를 접하면 영상을 업로드해서 공유하는 사이트로 생각하기 쉽습니다. 초창기에는 유튜브가 뮤직비디오, 영화, 방송 동영상 클립이나 가정에서 촬영한 홈비디오 저장 장소(아카이빙)로만 활용되었기 때문이죠. 하지만 위 문장에서 보듯이, 유튜브는 전 세계 커뮤니티를 지향합니다. 유튜버와 시청자의 커뮤니케이션을 바탕으로, 이제 유튜브는 기상천외하고 창의적인 다양한 콘텐츠를 쏟아내며 사이버 세상에서 새로운 사회를 구축하고 있습니다.

유튜브 공동 창업자 왼쪽부터 채드 헐리, 스티브 첸, 자베드 카림(출처: 위키백과)

구독자 증가의 핵심은 꾸준한 소통!

이 책에서는 유튜브 크레이에이터와 일반 유튜버를 통합해서 유튜버라고 명명하겠습니다. 하지만 엄밀하게 말하면 이 둘은 조금 다릅니다. 유튜버는 유튜브에 동영상을 올리는 모든 사람을 일컫지만, 유튜브 크리에이터는 자신이 제작한 영상 콘텐츠를 유튜브에 꾸준히 업로드하며 구독자와 신뢰 및 친밀감을 형성하는 사람을 일컫습니다.

왕초보 유튜버가 해야 할 일은 영상을 꾸준히 제작해서 업로드하며 구독자(혹은 잠재적 시청자)와 커뮤니티를 형성하는 것입니다. 커뮤니티가 형성되면 시청자는 구독을 통해 유튜버의 소식을 빠르게 전달받을 수 있습니다. 또한, 구독자는 유튜버의 콘텐츠를 담은 영상이 마음에 들면 자발적으로 공유하고 추천하게 됩니다.

구독, 좋아요, 공유 등을 통해 시청자와 소통하는 유튜브(출처: 자도르)

유튜버가 커뮤니티를 형성하고 구독자를 늘려나가는 것은 중요하지만, 이것은 한 번에 쉽게 형성되지 않습니다. 장기적인 목표를 설정하고, 단기적인 마일스톤◆을 정해서 시청자와 꾸준히 소통하며 활동해야 채널의 구독자를 확보할 수 있습니다.

쉽게 말해 유튜버는 시청자가 관심 가질 만한 주제를 다루는 커뮤니티의 리더가 되는 것이지요. 시청자에게 콘텐츠를 제공하고, '댓글, 좋아요, 싫어요'를 통해 의견을 피드백받으며 함께 이야기를 발전시켜야 합니다.

유튜브 커뮤니티를 끈끈하게 - 구독자 수별 7단계 혜택

유튜브 역시 구독자의 중요성을 인식하고, 커뮤니티를 활성화하기 위해 구독자 수에 따라 7단계로 나누어 유튜버에게 혜택을 제공하고 있습니다. 옆의 도표를 살펴볼까요? 최고 정점에 있는 '루비' 단계는 월 수익이 5억원~50억원에 달합니다. 아직 국내에는 없는 것으로 알려져 있습니다.

◆ **마일스톤(Milestone):** 도로에서 방향을 가리키는 이정표. 다른 의미로 프로젝트 진행 과정에서 특기할 만한 사건을 말하기도 한다.

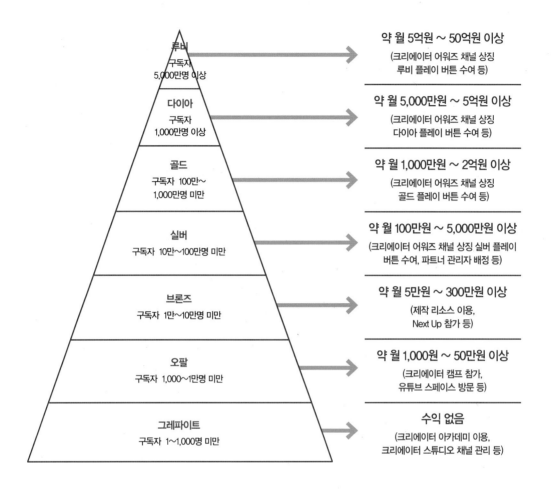

구독자가 1~1,000명 미만인 그레파이트 단계에서는 수익을 얻지 못합니다. 구독자가 1,000명 이상인 오팔 단계부터 수익을 창출할 수 있으며, 광고와 시청률 등에 따라 다르겠지만 대략의 수익은 위와 같습니다.

유튜브를 부업으로 하는 이유가 수익을 얻기 위해서라면 최소한 구독자 수 1,000명을 충족해야 합니다. 1,000명이라고 하니 처음엔 막막하겠지만, 책을 읽으며 하나씩 따라 하다 보면 금방 부업왕이 될 수 있을 것입니다. 그러니 포기하지 마세요!

tip

알아두면 좋은 유튜브 관련 용어

- **크리에이터 어워즈:** 구독자 수 10만명, 100만명, 1000만명 단위로 받을 수 있는 유튜브 공식 상장으로 각각 실버, 골드, 다이아 어워즈를 받을 수 있다. 국내에서 루비 어워즈 수상자는 아직 없으며, 다이아 어워즈 수상자로는 토이푸딩, 제이플라 등이 있다.

- **파트너 관리자:** 유튜버가 채널을 최대한 활용할 수 있도록 돕는 관리자이다. 채널 목표를 위한 맞춤 계획을 알려주고, 특별 이벤트와 워크숍에도 초대한다. 구독자 10만명, 12개월 동안 시청 시간 40만 시간 돌파 후 신청할 수 있다.

- **제작 리소스:** 프리미엄 녹음실 이용권, 자체 이벤트 주최 등을 제공한다.

- **Next Up:** 소정의 자격을 갖춘 유튜버는 유튜브 Next Up 콘테스트에 참가할 수 있다. 우승자에게는 새로운 장비가 지원되며, 가장 가까운 유튜브 스페이스에서 1주일간 진행되는 크리에이터 캠프 초대권을 제공한다. 세계 곳곳에 있는 유튜브 스페이스는 이벤트와 워크숍뿐 아니라, 유튜버가 마음껏 아이디어를 펼칠 수 있도록 최신 제작 리소스를 제공한다. 우리나라의 경우 서울에서 유튜브 팝업 스페이스가 임시로 운영된 바 있다.

- **FanFest 크리에이터 캠프:** 채널 성장 전략을 배우고 동료 유튜버와 어울리며 인기 유튜버로부터 유튜브에서 성공을 거둔 비결을 듣는 오프라인 행사다.

- **크리에이터 아카데미:** 유튜브 채널 관리에 도움이 되는 도구와 기능을 온라인으로 학습할 수 있도록 지원하는 서비스를 말한다.

천천히 하나씩 따라 하다 보면
나도 유튜브 부업왕!

유튜브 부업왕의 자격
– 구독자 1,000명 + 시청 시간 4,000시간

유튜브 수익 2가지 - 광고, 후원

유튜브에서 얻을 수 있는 대표적인 수익은 광고 수입과 슈퍼챗(Super Chat)◆을 통한 시청자들의 후원 수입입니다.

당연히 유튜브를 개설하자마자 처음부터 수익을 얻을 수 있는 것은 아닙니다. 수익을 얻으려면 YouTube 파트너 프로그램(YPP: YouTube Partners Program, 이하 YPP)에 참여해야만 합니다. YPP는 유튜버에게 수익을 창출할 기회를 제공하는데요, 유튜버는 동영상 등에 게재되는 광고 혹은 콘텐츠를 시청하는 유튜브 프리미엄(YouTube Premium)◆◆ 가입자를 통해 수익을 얻을 수 있습니다. 유튜브에서는 유튜브 프리미엄 멤버십에 가

◆　**슈퍼챗(Super Chat):** 실시간 채팅 중에 팬과 유튜버가 소통할 수 있도록 마련된 새로운 기능. 시청자는 슈퍼챗을 구매하여 채팅 중 자신의 메시지를 강조할 수 있다. 시청자가 슈퍼챗을 구매한 금액은 유튜버와 구글이 약 7:3의 비율로 나눠 가진다.

◆◆　**유튜브 프리미엄(YouTube Premium):** $9.99 유료 서비스. 유튜브 광고가 없으며 유튜브 앱 백그라운드 재생(목록 재생), 유튜브 앱 오프라인 재생(캐싱), 구글 뮤직 무료의 혜택이 있다.

입한 시청자가 유튜버의 콘텐츠를 시청한 시간을 파악하고 이를 매달 수익에 반영하여 유튜버에게 정산해 줍니다.

유튜브 수익 채널은 〈여섯째마당〉에서 자세히 다루겠습니다.

광고로 얻는 수익

슈퍼챗으로 얻는 수익

구독자 수와 시청 시간을 달성해야 YPP 참여 가능!

과거에는 채널을 개설하면 누구나 쉽게 YPP 참여 승인을 받을 수 있었습니다. 하지만 이제는 요건이 강화되어서 채널을 개설해도 **구독자 1,000명과 시청 시간 4,000시간**이라는 2가지 자격요건을 갖춰야 YPP 참여가 가능합니다.

이렇게 자격요건을 강화한 이유는 그간 유튜브 생태계를 어지럽혔던 악의적인 유튜버들을 막고, 유튜브 활성화에 기여한 유튜버들은 계속 수익 활동을 할 수 있도록 지원하기 위해서입니다. YPP 참가 신청은 해당 자격요건을 달성하지 않아도 언제든 할 수 있으나, 자격요건을 확보해야 참가를 승인받을 수 있습니다.

YPP 참가 자격요건(2019년 3월 20일 기준)
• 모든 YouTube 파트너 프로그램 정책을 준수합니다.
• YouTube 파트너 프로그램이 제공되는 국가나 지역에 거주합니다.
• 최근 12개월간 운영하는 유튜브 채널의 시청 시간이 4,000시간 이상입니다.
• 구독자 수가 1,000명 이상입니다.
• 연결된 애드센스 계정이 있습니다.

왕초보도 꾸준히 업로드하면 목표달성 가능!

4,000시간이라는 유튜브 동영상 시청 시간 조건을 언제 다 채우나 싶을 것입니다. 한 사람이 4,000시간을 봐야 한다면 무척 긴 시간이겠지요. 하지만 여러 사람이 와서 한 채널에 올린 다양한 동영상을 시청하는 시간의 총합이라는 것을 알고 나면 그렇게 긴 시간도 아닙니다. 4,000시간이면 240,000분, 이는 러닝타임 3분 영상 기준으로 시청 지속 시간이 70~80%에 달한다고 가정할 때 조회 수가 10만 회 정도에 도달하면 달성할 수 있는 숫자입니다.

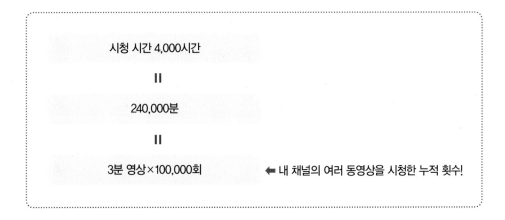

유튜브 채널을 만든 뒤 초기에 영상 하나가 10만이라는 조회 수에 도달하는 것은 무척 어려운 일입니다. 하지만 여기서 조회 수 10만이란 내 채널의 다양한 동영상을 소비했을 때의 누적 시간이므로 꾸준히 업로드한다면 현실적으로 불가능한 자격요건은 아닙니다.

앞서 유튜브는 커뮤니티를 지향하는 정책을 펼친다고 말씀드렸는데요, 시청 시간뿐만 아니라 구독자 수 1,000명을 달성해야만 YPP 참여가 가능하므로 시청자와 활발히 소통하여 구독자를 모아야 합니다. 그러려면 영상 콘텐츠를 꾸준히 업로드해야 하고, 업로드한 콘텐츠를 감상하는 시청자와 댓글로 활발하게 소통해야 합니다.

처음에는 구독자도 늘지 않고 조회 수가 적을지도 모르지만, 구독자가 원하는 콘텐츠를 꾸준히 제작해서 소통한다면 구독자 1,000명과 시청 시간 4,000시간은 어느덧 달성되어 있을 것입니다!

유튜버를 꿈꾸는 여러분을 위해 〈첫째마당〉부터 〈다섯째마당〉까지 왕초보도 할 수 있는 동영상 제작, 편집, 업로드 방법 등을 설명해놓았습니다. 처음엔 어설프겠지만 한두 개 올리다보면 금방 자신감이 붙을 것입니다. 그리 어렵지 않으니까요. 콘텐츠 기획과 편집, 홍보 과정을 마무리했다면 YouTube 파트너 프로그램(YPP)에 가입해 수익을 창출해야겠죠? YPP에 가입하는 구체적인 방법은 〈여섯째마당〉 35장을 참고하세요.

저작권 침해 동영상은 수익 창출 불가능!

만약 동영상에 ' ⓒ ⚡ ' 아이콘이 보인다면 저작권을 침해한 것이어서 수익을 창출할 수 없다는 뜻입니다. [YouTube 스튜디오]의 [동영상] 탭에서 [저작권 침해 신고] → [저작권 침해 신고 세부정보 보기]를 누르면 신고한 저작권 신고자와 해당 콘텐츠의 침해 부분 등 저작권 침해 여부를 알 수 있습니다. 저작권 침해로 문제가 된 영상과 자료는 그 부분을 삭제 후 다시 업로드해 보세요.

저작권 침해로 게시 중단된 사례

저작권 침해 시 수익 창출 불가능!
삭제를 피하려면 동영상 내용과
섬네일, 제목을 같게 하자.

내가 올린 유튜브 콘텐츠에 문제의 소지가 있을 경우 강제로 삭제되기도 합니다. 유튜브 콘텐츠가 삭제되는 것을 피하는 가장 기본적인 방법은 동영상의 내용과 섬네일, 제목을 일치시키는 것입니다. 그러지 않으면 '스팸, 현혹 행위, 사기'로 삭제당할 수 있어요.

그런데 열심히 유튜브를 운영하다가 별 생각 없이 복사한 영상이나 유명한 음악을 사용하려고 할 때 '제3자 콘텐츠와 일치합니다'라는 내용의 경고가 뜨는 것을 경험할 수 있습니다. 이것은 유튜브의 콘텐츠(Content) ID 시스템이 찾아낸 것으로, 이 시스템은 유튜브에 제출된 동영상을 검사하여 저작권 침해 소지가 있을 경우 저작권자에게 콘텐츠 처리 결정 권한을 줍니다. 유튜브에 공들여 올린 콘텐츠가 저작권 침해 소지로 인해 볼 수 없게 된다면 정말 아깝겠죠? 그러니 동영상 삭제 등의 불이익을 피하려면 본인만의 아이디어로 창조한 콘텐츠를 기획하는 연습을 꾸준히 해나가세요.

03

유튜브 부업왕
3가지 유형 살펴보기

처음부터 전업 유튜버를 꿈꾸는 것은 비추!

신문과 방송에서 유명 유튜버가 연수입 몇억원을 달성했다더라 하면서 사람들의 욕망과 호기심을 자극하는 뉴스를 종종 볼 수 있습니다. 물론 유튜브가 국내에 정착되던 초창기나 인기 개인방송의 BJ를 하다 유튜브로 넘어온 유튜버 중에 전업으로 유튜브 활동을 하며 억대 연수입을 버는 이들이 아예 없는 것은 아닙니다. 하지만 이것을 이제 막 처음 유튜브를 시작하는 사람이 당장 따라할 수 있는 표준적인 모델로 보기는 힘듭니다.

앞에서도 살펴봤듯이 유튜브로 돈을 벌려면 YouTube 파트너 프로그램에 참여해야 하는데, 단순 유튜브 파트너가 되는 진입장벽도 예전에 비하면 높아진 요즘, 직장인이나 학생이 전업 유튜버로 뛰어들기에는 리스크가 있습니다. 처음에는 부업으로 시작했다가 유튜브 파트너가 되어 광고 수익을 꾸준히 얻고, 앞으로도 계속 그럴 거라는 확신이 들 때 전업 유튜버가 되어도 늦지 않습니다.

자, 지금부터 전업이 아니라 부업으로 유튜브를 시작해 성공적으로 운영 중인 '부업왕' 유튜버의 3가지 대표 유형을 함께 살펴보죠!

부업은 이들처럼 1 | 직장인 부업 유튜버

입사 3년차 30대 직장인 P씨는 매년 올라가는 물가와 월세 때문에 걱정이 많았습니다. 월급은 쥐꼬리만큼 오르는데 돈 나갈 곳은 많다 보니 퇴근 후와 주말을 이용해서 부업을 해야겠다고 마음먹었죠. 그러나 퇴근 후 또 다른 곳에 출근해 일하기는 너무 힘들었습니다.

그는 집에서도 가볍게 할 수 있는 부업을 찾던 중 유튜브를 발견했고, 가지고 있는 차량을 활용해 '자동차 리뷰 채널'을 개설했습니다. 언제 구독자 수 1,000명을 채우나 싶었지만 꾸준히 업로드하며 댓글을 달다 보니 구독자 수가 점점 늘어났고, 3개월이 지난 후부터는 구독자 수가 급속도로 증가했습니다. 유튜브 채널 운영을 시작하고 1년 6개월가량이 지나자 유튜브 광고 수입으로 월세를 낼만큼 돈이 계속 들어오고 있습니다. 앞으로 채널이 더 성장할 예정이라 부수입은 꾸준히 늘 것으로 보입니다.

유튜브 수익으로 월세 해결!

직장인 부업 사례 '마이미니라이프'

부업은 이들처럼 2 | 노후 준비 유튜버

50대 초반 직장인 L씨는 얼마 전부터 직장에서 권고사직당할 날이 머지않았음을 느꼈습니다. 대부분 55세를 넘기지 못하고 3~4배 정도 더 챙겨준다는 퇴직금을 들고 회사를 떠났죠. 회사에서 잘나가던 선배들도 막상 퇴직한 뒤에는 대부분이 도서관에 다니며 시간을 죽이거나 등산을 다닐 뿐 재취업에 성공하는 경우는 드물었습니다. 퇴직금으로 프랜차이즈를 시작한 어느 선배는 창업 8개월 만에 원금을 다 까먹고 빚을 졌다는 얘기까지 들려왔습니다.

L씨는 이대로 막막하게 직장에서 은퇴할 수는 없다는 생각에 주말마다 유튜브 강좌를 들으러 다녔습니다. 30년 가까이 내공을 쌓은 전문성을 바탕으로 유튜브 채널을 운영하기 시작했는데, 처음에 영상을 10개 정도 올릴 때까지는 별 반응이 없었습니다. 그런데 영상을 20개까지 꾸준히 올렸더니, 어느 날부턴가 조회 수도 크게 늘고 구독자도 많아지는 것을 느꼈습니다. 퇴직 이후를 대비해 유튜브로 1만원이라도 벌어보자고 시작했는데 생각보다 많은 돈이 입금되었습니다. 2년 뒤 은퇴를 바라보는 L씨는 꾸준히 유튜브를 운영한다면 은퇴 후에도 막막하지 않게, 평생 직업을 가질 수 있을 거라 만족하며 오늘도 퇴근 후 동영상 콘텐츠를 제작하고 있습니다.

유튜브 수익으로 용돈 해결!

노후 준비 사례 '최성TV'(전 고양시장)

부업은 이들처럼 3 | 창업 준비 유튜버

30대 직장인 K씨는 직장에서 인정받는 7년차 마케터입니다. 어느 날부터 반복되는 회사 생활에 지겨움을 느꼈고, 휴가차 떠난 여행지에서 본 예쁜 마카롱에 꽂혔습니다. 귀국 후 주말을 이용해 베이킹 수업을 들으며 마카롱을 비롯한 다양한 제빵을 배우기 시작했습니다. 2년간 꾸준히 배우며 실력이 쌓이자 이 과정을 영상으로 찍어보자는 생각이 들었고, 여기에 자신만의 감성을 추가해 유튜브에 1년간 꾸준히 영상을 올렸습니다. 영상을 본 사람들의 반응은 기대 이상으로 좋았고 구독자 수도 점차 늘었습니다.

K씨는 기업 브랜드와 제품 키트를 출시하고 컬래버레이션 광고를 제작하기도 했으며, 백화점 문화센터에서 강의를 통해 사람들에게 자신의 노하우를 공유하며 수익을 내기 시작했습니다. 이렇게 부수입이 어느 정도 발생하자 고민 끝에 퇴사한 후 제빵 제작과정을 촬영해 매주 유튜브에 업로드하고 있으며, 이를 통해 미래에 창업할 공방의 인지도를 높일 수 있어서 무척 뿌듯함을 느끼고 있습니다.

광고비 지출 없이 홍보 해결!

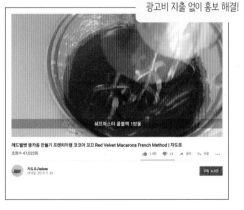

창업 준비 사례 '자도르'

얼굴 공개는 싫지만, 유튜버는 하고 싶다면?

04

얼굴 공개가 싫어서 유튜버를 포기한다고?

자신의 분야에서 열심히 커리어를 쌓아 자리 잡은 직장인 중에서도 창의적인 활동에 관심이 있거나 모바일로 콘텐츠를 소비하는 30~40대 경우, 뒤늦게 유튜버에 도전하려는 분들이 많습니다. 문제는 이런 경우 업무상 알게 된 거래처 담당자나 직장 선후배 등 사회적으로 맺고 있는 인간관계 때문에 얼굴 공개를 꺼려한다는 겁니다. 물론 일반적으로 얼굴을 공개한 유튜버가 그러지 않은 유튜버보다 채널의 성장 속도가 훨씬 빠릅니다.

얼굴 공개하지 않고도 유튜버가 될 수 있다!

그럼에도 불구하고 현실적인 이유로 얼굴 공개가 어려운 분들을 위해 얼굴을 공개하지 않고 유튜버가 되는 3가지 대안을 공유합니다. 얼굴 공개

출처: 언플래시

에 대한 부담 없이 유튜버에 도전해 보세요!

대안 1 | 목소리만 출연하기

얼굴을 공개하지 않고 유튜버가 되는 첫 번째 방법은 영상 콘텐츠에 목소리로만 출연하는 것입니다. 흔히 '더빙 유튜버'라고 불리는데요, 크게 2가지로 나뉩니다.

- **병맛 더빙 유튜버**: 생명력이 다한 기존 고전 영상 등을 '병맛'으로 더빙하여, 완전히 다른 의미를 부여함으로써 새로운 2차 콘텐츠로 제작하는 유형
- **지식 유튜버**: 영화나 책 등을 리뷰 및 해설하거나 자신만의 관점으로 새로운 지식을 소개하는 유형

[병맛더빙] 50년 후 소년법
조회수 1,995,378회

고전 애니메이션에 병맛 더빙으로 재미를 더하는 '장삐쭈'

《사바하》 전체 스토리 완벽 해석
조회수 492,684회

영화 소개 콘텐츠를 선보이는 '백수골방'

대표적인 병맛 더빙 유튜버로는 '장삐쭈'님과 '유준호'님이 있습니다. 다양한 목소리 연기가 가능하고 발성이 좋다면 또는 자기 내면에 그동안 활용하지 못한 끼가 잠재되어 있다면 적극적으로 도전해볼 만한 유형입니다. 재미만 확실히 보장되면 더빙 유튜버 중 가장 채널 성장률이 높은 분야입니다.

지식 유튜버의 경우 영화 분야가 압도적으로 많은데 대표적인 유튜버로 '빨강도깨비'님과 '발없는새'님을 꼽을 수 있습니다. 책을 통해 지식을 제공하는 '책그림'님 등도 있죠. 이들은 기존 영화 소스를 활용하거나, 무료 이미지나 영상 등에 자신의 목소리와 자막을 넣어 시청자들에게 지식을 재미있게 전달합니다.

대안 2 | 신체 일부만 출연하기

만약 애완동물을 키우거나 요리 또는 DIY 등 재능 있는 취미 분야가 있다면, 얼굴을 공개하지 않고도 인기 유튜버로 자리 잡을 수 있습니다.

신체 일부만 출연하면서도 인기를 끈 대표적인 유튜버로는 집에서 키우는 고양이들을 소개하는 '크림히어로즈'님, 슬라임을 아기자기하게 리뷰하는 '체리 콕콕'님, 요리와 ASMR◆을 재미있게 접목한 영상으로 높은 조회 수를 기록하는 '한세'님이 있습니다.

슬라임 리뷰 채널 '체리 콕콕', 신체의 일부만 나온다.

쿠킹 ASMR 채널 '한세', 음식과 손만 나온다.

◆　ASMR(Autonomous Sensory Meridian Response): 자율감각 쾌락반응이라고 하며, 뇌를 자극해 심리적인 안정을 유도하는 영상으로 바람 소리, 빗소리 등을 제공한다.

'크림히어로즈'님의 경우, 채널 개설 초기부터 하루에 하나씩 영상을 업로드하는 꾸준함으로 지금은 고양이 분야에서 최고의 유튜버가 되었습니다. 또한 '한세'님은 인기 분야인 요리와 ASMR을 접목한 콘텐츠로, 양쪽 분야의 시청자들로부터 신선하다는 느낌을 주며 요리 관련 유튜버 중 압도적인 인기를 구가하고 있습니다.

영상에 함께 출연할 애완동물을 기르고 계신가요? 아니면 꾸준히 만들면서 소개할 만한 취미나 재능이 있으신가요? 그렇다면 신체의 일부만 노출해도 가능한 유튜버로 활동해볼 것을 추천합니다.

대안 3 | 화면 녹화로 진행하기

사람이 직접 등장하지 않고 컴퓨터 화면만으로 유튜브 콘텐츠를 제작하는 경우도 있습니다. 화면 녹화로 제작하는 것이죠. 게임을 실시간으로 중계하거나 자료를 설명하는 경우에 많이 사용합니다. 화면을 녹화하는 프로그램으로는 반디캠, 곰캠 등 여러 프로그램이 있지만 그중에서도 오캠을 추천합니다. 워터마크가 없고 고화질 녹화가 가능하기 때문입니다.

반디캠

곰캠

오캠을 이용해 컴퓨터 화면을 녹화하는 방법은 〈둘째마당〉 18장에서 자세히 알아보겠습니다.

05

돈 없이 시작하자!
– 무료 소스, 무료 프로그램

시작은 부담 없이, 장비 욕심은 나중에!

앞서 안내한 대안들을 활용하면 얼굴을 공개하지 않고도 유튜버로 활동할 수 있습니다. 문제는 유튜브에 첫발을 내딛는 것이 아니라, 꾸준히 콘텐츠를 제작하며 활동을 이어나가는 것이죠. 영상을 올릴 거라면 무료 소스♦나 공정 사용(Fair Use)♦♦에 근거한 기존 소스를 활용하고, 더빙할 마이크가 없을 경우엔 휴대폰으로 녹음해 유튜버 활동을 시작해 보세요.

편집도 처음부터 유료 프로그램을 사용하는 것이 아니라 쉽게 접근할 수 있는 무료 프로그램과 기본 자막으로만 작업하고, 배경음악(BGM)은 유튜브 오디오 라이브러리

♦ **소스(Source)**: 스틸 이미지, 효과음 등 영상 콘텐츠를 제작하는 데 필요한 재료
♦♦ **공정 사용(Fair Use)**: 비상업적 목적이라면, 저작권자의 이익을 부당하게 침해하지 않는 범위 내에서 저작권자의 허락 없이 저작물을 제한적으로 사용할 수 있도록 허용하는 규정. 자세한 내용은 48쪽 참고

개인에 한해서 무료 사용 가능한 편집 프로그램 '파워 디렉터(15버전)'

음악과 음향효과를 무료로 사용할 수 있는 '유튜브 오디오 라이브 러리'

에서 제공하는 무료 음원을 활용해 콘텐츠를 제작하는 것이 좋습니다. 처음부터 많은 비용을 들여 콘텐츠를 만들면 잘해야 한다는 부담이 생겨 무리수를 두게 되니까요. 유튜버의 조급한 마음은 시청자들에게도 전달되기 마련이므로, 만드는 사람이 부담 없이 즐거운 환경에서 작업해야 보는 사람도 즐겁게 콘텐츠를 감상할 수 있습니다.

처음에는 가벼운 마음으로 콘텐츠를 제작하고 업로드하면서 시청자들과 소통하다 보면, 얼굴을 공개하지 않고도 충분히 채널이 성장하는 것을 느낄 수 있을 거예요. 실제로 '경제/경영/자기계발'이나 '책/지식', '과학' 분야처럼 유튜브에서 크게 인기 없을 것 같은 주제를 다루는 채널도 엄청나게 성장한 사례가 있습니다.

경제/경영/자기계발 분야의 기업형 유튜브 '체인지 그라운드' 채널과 책/지식 분야의 '책그림' 채널, 과학 분야의 '1분과학' 채널이 그 주인공입니다. 세 채널 모두 무료 소스와 자막, 더빙, 배경음악(BGM)을 잘 사용해서 콘텐츠를 제작하고 있고, 공정 사용으로 기존 소스도 적극적으로 활용하며 꾸준히 성장하고 있습니다.

책/지식 분야 채널 '책그림'

과학 분야 채널 '1분과학'

상업적으로 이용할 수 있는 유튜브 오디오 라이브러리

오디오 라이브러리란 유튜브에서 제공하는 무료 음악 및 음향 효과 자료실입니다. 마음에 드는 음악을 다운로드해 무료로 사용할 수 있습니다. 오디오 라이브러리의 음악들은 콘텐츠 ID를 통해 소유권을 주장할 수 없는 것들이므로 광고 수익을 창출하기 위해 동영상에 사용할 수 있습니다.

사용 전 ⓘ아이콘을 주의하세요!

Light Sting	0:14	Kevin MacLeod	클래식 : 명랑		
Hero's Theme	1:42	Twin Musicom	영화음악 : 극적		
Closer To Jazz	2:22	Audionautix	R&B 소울 : 밝게		
Guess Who	1:23	Kevin MacLeod	영화음악 : 극적		
Avant Jazz - Disco Ultralounge	0:41	Kevin MacLeod	재즈 및 블루스 : 행복		
Ghost Processional (Alternate)	1:46	Kevin MacLeod	영화음악 : 어둡게		
Navajo Night	24:00	Audionautix	잔잔한 음악 : 고요하고 맑음		
Big Horns Intro	0:09	Audionautix	영화음악 : 극적		
Atlantean Twilight	2:51	Kevin MacLeod	팝 : 고요하고 맑음		
Rubix Cube	3:43	Audionautix	잔잔한 음악 : 밝게		
Looked Back, Saw Nothing	4:19	Twin Musicom	댄스 & 일렉트로닉 : 고요하고 맑음		
Heart of the Beast	4:57	Kevin MacLeod	잔잔한 음악 : 어둡게		

유튜브 오디오 라이브러리에서 사용 시 저작권 표시를 해야 하는 음악들

046

단, 오디오 라이브러리를 사용할 때 주의할 점이 한 가지 있습니다. 아이콘이 붙어 있는 음악은 반드시 동영상 설명란에 원작자(저작권자)를 표시한 후 이용해야 한다는 것입니다.

오디오 라이브러리에서 음악을 다운로드하고 동영상을 편집하는 과정은 〈셋째마당〉에서 자세히 살펴보겠습니다.

tip

저작권 침해 걱정 없는 무료 이미지 사이트

무료 이미지나 사진을 다운로드할 수 있는 여러 사이트 중에서 필자는 다음 사이트들을 주로 이용합니다. 여러분도 콘텐츠를 만들 때 저작권을 침해하지 않는 사진 혹은 이미지가 필요하다면 무료 저작권 이미지 사이트를 이용해 보세요!

- 픽사베이: pixabay.com
- 언플래시: unsplash.com
- 프리큐레이션: www.freeqration.com/featured
- 스탁스냅: stocksnap.io

픽사베이 홈페이지

언플래시 홈페이지

공정 사용, 저작권에서 자유롭다!

더빙 유튜버들이 기존 소스를 활용해 목소리 출연만으로도 유튜브 동영상을 만들 수 있는 데는 '공정 사용'의 역할이 큽니다. 공정 사용이란, 특정 상황에서 저작권 소유자의 허가 없이 저작권 보호 자료를 재사용할 수 있음을 의미하는 법적 원칙입니다.

공정 사용이란 무엇인가요?

공정 사용은 특정 상황에서 저작권 소유자의 허가 없이 저작권 보호 자료를 재사용할 수 있음을 의미하는 법적 원칙입니다. 아래 동영상을 통해 공정 사용의 예에 대해 알아보세요.

소스 자료에 새로운 의미를 부여하는 작업은 공정 사용으로 간주된다!

Donald Duck Meets Glenn Beck in Right Wing Radio Duck

by rebelliouspixels

이 리믹스는 다양한 소스 자료를 짧게 발췌하여 경제 공황 시기에 자극적인 미사여구의 효과에 대한 새로운 메시지를 전달하고 있습니다. 소스 자료에 새로운 의미를 부여하는 작업은 공정 사용으로 간주될 수 있습니다.

대표적인 공정 사용 리믹스의 예

공정 사용이란? 기존 소스 자료+새로운 의미 부여

위의 영상은 'Pop Culture Detective' 채널에서 만든 2차 미디어 콘텐츠로, 다양한 기존 소스 자료를 짧게 발췌해 경제 공황 시기에 자극적인 미사여구 효과에 대한 새로운 메시지를 전달하는 내용입니다. 유튜브가 추천하는 대표적인 공정 사용 리믹스 작품이죠.

유튜브는 기존 소스에 새로운 의미를 부여하는 작업을 공정 사용으로 간주합니다. 하지만 모든 경우에 공정 사용으로 인정하는 것은 아닙니다. 별도의 안내 페이지(www.youtube.com/intl/ko/yt/about/copyright/fair-use/)를 통해, 저작권 소유자의 허가 없이 자료를 사용할 수 있는 공정 사용에 대한 기준이 국가별로 다르다고 명시하고 있기 때문이죠. 예를 들어 미국에서는 논평, 비평, 연구, 교육 또는 뉴스 보도에 활용할 경우에만 공정 사용으로 간주합니다. 나라마다 명칭도 다른데 유럽에서는 'Fair Dealing'이라고 불립니다.

'논평/비평/리뷰/패러디'에 해당한다면 공정 사용 OK!

우리나라의 경우 2011년 한미FTA 체결과 함께 『저작권법』을 개정하면서 미국의 공정이용제도를 기초로 『저작권법』 제35조의3 저작물 공정이용제도를 도입했으므로 미국과 유사하다고 볼 수 있습니다. 미국에서는 ① 이용 목적 및 특성, ② 저작물의 성격, ③ 저작물 전체 대비 실제 사용된 양 및 규모, ④ 해당 사용이 저작물의 잠재 시장이나 저작물의 가치에 미치는 영향이라는 4가지 요소를 기준으로 유튜버가 공정 사용 여부를 필터링하도록 안내하고 있습니다. 유튜버가 기존 소스를 활용해 제작하려는 2차 미디어 콘텐츠가 '논평/비평/리뷰/패러디' 등에 해당한다면 공정 사용 가이드라인을 준수하는 것이 되므로 더빙 유튜버로 활동할 수 있지요. 따라서 픽사베이 등에서 무료 영상 및 이미지를 사용할 수 있고, 앞에서 말한 유튜브 오디오 라이브러리에서 무료로 사용 가능한 음원을 다운로드할 수 있습니다.

2차 콘텐츠가 논평, 비평, 리뷰, 패러디에 해당한다면 공정 사용 가능!

우리나라의 공정 사용 사례(출처: 백수골방)

이것만 알면 나도 유튜버
– 찍고, 편집하고, 올리고!

06

조회 수와 구독자 수를 늘리는 비법은? 영상 콘텐츠!

앞에서 유튜브란 무엇이며, 대표적인 부업 유튜버의 유형과 어떻게 유튜브를 시작해야 하는지 알아보았습니다. 이제 구글에서 아이디도 만들고 채널도 개설했는데, 막상 유튜버가 되니 무엇부터 해야 할지 막막하기만 합니다.

내가 개설한 유튜브 채널을 벽난로라고 생각해 보면 어떨까요? 벽난로에서 일렁이는 따스한 불빛을 보고 사람들이 모여듭니다. 여기에서 벽난로는 유튜브 채널, 모이는 사람들은 구독자입니다. 그러면 벽난로에 불을 피우는 데 꼭 필요한 장작은 무엇일까요? 맞습니다, 콘텐츠입니다.

유튜버 활동은 쉽게 말해 나의 벽난로(유튜브 채널)에 불이 꺼지지 않도록(콘텐츠 시청률이 낮아지지 않도록) 연료인 장작을 꾸준히 제공(콘텐츠 업로드)해서 사람들(구독자)이 계속 벽난로 앞에 모여들게 하는 것입니다. 벽난로에 사람들이 모여들게 하려면 아무래도 가장 중요한 것은 장작이겠죠?

장작을 계속 때야
불이 꺼지지 않아!

아,
따뜻해!

장작 = 영상 콘텐츠 —— 0. 대본 쓰기

—— 1. 촬영하기

—— 2. 편집하기

—— 3. 올리기

그러면 이번에는 이렇게 중요한 역할을 하는 영상 콘텐츠 만드는 방법을 간단하게 알아보겠습니다. 어렵게 생각하면 아예 시작하기도 힘들지만, 가벼운 마음으로 따라오면 누구나 영상 콘텐츠를 제작할 수 있습니다. 나의 벽난로가 활활 타오르도록 장작이 될 영상 콘텐츠에 대해서는 3가지만 기억하면 됩니다. 찍고, 편집하고, 올리고! 그런데 작업을 실행하려면 그전에 기획단계가 필요합니다. 어떻게 찍고, 편집하고 올릴 것인지 대본을 쓰는 과정이지요.

0 | 대본 쓰기 – 대사, 행동, 화면구성을 간단하게

대본은 어렵게 생각할 필요가 없습니다. 유튜브를 돌아다니다가 어떤 영상을 봤을 때, 그 영상에서 유튜버가 내뱉은 대사나 행동, 화면의 구성 등을 글로 써놓은 거라고 생각하면 이해가 쉽죠.

수많은 스태프와 배우가 참여하는 영화나 드라마처럼 전문적인 영상 콘텐츠의 대본 작업에는 규격화된 양식이 필요합니다. 하지만 주로 혼자서 작업하는 유튜브용 대본은 간단하게 작성하면 됩니다.

유튜브를 처음 시작하는 많은 분들이 드라마와 영화, 예능 프로그램의 대본을 참고하여 쓰다가 초반에 포기하는 경우가 많습니다. 필자를 포함해 꾸준히 유튜브 활동을 하는 분들은 메모장으로 짧고 간단하게 대본을 작성하는 경우가 훨씬 많답니다. 누구에게 컨펌 받을 필요도 없고, 내가 이해하고 촬영할 수 있는 범위 내에서 대본을 작성하면 되기 때문이에요. 일반적으로 대본 쓰는 과정은 1. 아이디어 떠올리기 → 2. 대본 쓰기 → 3. 대본 수정하기 → 4. 대본 점검하기 단계를 거칩니다. 자세한 내용은 〈첫째마당〉에서 살펴보기로 할게요.

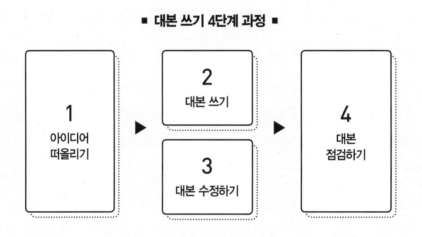

■ 대본 쓰기 4단계 과정 ■

1 | 촬영하기 – 왕초보는 스마트폰 촬영 추천

대본을 다 썼다면 이제 촬영을 해야 하는데요, 처음 촬영한다면 앞서 말했듯이 장비에 욕심내지 말고 스마트폰으로 촬영하는 것을 추천합니다. 가급적이면 대본을 쓸 때부터 한 공간에서 촬영을 마칠 수 있도록 설정하는 것이 좋습니다. 촬영 순서는 1. 촬영 일정과 소품 준비하기 → 2. 촬영샷, 구도 정하기 → 3. 카메라 고정하고 장비 설치하기 → 4. 동영상 촬영하기 단계를 거칩니다. 자세한 내용은 〈둘째마당〉을 참고하세요.

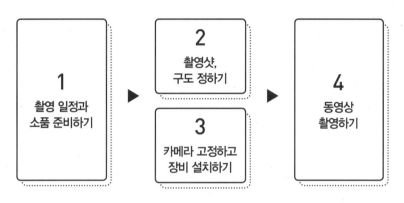

■ 촬영하기 4단계 과정 ■

1
촬영 일정과
소품 준비하기

▶

2
촬영샷,
구도 정하기

3
카메라 고정하고
장비 설치하기

▶

4
동영상
촬영하기

2│편집하기 – 영상 자르고 붙이고, 자막과 음악 넣기

대본을 작성하고 촬영까지 하고 나면, 원본 영상 파일을 얻을 수 있습니다. 병맛 댄스나 엽기적인 행동을 업로드하는 유튜버들은 편집 없이 원본 영상 파일을 바로 업로드하기도 하지만, 대부분은 어느 정도 가공을 거쳐야 합니다.

편집이라고 해서 거창하게 생각할 필요는 없어요. 편집 프로그램을 이용해 여러 원본 영상 파일들을 자르거나 붙여 배열한 후 자막과 음악을 넣는 과정이라고 생각하면 됩니다. 편집 프로그램은 다양한데 유튜버들이 선호하는 기본적인 툴로는 베가스와 파이널 컷 프로, 프리미어 프로 등이 있습니다.

편집 프로그램 '베가스'

편집 프로그램 '파이널 컷 프로'

편집 프로그램 '프리미어 프로'

프로그램과 상관없이 기본적으로 영상 편집은 1. 편집 폴더 만들기 → 2. 편집 영역 (시퀀스*) 만들기 → 3. 타임라인**에 영상과 소리 배열하기 → 4. 자막과 음악 넣기 → 5. mp4*** 파일로 추출하기의 5단계로 나눌 수 있습니다. 자세한 내용은 〈셋째마당〉을 참고하세요.

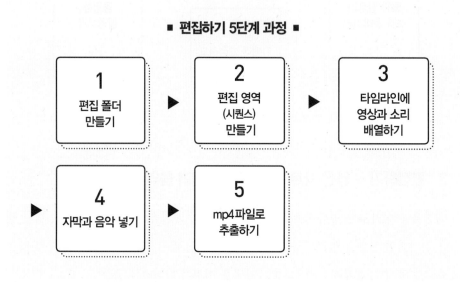

■ 편집하기 5단계 과정 ■

3 | 올리기 - 유튜브에 업로드하기

편집한 동영상을 유튜브에 올리는 단계입니다. 이 단계에서 시청자들이 보기 좋게 조금만 신경 써서 환경을 설정하면 조회 수와 구독자 수를 보다 많이 늘릴 수 있습니

◆　　**시퀀스(Sequence)**: 영화에서 관련 장면을 모은 구성 단위. 시간과 장소가 연결된 에피소드
◆◆　**타임라인(Timeline)**: 동영상 편집 프로그램인 프리미어 프로에서 영상 소스를 시간 순서대로 배열하는 편집 공간
◆◆◆ **mp4**: 파일명 뒤에 붙어 해당 파일의 쓰임새를 구분하는 확장자로서, 적은 용량으로도 고품질 영상 및 음성을 구현
　　할 수 있다. 자세한 내용은 150쪽 참고

다. 올리기는 1. 유튜브에 동영상 업로드하기 → 2. 구독 버튼과 추천 동영상 추가하기 → 3. 재생목록 추가하기의 3단계가 기본이고, 추후 수정이 필요한 경우 → 4. 필요시 업로드한 동영상 정보 수정하기를 거칩니다. 자세한 내용은 〈넷째마당〉을 참고하세요.

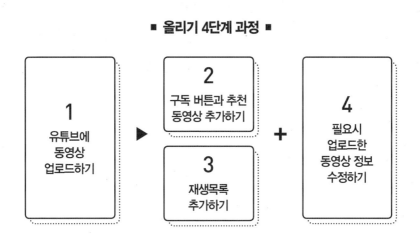

■ 올리기 4단계 과정 ■

지금까지 유튜브 동영상 콘텐츠를 준비하는 것부터 업로드하는 것까지 단계별로 간단하게 알아보았습니다. 이제 조금 감이 잡히시나요? 자세하게 설명하려고 단계별로 나누다 보니 조금 복잡해 보이지만 미리 겁먹을 필요는 없습니다. 미래의 유튜브 부업왕이 될 여러분을 위해 〈첫째마당〉부터 차근차근 잘 따라할 수 있게 구성해뒀거든요. 모든 중간 과정을 거쳐 우리가 도달해야 할 최종 목표인 유튜브 구독자를 늘려 수익을 얻는 방법은 〈다섯째마당〉과 〈여섯째마당〉에서 자세히 다루었습니다.

유튜브를 시작하려고 마음먹었을 때 가장 고민되는 부분은 콘텐츠, 즉 아이템일 텐데요. 먼저 어떤 것들이 있는지 알아야 선택도 할 수 있겠죠? 다음 장에서 알아보겠습니다.

알쏭달쏭 유튜브 아이템 선택, 레드오션이 유리하다?

07

추천 동영상 알고리즘 때문에 블루오션은 No!

유튜브를 시작하려고 할 때 가장 고민되는 점은 '과연 어떤 채널 아이템을 골라야 하나?'가 아닐까 싶습니다. 그래서 이번에는 성공하는 유튜브 채널 아이템 고르는 데 도움이 될 만한 팁을 준비해 보았습니다.

유튜브를 시작하는 분들이 가장 많이 하는 고민 중 하나가 '내가 선택한 아이템이 이미 레드오션(포화시장)이 아닌가?' 하는 점인데요, 전통 미디어(신문, 방송)와 기존 기업들의 콘텐츠 전략에서는 레드오션을 피하는 게 진리인 경우가 많지만, 유튜브에서는 블루오션보다 레드오션을 선택하는 것이 유리합니다.

추천 동영상을 통해 방금 본 영상과 비슷한 채널의 콘텐츠를 우선순위로 보여주는 알고리즘을 지니고 있기 때문입니다. 외딴 무인도에서 혼자 제아무리 기발한 것을 만들어보았자 항로가 뚫리지 않으면 오고가는 사람이 없죠. 블루오션은 이런 무인도와 비슷해서 아예 시청자 자체가 없는 경우도 많습니다. 단순히 콘텐츠만 잘 만들면 되는 것이 아니라 배들이 오고갈 수 있는 항로가 존재해야 채널을 활성화할 수 있습니다.

유튜브에서 인기만점! 10가지 유형의 콘텐츠

그렇다면 인기가 검증된 레드오션 중 활성화된 인기 채널 유형에는 어떤 것이 있을까요? 대표적인 10가지를 소개합니다.

① 장난감

연령대가 낮은 어린이부터 어머니까지 시청자들이 재생목록 정주행을 가장 많이 하고, 반복 시청 확률이 높을 뿐 아니라, 슬랩스틱(대사 없는 몸짓 언어)으로 콘텐츠를 제작할 경우 전 세계 시청층을 공략할 수 있는 채널 유형입니다. 콘텐츠의 길이가 길어도 끝까지 보는 시청자가 많은 편입니다.

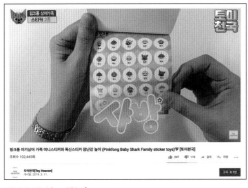

장난감 채널 '토이천국'

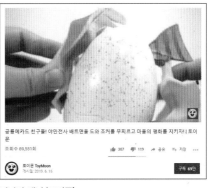

장난감 채널 '토이문'

② 게임

초등학생들이 주로 많이 시청하는 채널 유형으로, 성실한 유튜버들이 1일 1업로드로 운영하는 경우가 많습니다. 학업에 지친 초등학생들은 하루에 15~20분 정도 게임 채널을 보며, 자신을 대신해 게임하는 듯한 체험을 하면서 힐링하는 시간을 가집니다. 다양한 게임이 계속 출시되는 데다 고정 시청층이 있어서 앞으로도 꾸준히 성장할 채널 유형으로 보입니다.

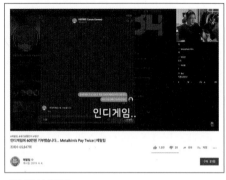
게임 채널 '메탈킴'

게임 채널 '타코리뷰'

③ 키즈

어린이 주인공이 나와서 가족과 놀거나, 장난감을 리뷰하는 등 일상의 깨알 요소가 콘텐츠인 채널 유형입니다. 유튜버와 시청자 간의 친밀감이 상당히 높아서 한번 빠지면 계속 보게 되는 매력이 있고, 유튜버 어린이의 성장과 일상을 응원하게 됩니다.

키즈 채널 '라임튜브'

키즈 채널 '또또TV'

④ 푸드/쿠킹

요즘 생각지도 못한 다양한 요리들이 유튜브 채널을 통해 등장하고 있는데요, 제과 제빵만 하는 채널도 있고 여러 가지 실험적인 요리를 선보이는 채널도 있습니다. 특히 레시피 공유는 물론이고 유튜버의 입담으로 진행하는 쿡방◆은 다양한 연령층이 고르게 시청해 향후 성장이 기대되는 채널 유형입니다.

푸드/쿠킹 채널 '한세'

푸드/쿠킹 채널 '자도르'

⑤ 뷰티

국내에서 초창기부터 많은 팬덤을 거느린 대표적인 유튜브 채널 유형입니다. 메이크업 튜토리얼은 물론이고 실험 메이크업, 패러디 메이크업 등 유튜버들의 끊임없는 노력으로 이제는 영상 퀄리티가 전반적으로 높아졌죠. 시청자가 요구하는 퀄리티가 높아짐에 따라 진입 장벽도 높아졌지만, 시청자와 친밀감을 형성해 자리만 잘 잡는다면 꾸준히 성장할 대표적인 채널 유형이기도 합니다. 그동안에는 여성 뷰티 유튜버가 압도적으로 많았지만, 개그맨 출신 김기수님이 남성 뷰티 유튜버로 성공하면서 남성들의 뷰티 채널 진출도 점점 늘어나고 있습니다.

◆ **쿡방**: Cook과 방송(放送)을 합친 신조어로, 출연자가 직접 요리하는 과정을 보여주는 방송

뷰티 채널 '이사배'

뷰티 채널 '김기수'

⑥ 패션

초기에는 뷰티 유튜버들이 가끔 패션을 다루었지만, 분야가 성장하면서 패션만을 전문적으로 다루는 유튜버가 생겨났습니다. 다양한 의류 리뷰부터 유행하는 코디법까지 광범위한 패션 세계를 다루며, 최근에는 시청자들의 팬덤에 힘입어 쇼핑몰 개설까지 가능해졌습니다. 자리 잡기까지는 쉽지 않으나 이커머스◆와 연계해 다양한 비즈니스 모델을 시도할 가능성이 높은 채널 유형입니다.

패션 채널 '쩡대'

패션 채널 '피로'

◆ 이커머스(e-commerce): 전자상거래의 약자로, 온라인에서 상품이나 서비스를 사고파는 것을 말한다.

⑦ 음악/댄스/커버

K-pop이 인기를 얻으면서 음악은 유튜브에서 가장 커다란 인기 분야가 되었습니다. 오리지널 아티스트뿐만 아니라, 이들의 음악과 댄스를 커버◆하는 유튜버들도 더불어 인기가 높아졌죠. 음악 커버의 대표적인 유튜버는 '제이플라'인데, 구독자 1,000만 명을 돌파하며 현재는 웬만한 연예기획사 수준의 채널 영향력을 지니게 되었습니다. 음악 산업이 망하지 않는 한 앞으로도 꾸준히 성장할 채널 유형입니다.

음악 커버 채널 '제이플라'

댄스 커버 채널 'ARTBEAT'

⑧ 실험

국내 유튜브 초창기에는 간단한 실험 영상들이 인기를 끌었는데 지금은 그 규모가 상당해졌습니다. 대표적인 실험 채널로는 '허팝', '안될과학', '공돌이 용달' 등이 있으며, 생각지도 못한 거대한 실험으로 큰 인기를 얻고 있습니다. 다만 그로 인해 이제는 진입 장벽이 상당히 높아져 신규 유튜버가 진입을 시도하기에는 한계가 있습니다. 하지만 앞으로도 인간의 호기심은 계속 이어질 것이기에 성장성은 확실한 채널 유형입니다.

◆ **커버(Cover)**: 좋아하는 노래나 춤 등을 자신만의 스타일로 해석하여 따라하거나 모방하는 것

실험 채널 '안될과학'

실험 채널 '공돌이 용달'

⑨ 문화콘텐츠 리뷰

더빙을 통해 영화/책/문화콘텐츠 등을 분석하는 채널로 상당한 생태계가 구성된 채널 유형입니다. 시청자별로 개별 유튜버에 대한 선호도가 천차만별이라 진입하기가 쉽지는 않지만, 일단 진입한 뒤에는 꾸준히 콘텐츠를 생산하며 운영할 수 있습니다. 영상을 제작하고 편집하는 시간보다 콘텐츠 아이템을 분석하고 대본을 작성하는데 더 많은 시간이 소요됩니다.

영화 리뷰 채널 '리뷰엉이'

영화 리뷰 채널 '발없는새'

⑩ ASMR

일상에 지친 시청자들이 마음의 안정을 찾거나 잠을 청하는 데 도움을 주는 ASMR 영상을 제공하는 채널 유형입니다. ASMR은 뇌를 자극해 심리적인 안정을 유도하는 소리입니다. 대사 없이 특정 물체를 긁거나 두드리며 소리를 내기도 하고, 음식을 먹거나 입으로 소리를 내기도 합니다. 기존 유튜버들의 실력이 상당히 좋아서 진입 장벽이 높지만, 반복 재생이 많고 일단 팬덤이 형성되면 정주행하는 경우가 많아 어느 정도 궤도에 오르면 안정적으로 운영할 수 있습니다.

ASMR 채널 'Dana ASMR'

ASMR 채널 'Soy ASMR'

지금까지 유튜브에서 인기 있는 10가지 유형의 콘텐츠를 살펴보았는데요, 이것을 바탕으로 나의 유튜브 채널 아이템을 어떻게 정할지 조금 더 구체적으로 알아보겠습니다.

어떤 아이템을 선택해야 할까?

거창하게 뭔가를 계획하는 것이 아니라, 인기가 검증된 채널 유형을 참조해 내가 진짜로 하고 싶은 유튜브 아이템을 일단 적어보세요. 자신의 생각이 점차 정리되는 것을 느낄 수 있을 것입니다. '내가 의외로 하고 싶은 게 많네?'라고 생각되는 분들도 계실 거고, '헉! 내가 생각보다 하고 싶은 게 없구나!' 하고 당황하는 분들도 계실 거예요. 두 유형 모두 당연한 것이니 차분히 써내려가보세요. 하고 싶은 아이템이 전혀 떠오르지 않는 분들은 일단 여러 종류의 유튜브를 많이 시청하는 것부터 시작하세요. 반대로 하고 싶은 게 너무 많은 분들은 다음 표를 보면서 하고 싶은 것을 좁혀나가면 됩니다.

스스로 작성해 보세요.

■ 아이템 선택하기 ■

평소 아이들을 좋아해서 눈높이를 맞춰줄 수 있다면?	☐ 장난감 ☐ 게임 ☐ 키즈
요리하는 것을 좋아하고, 나만의 레시피를 많이 알고 있다면?	☐ 푸드/쿠킹
꾸미는 것에 관심이 많고 자신이 있다면?	☐ 뷰티 ☐ 패션
나의 숨은 끼를 발산하고 싶다면?	☐ 음악/댄스/커버
도전정신과 호기심이 강하고, 이를 실행할 수 있는 용기가 있다면?	☐ 실험
무엇이든 분석하기를 좋아한다면?	☐ 리뷰
소리에 민감하며, 좋은 소리를 만들거나 수집하는 것을 좋아한다면?	☐ ASMR

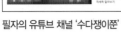
필자의 유튜브 채널 '수다쟁이쭌'

영화 해석은 경쟁이 치열하므로
뮤비 해석 아이템으로 퍼플오션 진입!

유튜브 시장의 틈새를 노려라! - 퍼플오션

유튜브에서는 레드오션 채널이 훨씬 유리하다고 앞서 말씀드렸습니다. 적어도 그 분야는 기존 콘텐츠를 학습한 이용자들이 풍부하고, 연관 채널의 비슷한 콘텐츠에 의해 추천 동영상이 될 확률도 올라가기 때문이죠.

하지만 100% 그런 것은 아닙니다. '피로 물든 붉은 바다'라는 원래 뜻처럼 레드오션 분야에 진입한 신규 유튜버가 승자가 되어 살아남을 확률보다는 기존에 자리 잡은 유튜버들의 조회 수만 올려주고 사라질 확률이 높습니다. "그러면 그냥 유튜브 하지 말까요? 뒤늦게 시작하는 후발주자는 정말 방법이 없나요?"라고 질문한다면, 퍼플오션을 찾으라고 말하고 싶습니다.

유튜브에서 필자가 생각하는 최선의 퍼플오션은 '한없이 레드에 가까운 블루'입니다. 채널의 뿌리는 구독자가 많은 레드오션에 두고, 콘텐츠의 일부를 조금 변화시키는 것이지요. 여성 뷰티 시장에 등장한 남성 뷰티 유튜버('김기수'님 등), 기존 먹방이나 일상 콘텐츠를 다루던 V-Log와 별반 다를 바 없는데 연령대를 확 올려서 새롭게 보이거나('박막례'님 등), 영화를 해석하는 사람은 흔하니 차라리 뮤비, 애니메이션 해석으로 시작한다거나('드림텔러'님 등), 영화 유튜버 시장이 과포화상태이니 차라리 마블◆ 영화만 파는('마블보이'님 등) 등 완전히 새롭고 독창적인 것이 아니라 레드오션에 발을 걸치되, 조금만 변주하는 퍼플오션이 아직까지는 최선의 방법이라고 생각합니다. 다만, 자신이 택한 분야의 콘텐츠를 지치지 않고 끊임없이 생산할 수 있느냐는 질문에 'OK'라고 답한다는 전제하에 말입니다.

살아남으려면
퍼플오션을 공략할 것!

여성 뷰티 시장에 등장한 남성 뷰티 유튜버 '김기수'님

◆　**마블(Marvel):** 정확히 말하면 마블 스튜디오(Marvel Studio). 마블 코믹스(Marvel Comics)가 만든 캐릭터와 세계관을 활용하여 영화와 TV시리즈를 제작하는 회사

08 유튜브 부업왕이 되기 위한 생활습관 5단계

유튜브 부업왕의 첫 번째 조건은 꾸준한 업로드

블로그로 활성화된 '1인 미디어 혁명'이 유튜브 등 영상 콘텐츠를 기반으로 한 플랫폼으로 옮겨가고 있습니다. 블로그든, 유튜브든 웹기반 플랫폼은 독자와 만날 수 있는 공간만 제공할 뿐, 그곳에서 활동하는 크리에이터들은 콘텐츠를 생산해 독자들과 지속적으로 소통을 이어가야 하는 숙명을 지녔습니다.

그런데 문제는 콘텐츠를 꾸준히 생산하기가 너무나도 어렵고 힘들다는 것입니다. 이토록 어렵고 힘든 것을 '어떻게 하면 조금이라도 쉽게 할 수 있을까?' 하는 고민에서 꾸준한 업로드를 위한 생활습관 5가지를 정리해봤습니다.

다음에 제시하는 5가지 생활습관이 크리에이터의 생산성 향상에 대한 완벽한 해답이 되지는 못하겠지만, 지속가능한 콘텐츠 제작을 고민하는 유튜버들에게 작은 실마리가 되었으면 좋겠습니다.

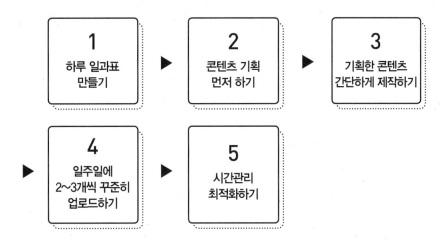

■ 꾸준한 업로드를 위한 생활습관 5단계 ■

1 | 하루 일과표 만들기

어렸을 적 방학 때면 누구나 한번쯤은 해 보았을 하루 일과표 짜기입니다. 물론 하루 일과표를 짰다고 해서 그대로 실천한 분들은 많지 않았을 거예요. 필자도 그랬으니까요.

초등학교 방학 숙제야 조금 대충 하더라도 그리 큰 문제가 되는 것은 아니지만, 유튜브에 콘텐츠를 연재하는 유튜버가 되기로 마음먹었다면 하루 일과표를 짜는 것이야말로 가장 먼저 해야 할 중요한 일입니다. 하루 일과표를 토대로 주간·월간 계획표를 짜는 것도 마찬가지입니다. 콘텐츠를 제 시간에 업로드하는 것은 자신의 채널을 구독해주는 시청자들과의 약속을 지키는 것이기 때문이에요.

하지만 하루하루 시간을 효율적으로 체크하고, 주어진 자원을 효과적으로 사용하지 않는다면 주간·월간 계획표는 무용지물이 될 것입니다. 기상 후(직장인의 경우 퇴근) 몇시부터 몇시까지 아이템 리서치를 할 것이며, 기획은 언제 할 것인지, 식사 시간은 어떻게 조절할 것이며, 제작은 언제쯤 할 것인지를 하루 일과표에 자세히 표시해놓고, 잘 보이는 곳에 붙여놓길 바랍니다. 처음에는 하루 일과표를 지키기는 것이 부담스럽고 무척 힘들 테지만, 지키려고 노력하다 보면 점차 생산적인 루틴이 만들어집니다. 어느 날부터는 하루 일과표대로 실천하지 않으면 허전한 느낌이 드는 날이 찾아올 거예요.

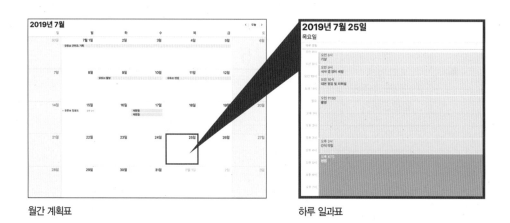

월간 계획표   하루 일과표

2 | 콘텐츠 기획 먼저 하기

하루 일과표를 만들고 생산적인 루틴을 위한 첫 삽을 떴다면, 그다음으로 할 일은 하루 일과 중 노는 것을 가장 나중으로 미루는 것입니다. 하루를 시작한 후 혹은 퇴근한 후에 콘텐츠 아이템부터 먼저 기획하시길 바랍니다. 직장인이라면 출퇴근 시간을 활용해서 스마트폰의 메모 어플로 간단하게 아이템 리서치 및 콘텐츠 기획을 하면 좋습니다. 재택근무자나 프리랜서라면 집에 있는 TV나 게임기 등 여가 시간을 위한 엔터테인먼트 도구들을 작업 환경과는 최대한 멀리 치워놓으세요.

파블로프의 개 실험처럼 '콘텐츠를 먼저 기획해야 엔터테인먼트를 즐길 수 있다'는 자기 최면을 스스로에게 지속적으로 주입하길 권장합니다. 처음에는 아이템 리서치와 콘텐츠 기획이 회사 업무의 연장인 것 같아 얼마간은 고통스럽겠지만, 조금만 적응되면 기상·퇴근 후 아이템 리서치와 콘텐츠 기획부터 하는 자신을 발견하게 될 것입니다.

절대 잊지 마세요! '선 기획, 후 놀이!'입니다. 타협하며 '선 놀이, 후 기획'하는 순간 생산성 루틴은 깨져버리고, 어느덧 기획이 아닌 자기합리화를 하고 있는 자신을 발견할지도 모릅니다.

3 | 기획한 콘텐츠 간단하게 제작하기

놀고 싶은 마음을 참아가며 기획한 아이템을 제작할 때 잊지 말아야 할 것은 아주 간단하게 제작하는 것입니다. 유튜버가 된 당신은 앞으로 불특정 다수에게 콘텐츠를 통해 일방적으로 연락해야 하는 가혹한 운명을 경험할 것입니다. 연인(구독자)은 계속 당신의 연락(콘텐츠 업로드)을 기다리는데 완벽한 콘텐츠를 만들겠다고 몇 달이 지나도록 제작만 한다면 당신을 사랑했던 연인(구독자)은 떠나버릴 것입니다. 기획한 아이템이 있다면 다소 부족하더라도, 대단한 퀄리티가 아니더라도 자주 제작하길 바랍니다.

콘텐츠를 자주 제작하면서 엄청난 퀄리티를 유지하는 것은 무척 힘든 일입니다. 만약 거대한 이벤트(고퀄리티 영상 제작)를 했는데 연인(구독자)의 반응이 없다면, 실망해서 콘텐츠 제작의지를 잃어버릴지도 모르죠. 그러니 동네에서 데이트하듯, 떡볶이를 사주듯 친근하게 제작해 자주 소통하세요. 어느덧 당신이 만든 콘텐츠가 궁금해서 찾아온 사람들로 북적이는 채널을 갖게 될 것입니다.

4 | 일주일에 2~3개씩 꾸준히 업로드하기

첫 번째로 업로드할 콘텐츠는 소개팅의 첫 만남과 같습니다. 소개팅에서 한 번 만난 사람으로 끝나지 않고 연인으로 발전하려면 상대방에게 꾸준히 연락해야 하죠. 이와 마찬가지로 유튜버도 자신의 콘텐츠를 플랫폼에 자주 업로드해야 합니다. 상대방(예비 구독자)은 당신의 연락을 몹시 기다리고 있을 테니까요.

초기에는 일주일에 최소 2~3개의 콘텐츠를 꾸준히 업로드하길 바랍니다. 상대방이 당신에게 호감을 느끼고 연인(구독자)으로 발전하면 그때는 1주일에 1개씩만 올려도 나쁘지는 않지만, 그렇다고 그것이 최선은 아닙니다. 앞으로 유튜버로 활동하면서 구독자와의 관계가 흔들릴 수도 있겠지만 초심을 잃지 마시길 바랍니다. 첫 콘텐츠를 만들고서 '이게 과연 될까?'라고 고민하며 설레던 마음을 기억하고, 처음과 같이 연인(구독자)에게 계속 꾸준히 연락(콘텐츠 업로드)하세요. 그러면 연인(구독자)은 자발적으로 주변에 당신을 소개할 것입니다. 그리고 꾸준함과 콘텐츠에 매력을 느낀 많은 사람들이 당신의 곁으로 다가올 것입니다. 그럴 때 생기기 쉬운 마음속 교만을 멀리하세요. 교만은 지속적인 콘텐츠 제작의 강력한 적이니까요.

계속 연락(콘텐츠 업로드)하는데도 반응이 없다고 해서 좌절하지 마세요! 이번 주에 반응이 좋지 않았다고 다음 주에 연락을 안 하는 게 아니라, 다음 주는 물론 다다음 주도 매주 꾸준히 연락(콘텐츠 업로드)하는 삶이 유튜버의 기본자세라는 것을 잊지 말기 바랍니다. 꾸준함이 모든 유튜버의 정답은 아니지만, 진실이 99.9% 들어있는 마법 같은 절대불변의 핵심 진리라고 생각합니다.

5 | 시간관리 최적화하기

만일 당신이 유튜버로서 삶을 지속하고자 한다면, 죽이 되든 밥이 되든 콘텐츠를 계속 생산해야 합니다. 비가 오든 눈이 오든 환경을 탓해서도 안 되고, 시간이 없다는 핑계를 대서도 안 됩니다. 당신의 연인(구독자)은 그런 사정까지는 고려해주지 않으니까요.

만일 당신이 프리랜서라면, 일주일 중 외부 미팅과 개인 약속은 같은 날로 몰고 이동 시간을 최소화하길 바랍니다. 직장인도 마찬가지입니다. 퇴근 후 친목 도모는 되도록 줄이고 작업실(혹은 자기 방) 책상과 의자에 앉아 있는 시간을 사랑하세요.

장담컨데, **무거운 엉덩이는 유튜버의 가장 큰 무기**입니다. 이동과 미팅시간을 최소화해 확보한 귀한 시간을 무거운 엉덩이에 할애하세요. 그리고 그 무거운 엉덩이로 아이템을 찾고, 콘텐츠를 기획하며, 정성을 다해 제작하고 편집하세요!

　연인(구독자)은 당신이 그토록 고생하며 자신에게 연락(콘텐츠 업로드)했다는 것을 모를 수도 있습니다. 그렇다고 서운하게 생각하는 건 금물입니다. 꾸준한 연락(콘텐츠 업로드)을 지속한다면, 당신은 당신의 무거운 엉덩이에 감사하며 연인(구독자)과 좋은 관계를 계속 유지할 수 있을 것입니다.

　유튜버로 살아간다는 것이 쉽지는 않겠지만 항상 처음처럼, 꾸준한 콘텐츠 제작을 응원하겠습니다!

도전! 유튜브 부업왕 시간관리 계획표

필자는 구글 캘린더를 이용해서 시간관리 계획을 세웁니다. 여러분도 저처럼 구글 캘린더 혹은 네이버 캘린더 등을 이용해 주간, 월간 계획을 세워보세요. 이미 다이어리를 쓰고 있다면 거기에 적어도 됩니다. 이 계획표의 목적은 유튜브에 꾸준히 업로드하는 습관을 들이기 위한 것이므로 어떤 도구를 사용해도 괜찮습니다. 다만, 잊지 않도록 눈에 잘 보이는 곳에 두세요.

다음은 제작 계획표와 하루 일과표를 만들어 사용할 분들을 위한 시간관리 계획표 템플릿입니다. 참고해서 본인만의 계획표를 만들어 보세요.

▼ 유튜브 제작 계획표

콘텐츠	기획	촬영	편집	업로드	실행
번째	월 일 ~ 월 일	월 일 ~ 월 일	월 일 ~ 월 일	월 일	☐
번째	월 일 ~ 월 일	월 일 ~ 월 일	월 일 ~ 월 일	월 일	☐
번째	월 일 ~ 월 일	월 일 ~ 월 일	월 일 ~ 월 일	월 일	☐
번째	월 일 ~ 월 일	월 일 ~ 월 일	월 일 ~ 월 일	월 일	☐
번째	월 일 ~ 월 일	월 일 ~ 월 일	월 일 ~ 월 일	월 일	☐
번째	월 일 ~ 월 일	월 일 ~ 월 일	월 일 ~ 월 일	월 일	☐
번째	월 일 ~ 월 일	월 일 ~ 월 일	월 일 ~ 월 일	월 일	☐
번째	월 일 ~ 월 일	월 일 ~ 월 일	월 일 ~ 월 일	월 일	☐
번째	월 일 ~ 월 일	월 일 ~ 월 일	월 일 ~ 월 일	월 일	☐
번째	월 일 ~ 월 일	월 일 ~ 월 일	월 일 ~ 월 일	월 일	☐
번째	월 일 ~ 월 일	월 일 ~ 월 일	월 일 ~ 월 일	월 일	☐
번째	월 일 ~ 월 일	월 일 ~ 월 일	월 일 ~ 월 일	월 일	☐
번째	월 일 ~ 월 일	월 일 ~ 월 일	월 일 ~ 월 일	월 일	☐
번째	월 일 ~ 월 일	월 일 ~ 월 일	월 일 ~ 월 일	월 일	☐
번째	월 일 ~ 월 일	월 일 ~ 월 일	월 일 ~ 월 일	월 일	☐
번째	월 일 ~ 월 일	월 일 ~ 월 일	월 일 ~ 월 일	월 일	☐
번째	월 일 ~ 월 일	월 일 ~ 월 일	월 일 ~ 월 일	월 일	☐
번째	월 일 ~ 월 일	월 일 ~ 월 일	월 일 ~ 월 일	월 일	☐
번째	월 일 ~ 월 일	월 일 ~ 월 일	월 일 ~ 월 일	월 일	☐
번째	월 일 ~ 월 일	월 일 ~ 월 일	월 일 ~ 월 일	월 일	☐

▼ 하루 일과표

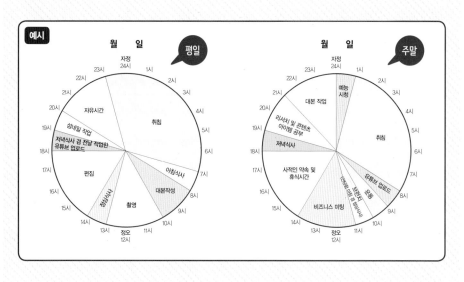

여러분도 하루 일과표를
작성해 보세요!

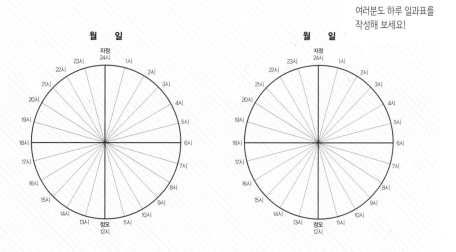

변경된 일정이 있다면
다시 작성해 보세요!

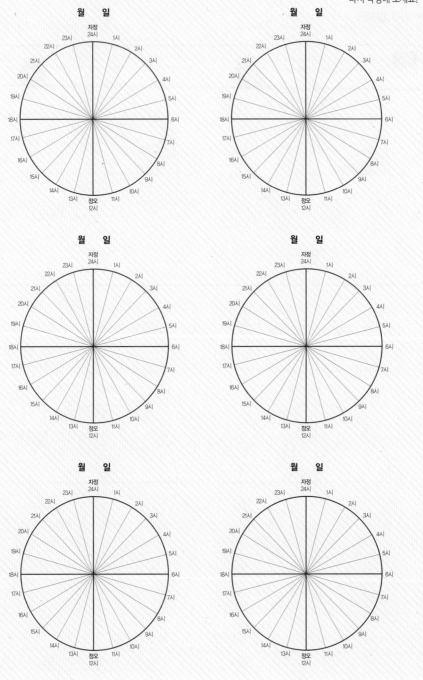

내가 적당히 좋아하는 아이템이 최고의 유튜브 아이템!

보통 기존에 하던 일을 그만두고 새로운 일을 시작하거나, 본업 외에 부업을 시작할 때는 가장 좋아하는 것을 하라는 얘기를 많이 들었을 것입니다. 그런데 다른 일에는 이 말이 맞을지도 모르겠지만 유튜브는 조금 다릅니다.

유튜브 채널 운영은 단순히 취미나 일의 영역이 아니라, 내가 제작한 온라인 콘텐츠를 매개체로 불특정 다수와 꾸준히 관계를 맺는 삶의 방식에 가깝습니다. 아무리 좋아하는 아이템이라고 하더라도 유튜브를 꾸준히 운영하다 보면 일에 가까워지기 때문에 지치지 않을 수 있는 아이템을 선정하는 것이 바람직합니다.

평소에 무언가를 가장 좋아한다고 하면, 그것은 돈과는 무관한 취미이거나 단순한 호기심 충족일 가능성이 큽니다. 만약 자신이 가장 좋아하는 아이템으로 유튜브를 운영하다 그것이 수입과 연계되기 시작하면, 그때부터는 취미가 아닌 일이 됩니다. 그러면 여러분은 지친 일상을 치유해주던 귀한 요소 하나를 잃는 셈이 되죠. 때문에 필자는 주변에 유튜브를 시작하려는 지인들에게 가장 좋아하는 아이템은 지양하라고 권합니다. 무조건 가장 좋아하는 아이템으로 유튜브 채널을 개설하겠다고 고집하면, 그것과 유사하거나 비슷한 정도로 힐링할 수 있는 취미를 꼭 만들기를 권장하고요.

유튜브 채널 운영을 통한 1인 유튜버 활동은 불특정 다수와의 관계 맺기이므로 커뮤니케이션에서 오는 스트레스가 생길 수도 있습니다. 여기에서 오는 스트레스를 잘 관리해야 삶의 질이 떨어지지 않고, 행복한 유튜버 생활을 할 수 있습니다. 그러니 가장 좋아하는 아이템은 아껴두고, 나중에 일로 바뀌어도 괜찮은 2~3번째 좋아하는 아이템으로 유튜브 채널을 개설하여 운영해 보면 어떨까요?

09 │ 동영상 콘텐츠 기획은 벤치마킹부터!

10 │ 내 채널의 방향성 정하기 – 채널명, 콘셉트, 타깃팅

11 │ 초간단! 영상기획서 작성법 – 6하원칙

12 │ 손쉬운 3분 동영상 대본 작성법

왕초보 ◆ 유튜브 ◆ 부업왕

첫|째|마|당

**초간단!
3분 동영상 대본 쓰기**

09 ▶ 동영상 콘텐츠 기획은 벤치마킹부터!

〈준비마당〉 06장에서 내 벽난로(채널)에 사람들(구독자)이 모여들게 하는 것은 불을 태우는 장작(영상 콘텐츠)이 있기 때문이고, 장작인 영상 콘텐츠를 만들려면 '찍고, 편집하고, 올리고' 이 3가지만 기억하면 된다고 했습니다. 지금부터 하나씩 알아볼 텐데요, 그전에 '찍기'보다 먼저 해야 할 것이 있습니다. 바로 대본 쓰기입니다. 대본이 있어야 동영상을 찍을 수 있겠죠? 이번 마당에서는 대본을 어떻게 써야 하는지 그 과정을 알아보도록 하겠습니다.

경쟁자의 인기 콘텐츠 VS 비인기 콘텐츠

내게 맞는 분야를 찾았다면 그 분야에서 가장 활발하게 활동하는 인기 유튜버 채널에 방문해 보세요. 채널에서 [동영상] 탭을 클릭한 후, 정렬 기준을 [인기 동영상]으로 바꾸면 가장 조회 수가 많은 영상부터 차례대로 볼 수 있습니다.

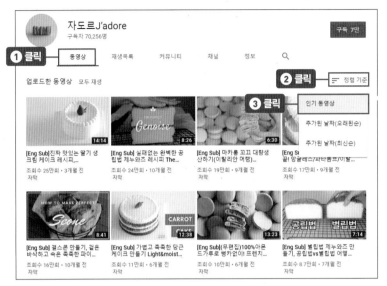

인기 동영상의 특징을
분석하자!

출처: 자도르

　같은 채널 내에서도 각 콘텐츠의 인기는 차이가 납니다. 따라서 내가 도전하려는
분야의 인기 채널 콘텐츠 중 조회 수가 높은 영상과 그렇지 않은 영상의 차이점을 분
석할 필요가 있습니다.

　조회 수가 높은 영상의 섬네일◆과 제목 등 특징을 그렇지 않은 영상과 비교하여 인
기의 이유를 나름대로 분석해서 적습니다. 이런 방식으로 3~4개 채널을 돌아다니면
서 분석하다 보면, 내가 선택한 분야의 영상 중 인기 있는 콘텐츠와 그렇지 않은 콘텐
츠의 유형에 대해 대략적으로 감이 잡힐 것입니다.

　다음 페이지에서 쿠킹 채널 '자도르'의 콘텐츠를 이용해 조회 수가 높은 영상과 그
렇지 않은 영상을 어떻게 분석하는지 살펴보겠습니다. 예시를 참고하여 인기 요소를
직접 분석해 보세요.

　◆　**섬네일(Thumbnail):** 인터넷 홈페이지나 애플리케이션, 동영상 등의 내용을 한눈에 파악할 수 있도록 만든 이미지.
　　이 책에서는 유튜브 동영상의 대표 이미지를 말한다.

■ 조회 수가 높은 영상 분석 사례

· 생크림 케이크라는 소재에 대한 시청
  자의 호감도가 높음
· 만드는 과정에 대한 친절한 설명
· 감성적인 음악과 영상의 조화로움
  → 2030 여성에게 어필

■ 조회 수가 낮은 영상 분석 사례

· 영상의 만듦새는 뛰어나지만 '카라
  멜 마카다미아 치즈케이크'라는 소
  재가 상대적으로 비대중적임
· 구독자와 소통하는 부분이 다소 부족

비인기 콘텐츠의 요소는 피하고 인기 콘텐츠의 요소만 골라 내 영상에 넣는 습관을 들이면, 채널이 성장하는 데 큰 도움이 됩니다. 인기 콘텐츠는 벽난로(채널)를 뜨겁게 달궈줄 아주 좋은 장작이니까요.

인기 콘텐츠 비틀어보기 - 3줄 구성법

아무리 유명한 유튜버라도 처음 올린 콘텐츠부터 잘된 사람은 아주 극소수일 것입니다. 대부분의 유튜버가 수많은 시행착오를 겪으며 이런저런 시도 끝에 타깃으로 삼은 구독자들의 특성을 파악하고, 그들이 좋아하는 것을 꾸준히 업로드해서 인기를 얻지요.

모방은 창조의 어머니라는 말처럼, 인기 유튜버의 인기 콘텐츠를 교재로 삼아 처음에는 벤치마킹하면서 콘텐츠를 가볍게 구상해 보는 것이 좋습니다. '빨강 액체괴물 만들기'라는 제목의 콘텐츠가 있다면, 이것을 '파랑 액체괴물 VS 빨강 액체괴물이 대결한다면?' 식으로 소재를 조금 비틀어보는 거죠. 실제로 동영상을 만들 때 이벤트나 액션을 추가해서 콘텐츠의 재미를 살릴 수도 있습니다. 빨강 액체괴물이라는 검증된 인기 콘텐츠를 나의 콘텐츠에 집어넣어 자기 식으로 구상하면 되니 어렵지 않습니다.

■ 비틀어보기(3줄 구성법)

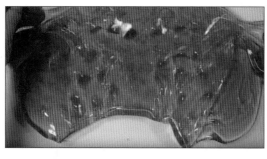

출처: 체리 콕콕
(아이템: 액체괴물)

제목	파랑 액체괴물 VS 빨강 액체괴물이 대결한다면?
내용	파랑 액체괴물 만들기 → 빨간 액체괴물 만들기 → 두 액체 괴물이 싸우는 연기 리액션
섬네일	왼쪽에 파란 액체괴물, 오른쪽에 빨간 액체괴물을 놔두고 가운데에 'VS'라고 붙인 후, 자막에 "파랑 액괴와 빨강 액괴가 대결한다면?"이라고 넣음

벤치마킹할 동영상을 염두에 두고 **소재를 조금 비틀어 만든 제목과 대략적인 내용, 섬네일 포인트를 3줄 전후로 정리**하면 됩니다.

이렇게 인기 유튜버의 동영상을 벤치마킹하면서 만들려는 동영상 콘텐츠를 3줄로 정리하다 보면 어느새 목록이 5~10개 정도 쌓입니다. 그 후에는 나만의 콘텐츠를 구상하는 것이 수월해집니다. 처음 백지에서 시작하려고 하면 굉장히 막막하겠지만, 벤치마킹을 통해 장점은 흡수하고 단점은 배제하면서 콘텐츠 아이디어 구상을 꾸준히 훈련한다면 콘텐츠 아이템 기획 시간은 점점 단축될 것입니다.

인기 동영상 스스로 기획하기

인기 있는 동영상을 만들려면, 먼저 나와 같은 아이템 혹은 유사한 아이템으로 채널을 운영 중인 경쟁자들의 인기 요소를 파악해야 한다고 앞에서 말씀드렸죠? 같은 유튜버가 만든 영상 중에서도 어떤 것이 조회 수가 높고 어떤 것이 조회 수가 떨어지는지를 알아야 그 인기 요소를 내 동영상에 적용할 수 있습니다. 유튜브에서 관심 있는 영상을 찾아보고 인기 요소를 분석하여 다음 표에 정리해 보세요.

스스로 작성해 보세요.

▼ 경쟁 영상 분석하기

콘텐츠 이미지	아이템	
	제목	
	내용	
	섬네일	
콘텐츠 이미지	아이템	
	제목	
	내용	
	섬네일	

조회 수를 높여주는 인기 요소가 무엇인지 대충 감 잡으셨나요? 그럼 이제 3줄 구성법에 따라 인기 동영상을 비틀어볼 차례입니다. 평소 눈여겨보던 유튜버의 인기 동영상 몇 가지를 골라 본인이라면 어떻게 비틀어 구성할 것인지 상상해 보세요. 벤치마킹할 동영상 아이템을 기준으로 나는 어떻게 제목을 지을지, 어떤 내용으로 진행할지, 섬네일 포인트는 어떤 점으로 잡을지를 각각 한 줄씩 세 줄로 간단하게 적어보세요.

스스로 작성해 보세요.

▼ **비틀어보기 – 3줄 구성법**

콘텐츠 이미지	제목	
	내용	
	섬네일	
콘텐츠 이미지	제목	
	내용	
	섬네일	
콘텐츠 이미지	제목	
	내용	
	섬네일	
콘텐츠 이미지	제목	
	내용	
	섬네일	

이제 어떤 아이템을 어떻게 만들어야 할지 구체적인 틀을 잡았을 것입니다. 자신만의 아이디어로 구상한 동영상이 인기 콘텐츠가 된다면 정말 좋겠죠. 최종적인 목표는 그것으로 잡되 아직 처음이니 먼저 감을 잡는 것부터 시작해 보세요. 시작이 반이라고 했습니다. 이렇게 하나씩 쌓아가다 보면 언젠가는 내가 스스로 만들어낸 콘텐츠를 담은 동영상으로도 충분히 높은 조회 수를 기록할 수 있을 것입니다.

내 채널의 방향성 정하기
– 채널명, 콘셉트, 타깃팅

10

채널명은 부담 없이 친근하게

제작할 콘텐츠 아이템이 충분히 쌓였다면, 이제는 채널의 방향성을 구체적으로 정해야 합니다. 채널명과 채널의 콘셉트 그리고 가장 중요한 예비 구독자들을 특정 짓는(타깃팅) 단계입니다.

유튜브를 시작하고자 마음먹었다면 이전부터 즐겨 보는 채널 혹은 유튜버가 있을 것입니다. 만약 여러분이 양질의 콘텐츠를 꾸준히 생산한다면 채널은 물론 채널명도 유명해지겠죠? 이때 채널명은 콘텐츠의 콘셉트를 반영할 뿐 아니라, 구독자와 커뮤니케이션할 때도 부담 없고 친근해야 합니다. 따라서 채널명을 지을 때는 전략이 필요합니다.

옆 페이지의 사례를 보면 '1분과학'은 짧은 시간을 상징하는 '1분'과 '과학'을 접목하여 채널명만 봐도 '과학이야기를 짧고 흥미롭게 전달한다'는 채널의 정체성과 어떤 콘텐츠를 다루는지를 쉽게 알 수 있습니다. 반면 'ahahoha Channel TV'는 대체 어떤 콘

적절한 채널명 사례

잘못된 채널명 사례

텐츠가 올라오는지, 정체성은 무엇인지 알 수 없을뿐더러 딱딱한 채널명 때문에 시청자들과 소통하는 데 어려움이 발생할 수 있습니다. 따라서 전략적인 채널명을 만들기 위해서는 채널의 콘셉트를 고려해야 하며, 예상 구독자들의 성향을 파악하고 적절히 타깃팅해야 합니다. 다음의 체크리스트는 구독자와 소통하기에 적합한 채널명을 짓는 데 도움이 될 것입니다.

스스로 작성해 보세요.

■ 채널 작명 체크리스트 ■

1. 시간이 지나도 나의 채널명이 마음에 들 것인가?	☐
2. 구독자들과 소통하는 데 어려움이 없는 이름인가?	☐
3. 오프라인에서 사용해도 민망하지 않은 이름인가?	☐
4. 꾸준히 업로드하려는 콘텐츠 콘셉트와 잘 어울리는가?	☐
5. 예상 타깃 구독자들의 연령대와 친밀하게 소통할 수 있는가?	☐
6. 추후 광고의뢰를 받았을 때, 브랜드에 신뢰도를 줄수 있는 이름인가?	☐

↓

나의 채널명은?

채널 콘셉트는 콘텐츠와 채널명이 잘 어우러지게

채널명을 확정하고 나면 채널 콘셉트를 조금 더 분명하게 정할 필요가 있습니다. 바로 전 단계에서 벤치마킹과 비틀어보기를 통해 콘텐츠 아이템을 5~10개 정도 쌓아 두었을 것입니다. 이제 콘텐츠들의 특성과 앞으로 나아가야 할 방향성에 대해서 정리하고, 채널 콘셉트를 최종 결정해야 합니다. 채널명과 콘셉트가 잘 어울리는지 점검해야 하는 것은 물론이지요.

 VS

섬네일만 봐도 채널 콘셉트가 분명한 사례(출처: 이사배)　　　채널 콘셉트가 분명하지 않은 사례

이 콘셉트를 결정해야 추후에 만들 채널 로고와 채널 아트, 섬네일 스타일 등을 조화롭게 만들 수 있습니다.

위에 소개한 왼쪽 채널의 경우, 다양한 메이크업 튜토리얼과 함께 영화나 뮤직비디오 등을 커버하는 메이크업 등을 꾸준히 업로드하면서 '메이크업'이라는 채널 콘셉트가 명확해졌습니다. 반면 오른쪽 채널은 영상이 중구난방 올라오기 때문에 영상만으로는 어떤 콘셉트의 채널인지 감을 잡기가 어렵습니다.

옆 페이지의 질문들에 답하면서 내 채널의 콘셉트를 구체화해 보세요.

▪ 채널 콘셉트 구체화하기 ▪

1 내 채널에 올릴 콘텐츠의 주요 장르는 무엇인가?

~~~~~~

2 내 채널의 방향성을 참고할 만한 벤치마킹 채널이 있는가?

~~~~~~

3 벤치마킹할 채널은 어떤 채널인가?

~~~~~~

4 그 채널과 타깃층이 겹치는가?

~~~~~~

5 타깃층이 겹친다면, 타깃층이 지닌 특성은 무엇인가?

~~~~~~

6 1~2년 후, 구독자들이 내 채널을 어떻게 바라보기를 원하는가?

~~~~~~

선순환 효과를 얻기 위한 예비 구독자 타깃팅하기

유튜버는 TV 방송국의 작가나 PD보다 오히려 더 쉽게 시청자를 파악할 수 있습니다. 영상을 업로드할 때마다 시청자와 댓글로 직접 소통하고, 유튜브 분석 시스템을 통해 잠재 구독자의 특성을 파악하는 데 도움을 얻을 수 있지요. 유튜브가 채널을 운영하는 유튜버에게 채널의 실적과 시청자의 행동패턴, 각각의 동영상 도달범위 및 시청 시간 등을 제공하기 때문입니다(〈다섯째마당〉 28장 참고).

유튜브 분석 화면

유튜브 분석 화면 중 시청자 도달범위

여러분의 유튜브 채널은 비록 구독자 0명에서 시작하겠지만, 추후에는 예비 구독자들까지 좋아할 수 있도록 양질의 콘텐츠를 제작해야 합니다. 이때 가장 중요한 것은 '구독자들은 누구인가?'를 아는 것입니다.

구독자를 타깃팅하는 것은 정말 중요합니다. 이 과정이야말로 유튜브 채널 운영의 거의 모든 것이기 때문입니다. 여러분의 콘텐츠를 보고 처음 유입된 시청자가 여러분이 만든 콘텐츠에 공감하면서 구독자로 전환되고, 다음에도 여러분의 콘텐츠를 시청하고 싶도록 만들어가는 과정! 그렇게 구독자를 하나둘 늘려가는 과정이 유튜브 채널 운영의 핵심입니다.

예비 구독자를 제대로 타깃팅하면 다음에 제작할 영상을 기획하는 것이 조금 더 수월하겠지만, 처음에는 어떤 사람들이 내 채널의 구독자가 될지 알 수 없습니다. 하지만 09장의 비틀어보기(3줄 구성법)를 활용하면 예비 구독자를 타깃팅하는 데 도움이 됩니다. 먼저 예비 구독자가 좋아할 만한 콘텐츠를 바탕으로 가설을 세워보세요.

예를 들어 10개의 영상을 제작한다고 할 때, 각각의 콘텐츠에 대해 시청자가 좋아할 만한 가설을 세우고 업로드를 진행합니다. 사람들이 많이 시청한 영상의 가설은 기록해뒀다가 다음에도 반영하고, 조회 수가 낮은 영상의 가설은 폐기합니다. 그러다 보면 내 채널의 시청자들이 좋아하는 것이 무엇인지 알게 되고, 그들이 만족하는 영상을 꾸준히 업로드하다 보면 구독자도 자연스레 늘어납니다.

■ 예비 구독자 타깃팅하기 ■

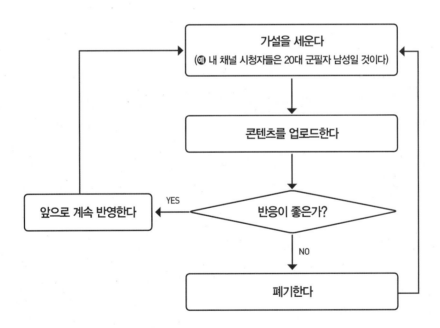

다음 질문지는 예비 구독자의 정의와 타깃팅을 쉽게 하기 위한 것입니다. 문항별로 질문에 답하다 보면 여러분의 예비 구독자 성향과 타깃팅 방향을 잡을 수 있을 것입니다.

스스로 작성해 보세요.

■ 예비 구독자 구체화하기 ■

1 예비 구독자의 나이, 성별, 직업 등은 어떻게 되는가?

_____

2 예비 구독자들은 주로 어떤 동영상을 시청하며, 그들의 욕망은 무엇인가?

_____

3 예비 구독자는 나의 동영상을 시청할 것인가?

_____

4 시청한다면 왜 그렇다고 생각하는가? 다음에 올린 영상도 시청할 것 같은가?

_____

5 아니라면 어떤 점을 개선해야 하는가?

_____

6 예비 구독자가 내 동영상에 호기심을 느끼고 보게 하려면 어떻게 해야 하는가?

_____

11 ▶ 초간단! 영상기획서 작성법
– 6하원칙

채널명도 정하고, 내 채널에 올 예상 구독자들을 파악했다면, 이제는 텅텅 비어있는 내 유튜브 채널에 영상 콘텐츠를 만들어 업로드를 할 차례입니다. 이를 위한 첫 단계는 기획서 작성인데요, 기획서는 가볍게 시작하는 게 좋습니다.

영상기획서는 1. 비틀어보기로 영상기획서 틀 잡기 → 2. 6하원칙으로 기획서 구체

■ 영상기획서 작성 3단계 과정 ■

화하기 → 3. 제작비용 산출하기의 3단계를 거쳐 손쉽게 작성할 수 있습니다.

그럼 지금부터 단계별로 하나씩 알아보도록 하겠습니다.

1 | 비틀어보기로 영상기획서 틀 잡기

09장에서 다뤘던 인기 콘텐츠 비틀어보기를 통해 '포도알 액체괴물 만들기'라는 콘텐츠 아이템을 구상했다고 가정하고 영상기획서의 틀을 잡아보았습니다. 틀을 잡을 때는 영상 촬영에 필요한 준비물을 적고, 언제, 어떻게 제작할 것인지 제작 일정을 간단하게 적으면 됩니다.

■ 비틀어보기로 영상기획서 틀 잡기 ■

〈포도알 액체괴물 만들기〉 비틀어보기

출처: 체리 콕콕

제목	포도알 액체괴물 만들기
내용	포도알 모양으로 액체괴물 만들어보기
섬네일	찐득거리는 포도알 액체괴물의 모습

〈포도알 액체괴물 만들기〉 영상기획서 틀 잡기

준비물	액체괴물 재료, 다 먹은 포도가지 등

제작 일정

1. (18일) 컴퓨터로 대본을 작성하고, 재료를 준비한다.

2. (19일) 내 스마트폰과 미니삼각대를 활용해 촬영 및 녹음한다.

3. (20일) 촬영한 데이터를 편집하고 업로드한다.

2 | 6하원칙으로 영상기획서 구체화하기

6하원칙을 적용해 영상기획서를 구체화해 볼까요? '누가, 언제, 어디서, 무엇을, 어떻게, 왜'라는 6하원칙에 맞춰서 작성하는 훈련을 해봅시다. 이미 작성한 틀에 살을 붙이는 과정이니 그다지 어렵지는 않을 거예요. 어떤 기획서든 스스로 알아보기 가장 편한 형태로 쉽게 작성하는 게 좋습니다.

① **누가**: 출연자 혹은 스태프에 대해 적습니다. 혼자서 출연하고 제작하면 '나 혼자' 라고 적으면 되고, 친구가 도와주기로 했다면 '나랑 친구 1명'이라고 쉽게 적으면 됩니다.

② **언제**: 일정을 적습니다. 대본 작성은 언제 하고 촬영과 편집은 언제 할 것인지 날짜를 표기하면 됩니다.

③ **어디서**: 장소를 적습니다. 방에서 촬영하면 '내 방'으로 하면 되고, 외부 스튜디오에서 하면 'OO스튜디오'라고 적으면 됩니다.

④ **무엇을**: 어떤 내용의 콘텐츠를 제작할 것인지 적고, 필요한 소품과 준비물도 함께 적습니다.

⑤ **어떻게**: ②에서 적은 날짜에 구체적으로 어떻게 실행할 것인지 실행 방안을 적으면 됩니다.

⑥ **왜**: 콘텐츠 제작 목적이라고 보면 됩니다. 이 영상을 통해서 구독자를 더 모으려는 것인지, 아니면 이벤트 차원에서 하는 것인지 적어보세요.

■ 〈포도알 액체괴물 만들기〉 6하원칙 기획서 ■

① 누가	나 혼자
② 언제	18~20일
③ 어디서	내 방
④ 무엇을	포도알 액체괴물 만들기 콘텐츠 제작
⑤ 어떻게	18일: 대본 작성, 재료 준비 19일: 촬영, 녹음 20일: 편집, 업로드
⑥ 왜	구독자 수 1,000명을 채우기 위해

3 | 제작비용 산출하기

6하원칙으로 기획서를 구체화했다면 마지막으로 제작에 필요한 예산을 작성하면
됩니다. 장소 대여비, 소품비, 촬영 장비 대여비 등 콘텐츠를 만들면서 소요되는 모든
예상 비용을 적어보세요. 촬영날 필요하지만, 본인 소유라서 비용이 들지 않는 것도
표시해두면 준비할 때 헷갈리지 않아서 좋습니다.

■ 〈포도알 액체괴물 만들기〉 제작비 ■

무료	장소 대여비: 내 방 촬영 장비 대여비: 내 핸드폰, 내 노트북, 내 삼각대
유료	소품비: 액체괴물 재료(7,000원), 포도(8,000원)
총 제작비	15,000원

나만의 영상기획서 작성하기

드라마, 영화, 방송국의 예능 등 거대한 영상 콘텐츠를 제작한다면 영상기획서를 전문적으로 작성해야 하지만, 유튜버는 대부분 혼자서 작업하기 때문에 쉽고 간단하게 영상기획서를 작성해 업무의 효율성과 제작 속도를 높일 필요가 있습니다.

다음에 제공하는 템플릿을 통해 위의 예제에 나온 것처럼 ① 비틀어보기로 영상기획서 틀을 잡은 다음 ② 6하원칙으로 영상기획서를 구체화하고 ③ 제작비용을 산출해서 나만의 영상기획서를 작성해 보세요. 그리고 작성한 기획서를 꼼꼼하게 검토해 보고, 더 필요한 것은 없는지, 가지고 있는 예산을 초과하지는 않는지, 현실적으로 촬영이 가능한 콘텐츠인지를 최종적으로 점검해 보세요.

스스로 작성해 보세요

❶ 비틀어보기로 영상기획서 틀 잡기

〈   〉비틀어보기

콘텐츠 이미지	제목 _____
	내용 _____
	섬네일

⬇

〈   〉영상기획서 틀 잡기

준비물	

제작 일정

1. (일)
2. (일)
3. (일)

이제 6하원칙을 활용해 영상기획서를 구체화할 차례입니다. 앞서 필자가 정리해둔 사례를 참고하여 본인만의 영상기획서를 완성해 보세요.

스스로 작성해 보세요

❷ 6하원칙으로 영상기획서 구체화하기

〈 〉6하원칙 기획서	
① 누가	
② 언제	
③ 어디서	
④ 무엇을	
⑤ 어떻게	
⑥ 왜	

스스로 작성해 보세요.

❸ 제작비용 산출하기

〈 〉제작비	
무료	
유료	
총제작비	

12 ▶ 손쉬운 3분 동영상
대본 작성법

왕초보는 짧고 쉬운 3분 동영상부터

11장에서 영상기획서를 쉽고 간단하게 작성해 보았는데요, 이제 이것을 토대로 3분짜리 대본을 써볼 차례입니다. 왜 1분도 아니고 5분도 아닌 3분일까요?

유튜브는 콘텐츠 하나를 잘 만드는 것보다 콘텐츠를 꾸준히 연속해서 제작하는 것이 중요합니다. 시리즈 콘텐츠로 구독자를 모으고, 그렇게 모은 구독자들과 자주 소통하며 채널을 키워나가는 것이니까요.

하지만 처음 시작하는 유튜버뿐만 아니라, 어느 누구에게도 콘텐츠를 꾸준히 만든다는 것은 결코 쉽지 않은 일입니다. 그런데 콘텐츠 하나 만드는 데 너무 많은 힘이 들고 제작 과정마저 거창하다면, 꾸준한 업로드는 물론 얼마 가지 않아 유튜브 운영 자체를 포기할 가능성이 높습니다. 그렇기 때문에 처음에는 **짧고 쉬운 영상부터 기획할 것을 추천합니다.** 여기에서 짧다는 것은 시청 시간이 짧은 콘텐츠를 기획하라는 말이고, 쉬운 영상이라는 것은 콘텐츠를 제작하는 과정이 쉬운 것을 선택하라는 뜻입니다. 실제로 처음 유튜브를 시작해 광고 수익을 얻을 수 있는 조건인 최소 구독자 1,000명을 채우지 못하고 그만두는 사례가 많습니다. 처음부터 너무 욕심내서 긴 분량의 영상을 어렵게 만들려고 했기 때문이죠.

수익과 최대 시청 시간을 위한 최적의 3분

이런 이유로 처음에는 3~5분 정도의 영상 제작을 추천합니다. 그 이유는 시청자가 일단 섬네일을 클릭하고 영상을 잠시 보다가 이탈하는 것이 아니라, **끝까지 시청하는 비중이 높아야 광고 수익이 올라가고 노출 비중도 높아지기 때문입니다.** 물론 영상 분량이 길면 좋겠지만, 긴 영상은 초보가 만들기 쉽지 않고 매주 꾸준히 제작해야 해서 어렵습니다. 그렇다고 3분 이하로 영상을 만들면 시청자로부터 확보할 수 있는 최대 시청 시간이 적어지므로, **최소 3분 이상으로 영상을 제작하는 습관을 들이는 게 좋습니다.**

3~5분 길이로 제작하는 것을 목표로 잡되 이마저도 힘들다면, 최소 1분 40초~2분 30초 정도를 목표로 잡고 집에서 혼자 제작할 수 있는 가벼운 영상부터 시작해 보세요. 남들이 '쉽게 만들었구나' 하고 생각할 정도의 간단한 것으로 첫 콘텐츠를 만든다면 두 번째, 세 번째 콘텐츠를 만들기도 부담스럽지 않을 것입니다.

유튜브 부업왕이 되려면 중간에 지쳐서 포기하는 일은 없어야겠죠? 일단 유튜브에 능숙해질 때까지는 짧고 쉬운 영상부터 가벼운 마음으로 제작해 보기를 추천합니다.

3분 동영상 대본 작성하기

작성한 영상기획서를 토대로 3분짜리 대본을 써볼 차례입니다. 대본은 1. 아이디어 떠올리기 → 2. 대본 쓰기 → 3. 대본 수정하기 → 4. 대본 점검하기의 4단계로 작성할 수 있습니다.

■ 대본 쓰기 4단계 과정 ■

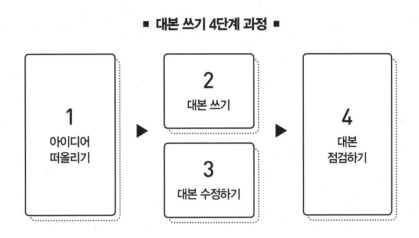

〈준비마당〉에서도 말씀드렸지만 대본은 어렵게 생각할 필요가 전혀 없어요. 영상 속 등장인물들의 말과 행동, 화면의 구성 등을 글로 미리 써놓은 것이라고 생각하면 쉽습니다.

1인 영상 콘텐츠의 대본은 쉽고 간단하게 작성할수록 좋다고 말씀드렸습니다. 이번 시간에는 대본 쓰기 4단계 과정을 통해 쉽고 재밌게 대본을 작성하는 방법을 알아보겠습니다. 우선 가장 처음 할 일은 간단한 아이디어를 떠올리는 것입니다.

1 | 아이디어 떠올리기 – 포인트 장면을 중심으로

영상기획서가 영상을 어떤 내용으로 어떻게 찍을지 구체화하는 작업이었다면, 대본은 여기서 한 걸음 더 들어가는 작업입니다. 먼저 내가 제작하려는 영상에서 가장 포인트가 되는 장면을 떠올려 보세요. 예를 들어 '용돈 떨어졌을 때 냉장고 파먹기'를 주제로 영상을 제작한다면 핵심이 되는 장면을 떠올리는 식이지요.

- **주제**: 용돈이 떨어졌을 때 냉장고 파먹기
- **핵심 장면**: 냉장고를 열었는데 재료가 연근 조림과 참치캔 2가지밖에 없음 → 어울리지 않는 재료에 당황하는 내 표정 → 그 옆에 케첩을 발견하고 뭔가 궁리하는 모습 → 그렇게 탄생한 말도 안 되는 이상한 음식 → 생각보다 맛있어서 행복해하는 내 표정

위의 예처럼 대략적인 화면 모습과 재미 요소를 떠올려보세요. 나의 행동과 표정은 어떨 것인지, 그다음에는 어떤 장면이 나올 것인지, 결국 이야기를 어떻게 전개하고 마무리할 것인지를 생각나는 대로 적어보는 거예요. 그러다 보면 의외로 이야기의 가지가 잘 뻗어나가는 것을 볼 수 있을 것입니다. 단, 처음에는 욕심내지 않고 한 공간에서 벌어지는 이야기로 하는 게 좋아요.

2 | 대본 쓰기 - 제목과 멘트 중심으로

1단계에서 정리한 아이디어를 가지고 구체적으로 대본을 쓰는 단계입니다. 먼저 메모장 같은 간단한 문서 작성 프로그램을 켭니다. 맨 위에 영상의 제목을 적고, "안녕하세요? ○○입니다."와 같은 도입부의 인사말을 쓰세요.

- **제목**: 어울리지 않는 2가지 재료로 환상적인 요리 만들기 [냉장고 파먹기 1탄]
- **도입 멘트**: 안녕하세요? 자취남 수다왕입니다. 오늘은 자취생의 용돈이 다 떨어졌을 때, 냉장고에 남아있는 어울리지 않는 재료로 환상적인 요리를 만들어보려고 해요. 사실 이게 며칠 전에 있었던 실화인데 …(후략)…

도입 멘트를 완성했다면 그 후에는 영상이 전개되면서 채워나갈 본 내용과 멘트를 써보세요.

- **내용**: 지갑을 여는 나. 지갑에 들어있는 200원. 놀라는 내 표정 → 모바일 뱅킹에 들어가 본다. 잔액 300원. 당황하는 내 표정 → 수없이 쌓여있는 배달전단지를 보는 나. 고개를 젓고 냉장고 문을 연다. 텅 빈 냉장고 구석에 보이는 연근 조림과 참치캔 하나, 충격받은 내 표정
- **멘트**: 냉장고에도 아무것도 없…? 앗! 연근 조림 하나랑 참치캔이 있네요. 근데 이걸로 뭘 만들죠? 조합이 뭔가 이상한 것 같은데, 앗! 근데 저기 케첩도 있네요. 아, 고민되네. 도대체 뭘 만들어야 하나. …(후략)…

본 내용과 진행할 멘트까지 다 적었으면 마지막에 "다음에 또 만나요, 구독해 주세요." 등과 같은 인사말로 마무리하면 됩니다.

- **마무리 멘트:** 오늘도 저와 함께 요리를 만들어 보았는데요, 재료가 부족하더라도 여러 가지 시도를 해 보세요. 가끔 맛이 폭망일 때도 있지만, 꿀맛일 때도 있답니다. 재밌게 보셨으면 좋아요와 구독 눌러주시고요, 자취남 수다왕은 다음에도 더 재미난 이야기로 여러분을 찾아올게요.

3 | 대본 수정하기

처음 쓴 대본이 완벽한 경우는 거의 없습니다. 아무리 경험 많은 프로 작가라고 해도 첫 대본으로 곧장 영상을 제작하는 경우는 극히 드물어요. 그러니 2단계 대본 쓰기에서 대본을 처음 작성해 보았다면, 완성한 것만으로 자신에게 칭찬과 선물을 줘도 됩니다.

대본을 쓰다가 막히면 잠깐 쉬었다가 다시 이어나가면 되고, 엉성하게 완성되었다고 해서 실망할 필요도 없어요. 계속 수정해 나가다 보면 완성도는 점점 높아지니까요. 단, 수정 과정이 지나치게 길어지면 제작이 늦어질 수 있으니 스스로 마감기한을 설정하는 것이 생산성 측면에서 훨씬 바람직할 거예요.

대본을 수정할 때도 너무 완벽하게 하려고 하지 말고 어색한 지문이 있는지, 멘트(대사)가 재미없진 않은지 반복해서 읽으며 고쳐나가는 게 좋습니다. 한꺼번에 몰아서 수정하기보다는 시간차를 두고 대본을 보면 안 보이던 단점을 찾아낼 수 있지요. 한 가지 명심할 것은 결국 최종 소비를 하는 것은 시청자이므로 스스로 너무 많은 필터링을 할 필요는 없다는 거예요. 짧게라도 영상을 완성해서 시청자에게 보여주고 다음 콘텐츠를 더욱 완성도 있게 쓰는 게 중요하지, 지금 대본 하나에 목숨을 거는 것은 결코 생산적인 습관이 아니랍니다.

4 | 대본 점검하기

3단계까지 진행했다면 이제 거의 다 왔습니다. 대본이 볼 만한 형태로 완성되었다면 소리 내어 읽어보세요. 멘트를 하면서 어색하거나 발음이 안 되는 대사가 있는지 점검하고, 있다면 비슷한 뜻의 쉬운 발음으로 교체합니다. 실제로 촬영이 가능한지 동선 체크도 해 보세요. 대본상에서는 논리적으로 결함이 없는데 실제 촬영할 때는 문제가 될 부분이 있는지, 다루려는 주제에 벗어난 장면은 없는지도 충분히 검토해야 합니다.

마무리 멘트에는 "다음 영상에서 또 만나요." 등과 같이 다음을 기약하는 말을 남기는 게 좋습니다. 그래야 시청자들이 단발성 콘텐츠가 아닌 시리즈 콘텐츠로 느껴서 구독할 확률이 올라가기 때문입니다. 또, 스마트폰에서 타이머를 켜고 대본을 소리 내어 읽으며, 내가 생각하는 분량이 맞는지 점검해 보세요. 지문과 대사를 다 읽었는데 3분 정도가 소요된다면, 앞뒤로 ± 오차를 1분 정도로 잡고 대략적인 분량을 생각하면 됩니다. 만약 검토 후 아무런 문제가 없다면, 짝짝짝, 축하합니다! 첫 대본을 완성하셨네요.

이렇게 해서 대본을 완성한 뒤에는 촬영을 준비하면 됩니다. 지금처럼만 하면 어렵지 않으니 힘을 내서 〈둘째마당〉으로 가볼까요!

13 │ 일정 확인과 소품 준비는 촬영 하루 전까지 완료!

14 │ 왕초보 유튜버를 위한 카메라 추천 Tip

15 │ 유튜브에 적합한 촬영샷과 구도 정하기

16 │ 유튜브 동영상은 고정 촬영이 무난!

17 │ 스마트폰으로 3분 동영상 촬영하기

18 │ 오캠으로 촬영 대신 컴퓨터 화면 녹화하기

왕초보 ◆ 유튜브 ◆ 부업왕

둘|째|마|당

스마트폰
3분 동영상 촬영하기

13 ▶ 일정 확인과 소품 준비는 촬영 하루 전까지 완료!

준비가 철저할수록 촬영 시간 단축!

준비단계에서 대본을 완성했다면, 이제 드디어 본 단계 중 1단계 '촬영하기'를 시작하겠습니다. 앞서 〈준비마당〉 06장에서 다뤘던 동영상 촬영하기 4단계를 기억하시나요?

■ 촬영하기 4단계 과정 ■

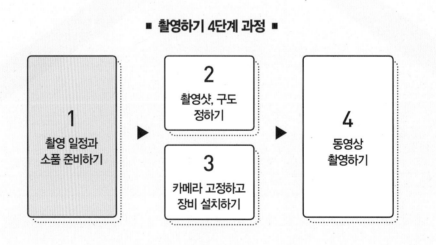

이 4단계를 기본으로 3분 동영상 촬영하기를 배워보겠습니다. 여기서 가장 먼저 할 일은 '촬영 일정과 소품 준비하기'입니다.

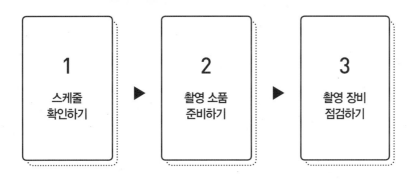

■ 촬영 일정과 소품 준비하기 3단계 과정 ■

1 │ 스케줄 확인하기

유튜브 촬영을 할 때는 거의 혼자서 작업하기 때문에 스케줄을 따로 정리할 필요가 없다고 생각할 수 있습니다. 하지만 필자는 일정을 관리하며 작업하는 것을 추천합니다. 머릿속으로만 '그날 촬영해야지'하고 계획하면 실행하지 않을 확률이 높지만, 스케줄러에 일정을 적으면 자신과 한 약속이 되어 실제로 작업에 임하게 될 확률이 높아지거든요.

촬영하기로 정해둔 날짜와 장소를 확인하고 시간도 미리 계획해두세요. 만약 집 외의 다른 장소에서 촬영할 거라면, 계획한 시간이 되기 30분~1시간 전에 미리 가서 촬영 장비를 세팅해두는 것이 좋습니다. 스마트폰, 마이크 등 배터리가 필요한 장비들을 미리 충전해 놓는 것도 잊지 마세요.

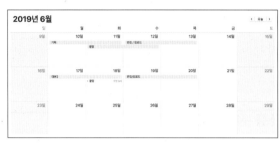
일정을 정리한 스케줄러

촬영 장비와 장소 세팅의 예시(출처: 픽사베이)

2 | 촬영 소품 준비하기

촬영을 진행할 때는 촬영 장비(스마트폰, 삼각대, 마이크 등)만 필요한 것이 아니라 콘텐츠에 따라 소품과 의상 등도 필요한데, 최소한 촬영 하루 전날까지는 모두 준비해야 합니다. 촬영 당일 급하게 준비하다 보면 변수가 생길 수 있고, 이로 인해 촬영 시간이 늘어난다면 작업 일정에 많은 지장이 생기기 때문입니다. 미리미리 준비하는 촬영 습관을 키우세요.

3 | 촬영 장비 점검하기

촬영 장비 중 가장 핵심은 역시 카메라입니다. 카메라 종류로는 스마트폰, 고프로, DSLR 카메라, 미러리스 카메라◆ 등이 있습니다. 초보 유튜버라면 장비에 욕심 내지 말고 스마트폰으로 시작해 보세요. 요즘 출시되는 스마트폰 카메라의 HD 촬영 성능이 10년 전 캠코더보다 훨씬 좋기 때문입니다. 카메라에 대해서는 14장에서 자세히 다루겠습니다.

◆ **미러리스 카메라(Mirrorless Camera):** DSLR과 콤팩트 카메라의 장점을 합쳐 놓은 것으로, 높은 품질의 사진을 찍을 수 있지만 몸체는 작고 가볍다.

스마트폰으로 촬영(출처: 픽사베이) 고프로로 촬영(출처: 픽사베이) 미러리스 카메라로 촬영(출처: 픽사베이)

스마트폰만 있다고 촬영을 할 수 있는 건 아닙니다. 마이크와 삼각대 같은 최소한의 보조 장비도 준비해야 합니다. 활동적인 영상을 촬영할 경우에는 스마트폰에서도 착용 가능하도록 보야(BOYA)에서 출시한 '외장용 지향성 마이크◆'를 2만원 중반~3만원선에서 구매할 수 있습니다. 인물의 옷에 직접 부착해서 스마트폰에 연결하는 보야 '방송 녹음용 핀 마이크'도 2만원대에 구매가 가능합니다.

이렇게 스마트폰에 연결 가능한 저렴한 외장용 지향성 마이크를 사용하거나 방송용 핀 마이크를 연결해 등장인물의 옷에 달고 촬영하면, 스마트폰 자체 음질보다 훨씬 좋은 음질의 사운드를 얻을 수 있습니다. 만약 등장하는 인물의 목소리가 중요하다면 핀 마이크를, 전체적인 상황 소리가 중요하다면 지향성 마이크를 권장합니다.

인물에게 핀 마이크를 끼워 촬영할 경우에는 스마트폰용 그립이 필요 없지만, 스마트폰에 지향성 마이크를 연결해서 촬영한다면 스마트폰용 촬영 그립을 구매해야 합니다. 그립도 2만원선에서 구매 가능합니다.

◆ **지향성 마이크**: 특정 방향에서 들려오는 좁은 각도의 소리만 선택적으로 녹취할 수 있는 기다란 모양의 마이크

외장용 지향성 마이크(출처: 보야)

핀 마이크(출처: 보야)

스마트폰용 촬영 그립(출처: 팝바나나)

삼각대는 다양한 중소기업에서 나온 1만 원 미만의 스마트폰용 제품을 구매해도 사용하는 데 큰 무리가 없습니다. 높이 조절이 가능한 3~4단 기능이 있으면 더욱 좋습니다. 조명은 룩스패드43을 주로 사용하며, 패션/뷰티 분야의 영상을 다룬다면 조명 사용을 권장합니다. 짐벌◆은 필수는 아니지만 이동하는 장면을 찍을 때 꼭 필요한데, 지윤텍에서 출시한 스마트폰용 짐벌을 많이 사용하는 편입니다.

스마트폰용 삼각대(출처: 아즈나)

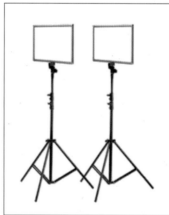
룩스패드43(출처: NANGUANG)

스마트폰 짐벌(출처: 지윤텍)

◆　**짐벌(Gimbal)**: 촬영기기를 고정하고 있는 물건의 움직임과 상관없이 촬영 시 화면이 흔들리지 않도록 도와주는 기구

tip

집 공개가 싫다면, 어디에서 촬영할까?

유튜브는 제작비를 줄이면 줄일수록 비용 대비 수익률에서 유리하기 때문에 가능하다면 집에서 모든 것을 해결하는 게 좋습니다. 하지만 집 정리가 덜 되어 있거나 개인 사생활 보호 등 여러 이유로 집 공개를 꺼려하는 분들도 있습니다. 이럴 때는 새로운 장소를 구하기 보다는 '촬영용 배경지'를 구매해서 집에 설치한 후 촬영하면 됩니다. 배경지는 인터넷 쇼핑몰 등에서 손쉽게 구할 수 있으며, 네이버쇼핑 등에서 최저가를 검색하여 저렴하면서도 리뷰가 많은 검증된 것으로 구매하는 것을 추천합니다. 배경지와 거치대를 함께 구매해서 집에 설치하면, 집은 어느덧 작은 스튜디오가 된답니다.

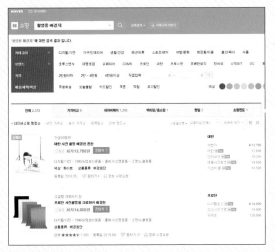

배경지는 인터넷에서
손쉽게 구매할 수 있다.

배경지 판매 인터넷 쇼핑몰

배경지

배경지를 설치하고 촬영한 화면(출처: 이사배)

왕초보 유튜버를 위한
카메라 추천 Tip

이 책에서는 스마트폰으로 촬영하는 것을 추천하지만 다른 카메라 종류도 알아둘 필요가 있습니다. 촬영에 능숙해질수록 점점 장비 욕심이 날 테니까요.

1 | 스마트폰 - 왕초보 추천

애플의 아이폰 등 일부 제품에서만 가능하던 HD 촬영이 요즘에는 삼성, LG 등 다양한 회사에서 나오는 최신 스마트폰에서도 가능해졌습니다. 스마트폰은 영상 콘텐츠 1개 정도는 충분히 제작할 수 있는 용량을 제공합니다. 초보일 때는 카메라에 지나치게 투자하지 말고, 스마트폰으로 간단한 영상 콘텐츠를 촬영하는 것부터 시작하는 것이 좋습니다. 셀카봉이나 짐벌(지윤텍, DJI 추천, 12만~13만원대)을 이용하면 스마트폰만의 장점을 최대로 살릴 수 있습니다.

스마트폰도 훌륭한 촬영도구가
될 수 있다!

스마트폰 셀카봉(출처: 슈피겐)   스마트폰 짐벌(출처: DJI)

2 │ 고프로 - 야외 촬영을 위한 액션캠

액션캠의 장점은 내구성이 단단하고 방수가 가능하다는 점입니다. 야외 스포츠 같은 야외 촬영을 할 경우 고프로 하나로 음성 녹음과 촬영 모두 가능하고, 최신 제품의 경우 손떨림 보정 기능도 있는 데다 크기가 작고 다루기가 편해서 초보자들도 쉽게 높은 퀄리티의 영상을 얻을 수 있습니다. 고프로 HERO5는 37만원 대, HERO7은 46만원대에 구매할 수 있습니다.

고프로(출처: 픽사베이)   고프로로 촬영하는 모습(출처: 픽사베이)

3 | DSLR 카메라 - 유튜브 숙련자 추천

어느 정도 촬영 경험을 쌓아 숙련도가 생겼다면 유튜브 채널도 꽤 성장했겠지요? 이즈음 되면 시청자들이 만족할 수 있도록 좀 더 나은 화질과 퀄리티를 보장하는 DSLR 카메라를 마련해도 좋습니다. DSLR은 렌즈군이 다양해서 중고 거래도 활발하니 처음 구매한다면 신제품에 집착하지 말고 중고 거래를 노려보세요.

다만, DSLR은 무게가 다소 무겁기 때문에 주로 실내에서 촬영하는 분에게 권합니다. 영상 촬영용 DSLR 중에는 프로들이 사용하는 더 높은 기종도 있지만 가격대를 고려하면 캐논 80D가 괜찮습니다. 렌즈는 18-135를 사용하면 140만원대에서 마련할 수 있습니다.

DSLR은 렌즈만 따로 구매할 수 있다.

캐논 DSLR(출처: 픽사베이)

캐논 DSLR의 렌즈(출처: 픽사베이)

4 | 미러리스 카메라 - 가성비 갑!

DSLR보다 저렴하고 가벼우면서 렌즈 교환이 가능하고 성능도 뛰어난 카메라를 원한다면 미러리스 카메라가 제격입니다. 많은 유튜버들이 캐논 M50, SONY 알파 A7 시리즈나 A6500, 파나소닉 루믹스 시리즈 등을 사용하는데, 그중에서도 줌렌즈 포함

70~80만원대에 마련할 수 있는 가성비 최강 캐논 M50을 추천합니다. 자동초점 기능이 뛰어나고 무게도 DSLR에 비해 가벼운 편이어서 기동성도 좋습니다. LCD 액정을 180도 돌릴 수 있어서 셀프 촬영을 하면서 쉽게 확인할 수 있는 것도 장점입니다.

소니 미러리스 카메라(출처: 픽사베이)

미러리스 외장 마이크(출처: 로데)

카메라가 준비되었다면 이제는 실전에 돌입하여 촬영 연습을 해볼 시간입니다. 처음에는 자동 모드로 시작하겠지만, 촬영에 익숙해지면 적절히 카메라를 조작할 수 있는 수동 모드로 퀄리티 높은 동영상을 만들어보겠습니다.

참고로 삼성은 수동 모드를 '프로 모드', LG는 '전문가 모드'로 각각 명명하며 아쉽게도 애플의 아이폰은 수동 모드를 제공하지 않습니다. 다만, 유료 앱(Procam 등)을 이용해 수동 모드로 촬영할 수 있습니다.

1 | 스마트폰으로 촬영하기

① 처음에는 자동 모드로 촬영하면서 촬영에 대한 거부감을 없애는 것이 가장 중요합니다. 자동 모드란 노출, 화이트 밸런스, 초점 등의 값이 자동으로 설정되는 모드입니다. 조작이 간편해 사진 촬영에는 이상적이지만 동영상 촬영에는 그다지 이상적인 방법이 아닙니다.

자동 모드로 촬영 중인 동영상

자동 모드로 촬영한 사진

② 자동 모드로 촬영에 어느 정도 익숙해지면 수동 모드로 전환합니다. 수동 모드란 스마트폰 카메라의 노출, 화이트 밸런스, 초점 설정 값을 원하는 대로 조절할 수 있는 모드입니다. 이 용어들에 대한 자세한 사항은 다음 단계에서 설명할게요.

노출을 잘 조절한 사진 　　　　화이트밸런스를 조절한 사진 　　　　특정 대상에 초점을 맞춘 사진

2 │ 스마트폰으로 노출 조절하기

최신 스마트폰(갤럭시8 이상) 카메라는 수동 모드에서 노출값을 조절할 수 있습니다. 쉽게 설명하면 노출은 사진 또는 화면의 밝고 어두움을 결정하는 요소로, 노출값을 올리면 화면 밝기가 밝아지고 노출값을 내리면 화면의 밝기가 어두워집니다.

 VS

노출값을 조절해 촬영에
적절한 밝기를 찾는다!

노출값이 높은 사진 　　　　　노출값이 낮은 사진

따라서 배경이 어두운 환경이라면 노출값을 올려 화면을 밝게 조절하고, 배경이 밝은 환경이라면 노출값을 내려 화면을 어둡게 조절합니다.

① 아이폰에서 노출 조절하는 방법

먼저 카메라에서 초점을 맞출 대상 위를 한 번 터치합니다. 그러면 화면에 초점을 맞출 수 있는 네모박스와 오른쪽 옆에 노출값을 조절할 수 있는 해 모양 아이콘이 뜹니다. 해 모양 아이콘 위에 손가락을 대고 위로 올리면 노출값이 높아지고, 아래로 내리면 노출값이 낮아지는 것을 확인할 수 있습니다.

a. 카메라를 켜고 대상을 잡습니다.

네모박스
(초점)

b. 초점을 맞출 대상을 한 번 터치하면, 화면에 네모박스와 해 모양이 뜹니다.

해 모양
(노출값)

c. 해 모양 위에 손가락을 대고 위로 올리면 노출값이 높아져 화면이 밝아집니다.

d. 해 모양 위에 손가락을 대고 아래로 내리면 노출값이 낮아져 화면이 어두워집니다.

118

② 갤럭시에서 노출 조절하는 방법

카메라를 프로 모드로 바꾸고 노출보정 아이콘(⊗)을 클릭합니다. '0'으로 된 값을 위로 올리면 노출값이 높아져 화면이 밝아집니다. '0'으로 된 값을 아래로 내리면 노출값이 낮아져 화면이 어두워집니다.

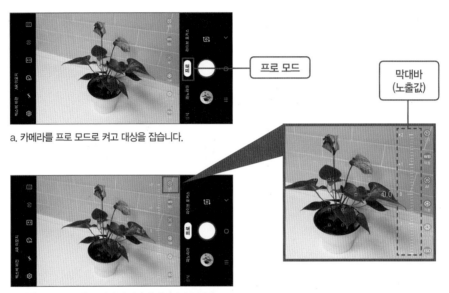

a. 카메라를 프로 모드로 켜고 대상을 잡습니다.

b. 노출보정 아이콘을 클릭하면 화면에 막대바가 뜹니다.

c. 막대바 위에 손가락을 대고 위로 올리면 노출값이 높아져 화면이 밝아집니다.

d. 막대바 위에 손가락을 대고 아래로 내리면 노출값이 낮아져 화면이 어두워집니다.

3 | 스마트폰으로 화이트 밸런스 조절하기

화이트 밸런스는 카메라가 흰색을 흰색으로 인식하도록 설정하는 것입니다. 스마트폰마다 색상 값이 다르거나 촬영장소의 날씨와 환경에 따라서 흰색을 흰색으로 인식하지 못할 수 있는데, 하얀 A4용지를 하나 갖고 다니다가 촬영 장소에서 카메라 앞에 A4 종이를 대고 화이트 밸런스(WB)를 적용하면 색균형을 맞출 수 있습니다.

갤럭시 카메라는 화이트 밸런스 자동 기능이 뛰어나서 웬만하면 자동으로 놓고 쓰는 것이 편합니다. 특정 조명값을 적용해야 할 때는 태양광(5500k), 흐린 날(6500k), 백열등(2800k), 형광등(4000k) 등의 기능을 제공하니 하나씩 조작해 보면서 사용하세요.

  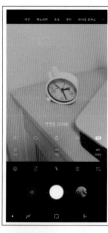 

태양광(5500k)　　　　흐린 날(6500k)　　　　백열등(2800k)　　　　형광등(4000k)

4 | 스마트폰으로 초점 맞추기

최신 스마트폰은 자동 모드에서 인물에게 초점을 맞추도록 설정돼 있는 경우가 많습니다. 하지만 수동 모드로 전환해서 촬영할 때는 내가 초점을 맞추려는 곳에 화면을 터치하는 방식으로 초점을 맞출 수 있지요(일부 스마트폰은 초점 맞추는 방식이 다를 수도 있습니다). 이 기능은 따로 앱을 설치하지 않아도 가능하니 촬영 중 초점을 맞추고 싶다면 활용해 보세요.

필자가 사용하는 갤럭시 A8에서는 라이브 포커스 기능으로 배경 흐리기 효과를 사용해 초점을 조금 더 돋보이게 할 수 있습니다. 기종별로 탑재된 포커스 기능을 활용해 좀 더 효과적으로 영상을 촬영해 보세요.

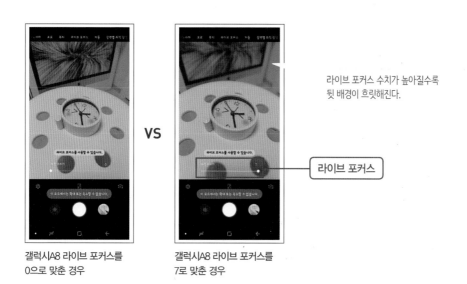

라이브 포커스 수치가 높아질수록 뒷 배경이 흐릿해진다.

라이브 포커스

갤럭시A8 라이브 포커스를
0으로 맞춘 경우

갤럭시A8 라이브 포커스를
7로 맞춘 경우

tip

미러리스 카메라 구매 시 주의사항

1 | 셀카 모드 지원 여부 확인하기

스마트폰 촬영에 익숙해져서 미러리스 카메라를 구매하고 싶어졌다면 소니, 캐논, 파나소닉 등의 미러리스를 추천합니다. 이때 셀카 모드를 지원하는지 꼭 확인해야 합니다. 셀카 모드는 액정 화면이 180도로 회전하는 것인데, 카메라 렌즈가 자기를 향하도록 놓고 찍을 때도 액정으로 자신의 모습을 확인할 수 있어서 편리합니다. 셀카 모드를 지원하지 않으면 모니터를 별도로 구매해야 해서 이중으로 부담이 될 수 있으니 꼭 기억하세요.

2 │ 외장 마이크 연결 여부 확인하기

미러리스 카메라의 내장 마이크에는 초지향성◆ 기능이 없는 경우가 많아 소리를 녹음할 때 불리할 수 있습니다. 초지향성 외장 마이크를 따로 구매하여 사용할 경우를 대비해 카메라와 마이크를 연결할 수 있는지 미리 확인해 보세요.

미러리스 지향성 외장 마이크   미러리스 외장 마이크(출처: 로데)
(출처: 로데)

3 │ 오토포커스(Auto Focus) 기능 확인하기

셀카 모드와 외장 마이크를 지원하는 것까지 확인했다면, 다음으로 오토포커스 기능을 갖췄는지 파악해 보세요. 오토포커스는 자동으로 초점을 잡아주는 기능입니다. 오토포커스 기능이 없으면 수동으로 초점을 맞춰야 하므로 사물이 움직일 경우 일일이 초점을 잡아줘야 합니다. 촬영 초심자 입장에서는 오토포커스 기능이 있으면 고퀄리티 영상을 쉽게 얻을 수 있어서 편리합니다.

오토포커스로 고퀄리티
영상을 손쉽게 확보하자!

VS

오토포커스로 초점을 맞춘 사진   초점이 안 맞은 사진

◆ **초지향성**: 여러 소리 중에서 특정한 소리만 받아들이는 기능

15 ▶ 유튜브에 적합한 촬영샷과 구도 정하기

카메라 및 촬영준비가 끝났다면 이제는 촬영샷과 구도를 정할 차례입니다. 유튜브에 적합한 촬영샷과 구도에는 무엇이 있으며 어떤 효과가 있는지 알아보겠습니다.

화면에 인물이 담긴 정도로 구분하는 촬영샷

촬영샷 종류 중 와이드, 미디엄, 클로즈업이란 말을 들어보셨죠? 어려운 용어 같지만 단순하게 생각하면 인물이 카메라에 어디까지 나오느냐를 기준으로 명칭을 부여한 것입니다. 촬영샷의 종류는 다음과 같습니다.

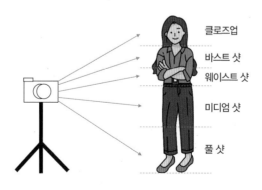

■ 촬영샷의 종류 ■

클로즈업(C.U): 인물의 얼굴을 강조하는 샷. 피사체를 부각할 때 사용

유튜버 자주 사용

바스트 샷(B.S): 인물의 머리와 가슴까지 나오는 기본 샷. 인터뷰 장면이나 인물의 대화 장면에서 주로 사용

유튜버 자주 사용

웨이스트 샷(W.S): 인물의 머리부터 허리까지 나오는 샷. 인터뷰 장면에서 바스트 샷과 번갈아 가며 함께 사용되는 경우가 많음

미디엄 샷(M.S): 바스트 샷, 웨이스트 샷을 포함해 인물의 무릎을 포함 신체 대부분이 나오며, 가까운 거리감이 느껴지는 샷

풀 샷(F.S): 인물의 머리부터 발까지 모두 나오는 샷. 인물 전체를 표현하거나 배경과 함께 상황을 보여줄 때 사용

롱 샷(L.S): 멀리서 찍은 듯 풍경과 인물의 전체적인 상황을 보여주는 샷. 장소가 바뀔 때 도입부에 찍는 경우가 많음

야외는 풀 샷, 실내는 바스트 샷과 웨이스트 샷

앞에서 설명한 촬영샷 중 롱 샷(L.S)과 풀 샷(F.S)은 주로 야외에서 사용하기 때문에 실내 촬영이 많은 유튜버는 자주 사용하지 않습니다. 보통 실내에서 사용하는 샷은 바스트 샷과 웨이스트 샷인데요, 유튜브 시청자의 80% 이상이 스마트폰으로 시청하므로 집중력을 높이기 위해 인물 위주로 촬영합니다.

카메라 1대로 여러 장면을 촬영한 효과를 내고 싶다면 보통은 바스트 샷(B.S)으로 녹화한 후에, 편집 시 확대하여 클로즈업(C.U)을 만드는 방법을 주로 씁니다. 예산에 여유가 있는 유튜버는 스마트폰과 카메라를 함께 촬영해서 바스트 샷과 풀 샷을 섞기도 하고, 카메라 3대로 동시 촬영한 후 편집 시 다양한 각도를 확보하기도 합니다.

카메라 1대로 바스트 샷부터 클로즈업까지 사용한 사례(출처: 이사배)

인물과 카메라 렌즈의 눈높이에 따라 콘텐츠의 분위기를 달리 가져갈 수 있습니다. 인물과 카메라 렌즈의 눈높이를 같게 할 것인지, 인물이 카메라 렌즈보다 위에 있도록 아래에서 위로 향하게 찍을 것인지, 인물이 카메라 렌즈보다 아래에 있도록 위에서 아래로 향하게 찍을 것인지 공부하면 내 콘텐츠에 맞는 구도를 잡는 데 도움이 됩니다.

인물과 눈높이가 같은 '아이 레벨'은 편안한 느낌을 주지만 평범해 보일 수도 있습니다. 인물이 카메라 렌즈보다 위에 있는 '로우 앵글'은 인물을 웅장하고 위대해 보이게 하고, 인물이 카메라 렌즈보다 아래에 있는 '하이 앵글'은 인물과 배경이 어우러져

보이며 객관적으로 보이는 효과를 얻을 수 있습니다.

아이레벨(출처: 콩마니)

로우앵글(출처: 픽사베이)

하이앵글(출처: 픽사베이)

시청자 눈높이에 맞게 정중앙에서 촬영

구도의 사전적 정의는 '그림에서 모양, 색깔, 위치 따위의 짜임새'인데요, 카메라 화면에 보이는 요소를 어떻게 배치할지 정하는 거라고 보면 됩니다. 사람마다 관점과 개성이 다르기 때문에 구도는 천차만별로 달라질 수 있습니다.

유튜브는 대중친화적인 콘텐츠를 지향하는 플랫폼이라서 지나치게 생소한 구도보다는 많은 사람들이 사용하는 보편적인 구도를 선택하는 것이 좋습니다. 기획에서 창의성을 발휘했다면, 촬영은 그것을 표현하는 도구라고 생각하면 조금 더 쉽게 접근할 수 있을 것입니다. 시청자의 눈높이로 촬영하되 아무리 생각해도 구도를 잡기 힘들다면 인물이 정중앙에 오도록 촬영하면 무난합니다.

출처: 트위티

시청자의 눈높이에 맞게
정중앙에서!

유튜브 동영상은 고정 촬영이 무난!

왕초보에게 적합한 카메라 고정 촬영

촬영샷과 구도를 정했다면 이번에는 카메라를 고정하고 촬영하는 법에 대해 살펴보겠습니다.

촬영에 숙련된 분이라면 얼마든지 카메라를 움직여서 촬영해도 되지만, 초보자에게는 어렵습니다. 혼자서 촬영하는 상황이 많은데 여기에 카메라까지 움직이다 보면 원하는 화면을 잡기가 쉽지 않기 때문입니다. 그러므로 초보자는 카메라를 고정한 상태에서 출연자가 움직이는 방식으로 영상을 제작해야 쉽고 편리하게 촬영할 수 있습니다.

유튜브에서 가장 중요한 것은 결국 시청자와의 커뮤니케이션입니다. 카메라를 고정한 채 촬영한 영상이어서 간단해 보이더라도 기획, 대본 단계에서 원하는 내용을 잘 담았다면 콘텐츠로서의 가치는 충분합니다. 그러니 현란한 움직임을 추구하기보다는 카메라를 고정하고 간단하게 촬영을 시작해 보세요.

VS

초보라면 카메라는 고정으로!

이동하면서 촬영하는 경우(출처: 온도)

고정하고 촬영하는 경우(출처: 콩마니)

뷰티 콘텐츠 유튜버라면? 조명이 필수!

카메라를 실내에 고정하고 촬영한다면 조명을 좀 더 보완해야 합니다. 야외에서 촬영하면 태양이라는 가장 강력한 조명이 있으므로 당연히 밤보다 빛의 양이 풍부한 낮에 하는 것이 좋습니다. 실내에서는 아무래도 빛의 양이 부족하기 때문에 조명이 최대한 밝은 곳에서 찍는 게 좋겠지요? 유튜브 콘텐츠 중 일상/병맛/먹방 영상은 상대적으로 조명이 부족해도 촬영 때 지장이 없지만, 만약 뷰티 콘텐츠를 준비한다면 방송용 LED 조명을 구매하는 것이 좋습니다.

뷰티 유튜버를 노린다면 조명을 준비하자!

방송용 LED 조명(출처: 오창영)

그중에서도 '룩스패드'에서 나온 소형 조명을 2~3대 정도 구매하는 것을 추천합니다. 단, 룩스패드는 단일 제품으로는 5~6만원선이고, 삼각대까지 함께 구매하면 기종에 따라 1개당 10~20만원대의 목돈을 지출해야 하므로 뷰티 콘텐츠를 꾸준히 할 자신이 있을 때 구매하세요. 물론 조금이라도 저렴하게 구매하려면 중고 제품을 찾아봐도 됩니다.

인물에게 조명을 비출 때는 위에서 아래로 향하게 하여 그림자가 아래로 떨어지게 해야 합니다. 3개의 조명을 사용하는 3점 조명(3 Point Light)은 인물의 그림자와 그늘을 생성해 입체감을 더하는 가장 기본적인 조명 세팅 방법입니다.

주광(Key Light)은 인물의 앞에서 직접 비추는 역할을 합니다. 보조광(Fill Light)은 주광과는 달리 측면에서 비추는데, 그늘진 부분에 비춰서 명암의 대조를 줄여줍니다. 보조광을 쓰지 않을 경우 대조가 너무 진해서 인물이 인위적으로 보일 수 있습니다. 후광(Back Light)은 인물의 가장자리에 빛을 주거나 배경과 인물을 분리해 윤곽선을 강조합니다.

조명이 3개 있을 때는 주광을 중심으로 측면과 후면에 배치하고, 2개만 있을 때는 정면과 측면에 하나씩 놓고 사용하면 됩니다. 일반적인 천장등(Ceiling Light)으로만 조명을 비추면 이미지가 입체적이지 않게 연출되니 3점 조명으로 세팅하는 것을 추천합니다.

천장등과 3점 조명의 차이(출처: OKCUT)

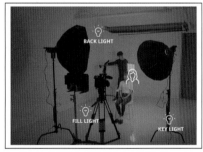

3점 조명이 설치된 모습(출처: OKCUT)

단, 촬영하는 공간이 너무 좁으면 인물의 노출값이 지나쳐서 화면이 전부 하얗게 나올 수 있으므로 조명이 벽을 향하도록 비춰서 반사되는 빛(간접 조명)을 사용하는 것도 요령입니다.

뷰티 콘텐츠 외에 다른 콘텐츠라면 처음부터 조명 도구를 구비할 필요는 없습니다. 빛의 양이 풍부한 낮에 촬영해도 충분하니 처음엔 부담 없이 스마트폰, 마이크, 삼각대 정도로 촬영을 시작해 보세요.

광고 수익도 잡고, 제작에도 효율적인 3분!
스마트폰으로 쉽고 간단하게 촬영해 보세요!

17 ▷ 스마트폰으로 3분 동영상 촬영하기

1 | 리허설로 문제 상황 미리 파악하기

대본과 촬영 장비 준비가 끝나고, 카메라 고정 여부를 결정한 뒤에는 본격적으로 촬영을 시작하면 됩니다. 유튜브 동영상 시청자의 80% 이상이 스마트폰으로 유튜브를 소비하기 때문에 촬영 장비의 성능이 큰 영향력을 발휘하지는 않습니다.

다만, 스마트폰으로 장시간 촬영하면 용량 문제나 발열 상태 등의 변수가 발생할 수 있으므로 대본을 바탕으로 계획을 세우고 꼼꼼하게 준비해야 문제 없이 촬영을 완료할 수 있습니다.

촬영 장비와 소품, 의상이 준비되었다고 바로 촬영을 시작하는 분들도 있는데, 촬영을 시작하기 전에 간단하게 리허설을 해 보는 게 중요합니다. 리허설은 실제 촬영하는 세팅값 그대로 촬영하면서 통제 가능한 변수를 사전에 발견하기 위해서 하는 것입니다. 촬영을 힘들게 다 마쳤더니 사운드 녹음 상태가 좋지 않다거나, 배터리가 없어 중간에 스마트폰이 꺼진다거나, 카메라 렌즈에 먼지나 얼룩이 묻어있었다면 정말 기운이 쭉 빠지겠죠? 그러니 30초~1분 정도 테스트 촬영 후 문제가 없을 때 본격적으로 촬영을 시작하세요.

2 | 대본 순서대로 촬영하기

리허설을 통해 문제점까지 모두 개선했다면 비로소 촬영을 시작할 준비가 다 됐다고 볼 수 있습니다. 큰 문제가 없으면 대본 순서대로 촬영하는 것이 좋습니다. 촬영데이터 파일은 촬영한 순서대로 번호가 생성되기 때문에, 대본대로 진행하면 편집할 때 헷갈리지 않습니다. 특정 장면을 여러 번 촬영하는 것이 불가능하거나 난도가 높은 촬영을 해야 한다면 그 장면만 먼저 촬영하고, 나머지는 대본 순서대로 하는 것이 바람직합니다.

보통 팀 작업으로 촬영할 때는 슬레이트(촬영 정보를 담은 판)로 구분합니다. 슬레이트가 있으면 대본 순서대로 하지 않고 섞어서 촬영해도 편집할 때 원하는 파일을 찾기가 수월하기 때문입니다. 하지만 팀 단위가 아니라 혼자 촬영할 때는 대본 순서대로 해야 원활히 편집할 수 있습니다.

팀 작업이라면 슬레이트를 사용!

- SCENE: 장소명과 씬 넘버를 적습니다.
- ROLL: 몇 번째 메모리카드인지 표시합니다.
- TAKE: 같은 장면을 몇 번이나 반복해서 찍었는지 횟수를 표시합니다.
  (예 2번 NG가 났다면, TAKE에 3을 표기)
- DIRECTOR: 연출자명
- CAMERAMAN: 촬영자명
- SOUND: 녹음자명
- DATE: 날짜
- PROD.CO.: 채널명

3 | 촬영 결과 확인하고 재촬영하기

촬영이 대본대로 순조롭게 이루어졌다면, 촬영을 마친 후 파일별로 모니터링한 뒤 OK컷을 고릅니다. 만약 마음에 들지 않는 장면이 있다면 표시해뒀다가 그 장면들만 모아서 다시 촬영합니다. 이때 기존 촬영물과 헷갈리지 않도록 메모장 등에 어떤 부분을 왜 다시 촬영했는지를 간단히 적은 후 재촬영분임을 알 수 있게 표기합니다.

4 | 작업 결과물 백업하기

재촬영마저 모두 끝났다면 촬영한 파일 데이터를 스마트폰(or 카메라)에서 컴퓨터나 노트북으로 옮기고, 여유가 된다면 외장하드에도 이중으로 백업해두세요. 오류나 변수로 촬영한 파일이 날아가거나 변형되는 경우에 대비하기 위해 촬영, 녹음 데이터는 매번 촬영할 때마다 백업해두는 게 좋습니다.

 3분 동영상을 만들기 위한 최소 촬영분

편집 시 최종 결과물을 3분 정도로 완성하려면, 일반적으로 수배 혹은 수십~수백배의 촬영 분량이 필요합니다. 그러나 유튜브는 대본을 써서 필요한 장면만을 촬영하기 때문에 30분~1시간 정도의 분량만 촬영하면, 퀄리티 있는 3분 정도의 결과물을 충분히 완성할 수 있습니다. 퀄리티에 조금 더 욕심이 난다면 2~3시간 정도의 분량을 더 촬영하면 좋습니다.

18 ▶ 오캠으로 촬영 대신 컴퓨터 화면 녹화하기

화면 녹화로 얼굴 공개 없이 유튜버 되기

본인이 직접 등장하지 않고 컴퓨터 화면을 녹화해서 영상을 만들고 싶은 분들도 있을 것입니다. 특히 직장인 대부분이 얼굴을 공개하지 않아도 되는 콘텐츠로 유튜브를 시작하고 싶어 합니다. 그런 분들을 위해 컴퓨터 화면을 녹화해서 영상을 만드는 방법을 소개하겠습니다.

컴퓨터 화면 녹화로 방송하는 사례(출처: 급등백프로)

컴퓨터 화면 녹화로 방송하는 사례(출처: 쇼킹부동산)

실제로 유튜브에서 소비되는 영상 중에는 컴퓨터 화면을 보면서 설명하는 영상도 꽤 있기 때문에 얼굴을 공개하고 싶지 않을 때 쓰기 좋은 방법입니다.

워터마크가 없고, 고화질 녹화가 가능한 '오캠'

화면을 녹화하는 프로그램은 굉장히 다양하지만, 일반적인 윈도 PC에서 무료로 사용할 수 있는 소프트웨어 중에는 '오캠'을 추천합니다. 그 이유는 워터마크◆가 없기 때문인데요, 다른 화면 녹화 프로그램은 기본적으로 워터마크가 영상에 표시되기 때문에 편집 프로그램을 이용해 워터마크를 제거해야 하는 번거로움이 있습니다. 반면에 오캠은 워터마크가 없을뿐더러 녹화 시간도 제한이 없고, 고화질로 녹화할 수 있다는 장점이 있지요. 단, 오캠은 개인 사용자만 무료로 사용할 수 있고, 기업과 공공기관 사용자는 무료로 사용할 수 없습니다.

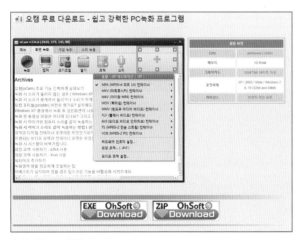

오캠 실행 화면

오캠 다운로드 화면

◆　　**워터마크(Watermark)**: 지폐나 컴퓨터 등의 분야에서 불법복제를 막기 위해 개발된 복제방지 기술

컴퓨터 녹화 프로그램의 종류와 특징

필자는 오캠을 추천했지만, 여러 이유로 다른 프로그램을 사용해야 하는 분들을 위해 화면 녹화 프로그램에는 어떤 것들이 있는지 알아보겠습니다.

① 반디캠

UI*가 쉽고 무료로 사용할 수 있으며 화질이 뛰어나지만, 워터마크가 표시되고 동영상 녹화가 10분으로 제한되는 단점이 있습니다. 반디캠 홈페이지(www.bandicam.co.kr)에서 다운로드해 사용하면 됩니다.

반디캠 다운로드 화면

반디캠 실행 화면

② 곰캠

UI가 쉬워서 프로그램을 금방 익힐 수 있고 녹화한 동영상의 용량이 적어서 편리하지만, 무료 버전은 워터마크가 있고 동영상 녹화가 10분으로 제한되며 배너광고가 뜬다는 단점이 있습니다. 곰랩 홈페이지(www.gomlab.com)에서 다운로드할 수 있습니다.

◆ UI(User Interface): 사람과 컴퓨터 시스템 간의 상호작용을 의미한다. 따라서 UI 디자인은 디스플레이 화면, 폰트 등 사용자가 프로그램을 이용하는 동안 반응하는 모든 디자인을 말한다.

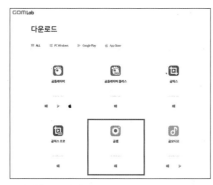

곰캠 다운로드 화면   곰캠 실행 화면

③ 닥터캡처

개인이 무료로 사용할 수 있고 녹화시간도 20분 제한으로 긴 편이나, 기본 저장 파일 확장자가 MPEG이고 UI가 다소 어렵다는 특징이 있습니다. 라이선스 키를 구매하면 워터마크와 시간제한 없이 사용할 수 있습니다. 닥터캡처 홈페이지(www.drcapture.com/ko)에서 다운로드할 수 있습니다.

닥터캡처 실행 화면

닥터캡처 다운로드 화면

오캠으로 컴퓨터 화면 녹화, 녹음하기

1 | 오캠 다운로드하기

① '오소프트' 공식 홈페이지(ohsoft.net/kor)에 접속합니다.

② 화면에서 [오캠] → [무료 다운로드]를 클릭합니다.

③ 아래에 있는 'EXE' 파일(실행파일), 'ZIP' 파일(압축파일) 중 원하는 형태로 다운로드합니다.

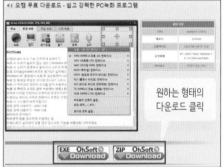

2 | 오캠으로 컴퓨터 화면 녹화하기

① 오캠을 실행하면 초록색 틀의 박스창이 보이는데 이 부분이 녹화 영역입니다. 네모박스를 드래그해서 녹화 영역의 크기와 위치를 조절할 수 있습니다. 이때 Ctrl 과 Shift 를 방향키와 조합하면 더 세밀하게 이동할 수 있습니다.

② 박스창 아래에 [화면 녹화], [게임 녹화], [소리 녹음] 탭이 있는데 [화면 녹화는 지금 보이는 화면을 다양한 크기로 녹화할 수 있는 탭이고, [게임 녹화는 게임 중인 화

면을 녹화할 수 있는 탭이며, [소리 녹음]은 소리만 녹음할 수 있는 탭입니다.

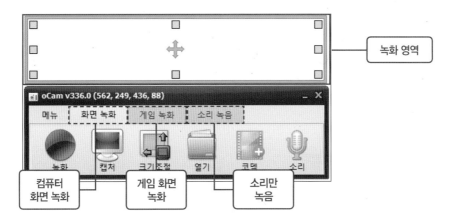

3 | 오캠으로 화면 녹화와 동시에 녹음하기

① 컴퓨터에 내장마이크가 없다면 마이크를 연결합니다.

② 오캠 메뉴에서 [소리]를 클릭해 [마이크 녹음 안함]이 선택되어 있다면 해제하고, [마이크]를 선택합니다.

③ 컴퓨터 소리와 목소리를 함께 녹음하고 싶다면 [소리] → [시스템 소리 녹음]에도 체크합니다(단, 별도 사운드카드가 있을 경우에는 해당 사운드카드를 선택).

④ [녹화]를 누르면 영상과 소리가 함께 녹화됩니다. 이렇게 확보한 컴퓨터 화면 녹화 파일(영상)은 편집 프로그램으로 수정할 수도 있고, 바로 유튜브에 업로드할 수도 있습니다.

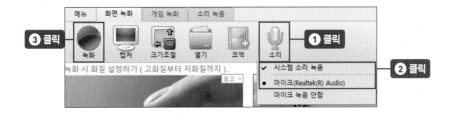

맥 사용자는 퀵타임으로 화면 녹화

맥 유저는 내장 프로그램인 '퀵타임'을 이용해 화면 녹화를 할
수 있습니다. 퀵타임은 맥 운영체제 설치 시 함께 제공되는 프
로그램이므로 워터마크가 뜨지 않고 시간 제약에서 자유롭습
니다.

맥 사용자는 퀵타임으로
화면 녹화를 할 수 있다!

퀵타임 화면 녹화 방법

❶ 퀵타임을 실행한 뒤 화면 상단 메뉴 중 [파일] → [새로운 화면기록]을 클릭합니다.

❷ [화면 기록] 창이 뜨면 녹화 〈●〉를 누릅니다.

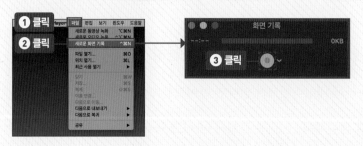

❸ 이때 마이크로 오디오도 함께 녹음하려면, 녹화 〈●〉 옆에 〈∨〉를 클릭하여 [내장 마
이크] 또는 [컴퓨터에 설치한 외부 마이크]를 선택하세요.

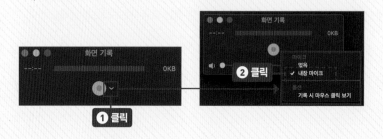

❹ '전체 화면을 기록하려면 클릭하십시오. 화면 일부를 기록하려면 드래그하십시오. 메뉴 막대에서 중단 버튼을 클릭하여 기록을 종료하십시오.'라는 문구가 보일 것입니다. 이때 아무 곳이나 클릭하면 녹화가 시작되고, 원하는 영역만큼 드래그해서 녹화할 수도 있습니다.

클릭 시 녹화 시작!

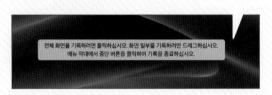

19 | 3분 동영상 편집 5단계면 완성!

20 | 유료 VS 무료! 영상 편집 프로그램의 특징

21 | 동영상 No.1 편집 프로그램, 프리미어 프로 살펴보기

22 | 실전! 3분 동영상 편집하기

23 | 조회 수 높이는 섬네일 만들기

왕초보 ◆ 유튜브 ◆ 무엇왕

셋|째|마|당

프리미어 프로
3분 동영상 편집하기

3분 동영상 편집 5단계면 완성!

19

한눈에 보는 영상 편집 5단계

촬영을 끝내 원본 영상 파일이 생겼다면 가공하는 법, 즉 영상 파일들을 기획의도에 맞게 순서대로 자르고, 붙이고, 배열한 후 마지막으로 자막과 음악을 넣는 과정을 알아야 합니다.

유튜버들은 다양한 영상 편집 프로그램 중에서도 프리미어 프로, 파이널 컷 프로, 베가스, 곰믹스 등을 주로 사용합니다. 프로그램에 상관없이 영상 편집은 기본적으로 5단계의 과정으로 이루어집니다.

1 | 편집 폴더 만들기

가장 먼저 할 일은 영상 편집 작업을 수행할 폴더를 만드는 것입니다. 윈도와 맥 사용자 모두 바탕화면에 촬영한 영상과 이미지를 넣을 폴더를 만들면 됩니다. 예를 들어 바탕화면에 'EDIT'라는 폴더를 생성하고 하위 폴더로 'VIDEO'와 'SOUND'를 생성

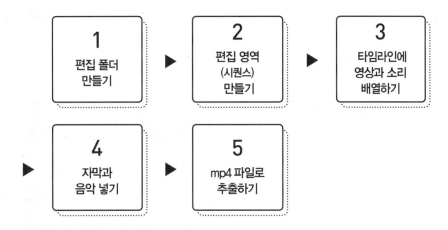

■ **편집하기 5단계 과정** ■

| 1 편집 폴더 만들기 | ▶ | 2 편집 영역 (시퀀스) 만들기 | ▶ | 3 타임라인에 영상과 소리 배열하기 |

| ▶ | 4 자막과 음악 넣기 | ▶ | 5 mp4 파일로 추출하기 |

한 뒤 영상은 VIDEO 폴더에, 소리나 음악은 SOUND 폴더에 넣으면 됩니다(작업 폴더 이름은 자기가 사용하기 편한 걸로 바꿔도 상관없습니다). 하나의 폴더에 영상과 음악이 섞여 있으면 오류가 날 확률이 높고, 편집할 때도 헷갈리기 때문에 폴더를 분리하는 것이 좋습니다.

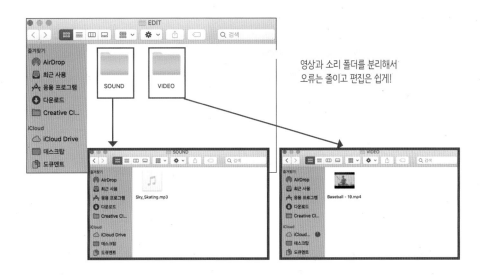

영상과 소리 폴더를 분리해서
오류는 줄이고 편집은 쉽게!

145

2 | 편집 영역(시퀀스) 만들기

베가스, 프리미어 프로, 파이널 컷 등 편집 프로그램을 실행하면 작업할 폴더를 설정하라고 뜹니다. 앞의 1단계에서 만들어 둔 폴더로 경로를 지정한 후 편집할 영역(시퀀스 생성)을 지정하고, 편집할 영상과 소리 파일을 불러오면 됩니다.

a. 폴더 경로를 지정한다.

b. 시퀀스를 생성한다.

편집할 원본 영상과
소리 파일을 불러온다!

c. 영상과 소리 파일을 불러온다.

3 | 타임라인에 영상과 소리 배열하기

불러온 원본 영상과 소리 파일에서 필요한 부분만 잘라내어 [타임라인] 패널에 순서대로 붙여 넣으면 됩니다. 영상은 V1~V3트랙에, 소리는 A1~A3트랙에 배치합니다. 불필요한 영상과 잡음을 제거하고, 자신만의 시그니처 영상(혹은 채널 로고)과 음악이 있다면 영상의 오프닝과 엔딩에 넣습니다.

[타임라인] 패널에 영상과
소리를 배치하자!

4 | 자막과 음악 넣기

영상과 소리를 필요한 만큼 배열한 뒤에는 자막과 배경음악(BGM)을 넣으면 되는데, 보통 자막은 영상 파일의 상단 트랙에 배치합니다. 그 이유는 영상 편집의 트랙이 레이어 개념으로 이루어져 있어서, 최종 영상에서는 위에 있는 트랙이 아래에 있는 트랙을 덮는 형태로 나타나기 때문입니다.

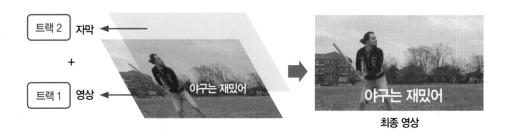

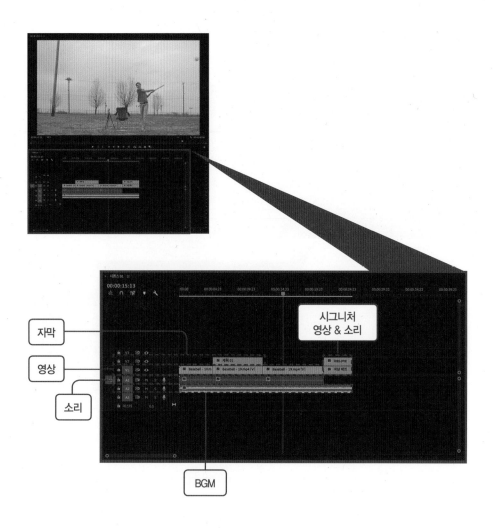

자막을 다 넣었다면 BGM 및 효과음 등을 [타임라인] 패널의 오디오 트랙에 추가하면 됩니다. 영상의 분위기와 장면의 상황에 맞춰서 적절하게 배치하고 나면 실질적인 영상 편집 작업은 거의 마무리한 것으로 볼 수 있습니다.

5 | mp4 파일로 추출하기

4단계까지 영상 편집을 실질적으로 끝냈다면, 이제 H.264 코덱◆의 확장자인 'mp4' 형태로 추출해야 유튜브에 영상을 올릴 수 있습니다. 다른 확장자도 업로드할 수는 있지만, 유튜브에서는 업로드 인코딩 설정으로 H.264 코덱과 mp4 확장자를 권장하고 있습니다.

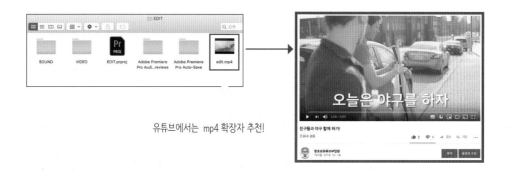

유튜브에서는 mp4 확장자 추천!

아직 잘 모르겠다고 포기하지 말고, 이번 장에서는 대략의 영상 편집 순서만 머릿속에 넣어두세요. 자세한 동영상 편집은 22장에서 자세히 알아보도록 하겠습니다.

◆ **코덱(Codec):** 음성 또는 영상 신호를 디지털 신호로 변환하는 코더와 그 반대로 변환하는 디코더의 기능을 함께 갖춘 기술

유튜브 동영상 확장자는 mp4

유튜브에서는 기본적으로 H.264 코덱을 사용하는 mp4 파일로 업로드를 진행합니다. 편집 프로그램에서 저장할 때 'H.264 코덱'을 선택해 mp4로 저장하면 되죠.

최신 '프리미어 프로 CC'에서는 동영상을 다양한 확장자로 저장할 수 있지만, 다른 버전의 프리미어 프로나 다른 편집 프로그램을 사용하면 일부 확장자로 저장하지 못하는 경우도 있습니다. 이럴 때는 아래와 같은 확장자 변환 프로그램을 설치하여 확장자를 변환해야 합니다.

맥 사용자라면 'Adapter' 추천

윈도 사용자라면 '샤나인코더' 추천

영상 확장자의 종류

영상 확장자는 여러 가지인데 각기 특징이 다릅니다. 유튜브를 하는 데는 mp4만 알아도 충분하지만, 다른 동영상 확장자가 어떤 특징을 지니고 있는지 간단하게 알아볼까요?

- **mp4**: 높은 압출률을 자랑하는 H.264 코덱을 이용하는 포맷이다. 작은 용량에 비해 고품질 영상을 볼 수 있다.
- **avi**: Audio Video Interleave의 약자로 마이크로소프트에서 개발한 윈도 표준 동영상 파일 포맷이다. 비압축, 무손실 코덱을 제공해 화질 손실이 적지만 용량이 크다.
- **mkv**: 비디오, 오디오, 그림, 자막 트랙을 한 파일 안에 담을 수 있는 파일 형식이다. 멀티미디어 콘텐츠를 담기 위한 포맷으로 개발되었으며, 자막이 필요한 영상에 주로 쓰인다.
- **wmv**: Window Media Video의 약자로 높은 압출률을 자랑한다. 용량이 작아 스트리밍 영상에 주로 사용된다.
- **mov**: 애플에서 개발한 포맷으로 여러 가지 코덱을 사용할 수 있다. avi처럼 여러 개의 텍스트, 비디오, 오디오 스트림을 지원하며, 맥 프로그램인 퀵타임 플레이어 등에서도 재생할 수 있다.

유료 VS 무료!
영상 편집 프로그램의 특징

20

다양한 편집을 원한다면 유료 프로그램 추천

유튜브 강의를 하면서 수강생들에게 가장 많이 듣는 질문은 "어떤 편집 프로그램이 가장 좋을까요?"입니다. 먼저 프로그램은 편집을 위한 도구일 뿐 프로그램이 편집을 대신 해주는 것은 아니라는 점을 알아야 합니다. 편집 프로그램에는 1원도 투자하고 싶지 않다면 무료 편집 프로그램을 사용하면 되고, 조금 더 많은 기능을 사용하고 싶다면 유료 편집 프로그램을 쓰면 됩니다. 무료와 유료 편집 프로그램 종류는 다음과 같습니다.

- **무료 편집 프로그램:** 곰믹스, 뱁믹스, 윈도 무비 메이커, 아이무비(맥 전용)
- **유료 편집 프로그램:** 프리미어 프로, 파이널 컷 프로, 베가스 프로, 곰믹스 프로

결국 내가 만들려는 영상 콘텐츠에 필요한 편집 정도를 기준으로 프로그램을 선택하면 되지요. 일반적으로 전업 유튜버나 전문적으로 프로그램을 사용하는 사람 중에서 맥 사용자는 '파이널 컷 프로'를, 윈도 사용자는 '프리미어 프로'를 사용하는 편입니다. 하지만 유명한 유튜버 중에도 무료 편집 프로그램을 사용하는 경우가 많으니 본인의 상황과 환경에 따라 결정하면 됩니다.

다만, 무료 편집 프로그램은 대부분 비디오 트랙과 오디오 트랙, 자막 트랙을 1개씩만 제공합니다. 그래서 배경음악(BGM)과 효과음을 같은 장면에 넣지 못하는 등 필요한 편집을 하기 힘든 경우가 많죠. 단순한 편집을 원한다면 무료 편집 프로그램을 사용해도 괜찮지만, 좀 더 다양하게 편집하고 싶다면 유료 편집 프로그램을 구매해 사용하세요.

곰믹스 무료 버전

프리미어 프로 CC

왕초보 추천! 영상 편집 프로그램의 종류와 특징

① 베가스 프로

윈도를 사용하는 왕초보가 다루기 편한 편집 툴입니다. 단축키 몇 개로 편집을 끝낼 수 있고 인터페이스가 직관적이어서 배우기 쉽고, 영상 효과 전환 및 색보정 기능까지 내장되어 있습니다.

베가스 홈페이지(www.vegascreativesoftware.com/kr)에서 30일 데모 버전을 다운로드할 수 있으며, 버전에 따라 30만원, 50만원, 70만원 대에 구매할 수 있습니다.

베가스 홈페이지

베가스 프로 다운로드 화면

② 프리미어 프로

포토샵으로 유명한 어도비(Adobe)사에서 출시한 영상 편집 프로그램으로, 많은 영상 전문가들이 사용하는 것은 물론 아마추어들에게도 사랑받는 대중적인 영상 편집 프로그램입니다. 모션 그래픽, CG가 가능한 애프터이펙트 프로그램과 연동하기 쉽고, 윈도와 맥의 두 가지 운영체제 버전이 나와 있으며 많은 종류의 코덱을 지원합니다. 초보자가 접근하기에는 조금 어려울 수도 있으나, 익숙해지면 가장 편한 프로그램 중 하나입니다.

연간 플랜시 월정액 24,000원으로 어도비 홈페이지(www.adobe.com/kr)에서 구매할 수 있으며, 7일 무료 체험판도 다운로드할 수 있습니다.

어도비 홈페이지

프리미어 프로 다운로드 화면

③ 파이널 컷 프로

애플에서 제작한 것으로 맥 사용자에게 추천하는 편집 프로그램입니다. 직관적인 인터페이스와 심플한 사용방식으로 초보자들도 금방 익힐 수 있으며, 사용할수록 방대한 기능과 플러그인◆에 놀라는 프로그램이기도 합니다. 오류가 적어서 아마추어뿐 아니라, 수많은 프로 영상 업체에서도 기본 편집 프로그램으로 쓸 만큼 널리 사랑받고 있습니다.

가격은 369,000원이며, 무료 체험 버전은 30일 동안만 사용 가능합니다. 파이널 컷 프로 홈페이지(www.apple.com/kr/final-cut-pro) 또는 앱 스토어에서 다운로드 및 구매할 수 있습니다.

파이널 컷 프로 홈페이지

파이널 컷 프로 무료 다운로드 화면

④ 곰믹스 프로

위의 프로그램들이 너무 어렵게 느껴진다면, 가장 다루기 쉽고 편한 이 프로그램을 써 보세요. 한번 구매하면 평생 무료여서 경제적으로도 부담이 없습니다. 다만, '사용자 정의' 모드로 사용할 수 있는 기능이 위의 편집 프로그램들보다는 적고, 영상 편집

◆ **플러그인(Plug-in):** 추가 되는 프로그램에 새 기능을 추가하여 끼워 넣는 부가 프로그램. 혼자서는 실행할 수 없지만 추가 되는 프로그램에 속해서 기능을 실행한다.

시 세밀하게 조절하지 못한다는 것이 아쉬운 점입니다.

사용법이 쉽고 가격이 55,000원으로 저렴하다는 측면에서 추천하며, 곰랩 홈페이지(www.gomlab.com)에서 다운로드 및 구매할 수 있습니다.

곰랩 홈페이지

곰믹스 프로 다운로드 화면

동영상 콘텐츠 폴더 관리법

동영상 콘텐츠 폴더 관리법은 간단합니다. 먼저 유튜브 작업용 상위 폴더를 만들고, 그 아래에 콘텐츠별로 하위 폴더를 생성하면 됩니다. 예를 들어 WORKS라는 폴더를 만들고, 그 폴더 안에 EDIT1, EDIT2, EDIT3…로 작업이 하나씩 끝날 때마다 하위 폴더를 추가해서 작업하면 좋습니다.

동영상이라서 일정량이 넘어가면 용량이 무척 커지기 때문에, 외장하드나 웹 클라우드 서비스(드롭박스, 네이버, 구글)를 이용해서 백업해둘 것을 권장합니다. 용량이 1TB만 되어도 3분 영상 기준으로 3,000개 이상을 저장할 수 있습니다.

네이버 클라우드는 200GB를 월 5,000원, 2TB를 월 1만원에 사용할 수 있습니다. 애플 아이클라우드는 50GB를 월 1,100원, 200GB를 월 3,300원, 2TB를 월 11,100원에 이용 가능합니다.

작업마다 폴더를 따로 만들어
보관한다.

네이버 클라우드에 백업한 모습

21

동영상 No.1 편집 프로그램, 프리미어 프로 살펴보기

영상 편집 기능 총집합! 프리미어 프로

영상 편집 프로그램 중 가장 많이 사랑받는 프리미어 프로를 사용해 편집하는 방법을 알아보겠습니다. 프리미어 프로는 20년 넘게 기능을 업데이트해왔기 때문에 영상 편집 기능을 총망라한다고 보면 됩니다.

기존 방송국에서 제작하는 영상과는 달리, 우리가 만들 유튜브 콘텐츠는 3분 전후로 짧고 또 엄청난 편집 기술이 필요한 것이 아니라서 조금만 숙련도를 쌓으면 누구나 프리미어 프로를 익힐 수 있습니다. 처음에는 낯설어도 1주일만 사용해 보면 나중에는 대본 쓰는 것보다 편집하는 게 더 쉽다는 걸 느낄 수 있을 것입니다.

편집 원리는 어떤 프로그램이든 동일하기 때문에 프리미어 프로를 다룰 줄 알면 다른 편집 프로그램 사용법도 금방 익힐 수 있습니다.

프리미어 프로 작업 화면 한눈에 보기

프리미어 프로를 설치하고 실행하면(165쪽 참고) 아래처럼 4개의 작업 영역(좌측 상·하단, 우측 상·하단)이 보입니다. 4개의 작업 영역별로 핵심 기능을 살펴보겠습니다.

① 좌측 상단
[소스] 패널

④ 우측 상단
[프로그램] 패널

② 좌측 하단
[프로젝트] 패널

③ 우측 하단
[타임라인] 패널

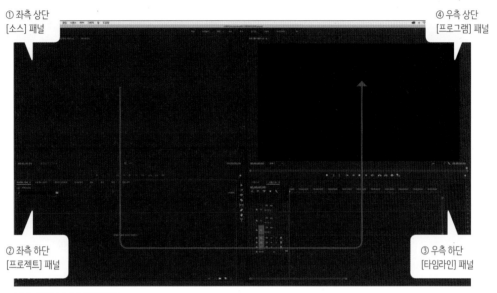

프리미어 프로 CC 실행 화면

① 좌측 상단 [소스] 패널

영상과 오디오를 미리 확인해
볼 수 있는 [소스] 패널

좌측 하단 [프로젝트] 패널에서 선택한 영상과 오디오를 미리 보고 확인하거나 사용할 부분만 잘라낼 수 있는 영역입니다.

tip

[소스] 패널에서 사용하는 단추들

[소스] 패널에서 자주 사용하는 기능과 단축키입니다.

[소스] 패널의 단추

① 마커 추가: M
② 시작 표시: I
③ 종료 표시: O
④ 시작지점으로 이동: Shift + I

⑤ 1프레임 이전 단계: <
⑥ 재생/정지: Space Bar
⑦ 1프레임 다음 단계: >
⑧ 종료지점으로 이동: Shift + O

② 좌측 하단 [프로젝트] 패널

[프로젝트] 패널의 탭들

작업할 영상과 음악을
확인할 수 있는 [프로젝트] 패널

[프로젝트] 패널에는 [프로젝트], [미디어 브라우저], [라이브러리] 등의 탭이 있으며,

그중에서 가장 많이 사용하는 탭은 [프로젝트]입니다. 직접 촬영하거나 다운로드한 영상과 음악을 불러와 배치해 놓은 곳입니다.

[프로젝트] 패널의 단추

[프로젝트] 패널 하단 왼쪽의 아이콘으로는 '목록보기'와 '현재보기'를 할 수 있고, 오른쪽의 아이콘으로는 '소스 검색'과 '새 폴더 생성', '새 항목 생성'을 할 수 있습니다.

③ 우측 하단 [타임라인] 패널

편집하는 공간인
[타임라인] 패널

[타임라인] 패널에서는 [프로젝트] 패널에 배치해 둔 수많은 영상과 음악 중 필요한 부분만 배치하거나, 부분적으로 잘라내는 등 실질적인 편집을 할 수 있습니다.

[타임라인] 패널의 V1, V2, V3트랙은 영상을 배치하는 트랙입니다. 숫자가 높은 트랙이 가장 위에 쌓이므로 레이어 개념과 같다고 볼 수 있습니다. V1에 영상을 배치하고 V2에는 자막을, V3에는 로고를 배치하면 최종 영상에는 영상과 자막, 로고가 하나로 합쳐져서 보입니다.

A1, A2, A3트랙은 오디오를 배치하는 트랙입니다. '유튜브 오디오 라이브러리'에서 다운로드한 배경음악(BGM)과 효과음 그리고 영상을 촬영할 때 녹음된 소리를 배치합니다. 예를 들어 V1에 영상과 소리가 함께 들어간 파일을 배치하면, 자동으로 A1에 V1의 영상에 해당하는 소리가 함께 배치됩니다.

④ 우측 상단 [프로그램] 패널

우측 하단 [타임라인] 패널에서 편집 중인 영상과 음악을 미리보기 할 수 있는 영역입니다.

편집 중인 영상과 음악을
확인할 수 있는 [프로그램] 패널

작업 영역으로 편집 순서 이해하기

정리하면, 프리미어 프로의 편집 방법은 일반적으로 다음과 같습니다.

① 좌측 하단 [프로젝트] 패널에서 편집할 영상과 음악 소스를 불러옵니다.
② 불러온 소스를 클릭해 좌측 상단 [소스] 패널에서 필요한 영상과 음악 소스를 잘라냅니다.

③ [소스] 패널에서 우측 하단 [타임라인] 패널으로 영상과 음악을 드래그해서 옮깁니다. 이때 [소스] 영역을 거치지 않고 [프로젝트] 패널에서 [타임라인] 패널로 곧장 옮길 수도 있습니다.

④ [타임라인] 패널에서 배치한 영상과 음악을 세밀하게 조절하고 필요없는 부분을 제거합니다. 우측 상단 [프로그램] 패널에서 보면서 자막 등을 넣으며 편집합니다.

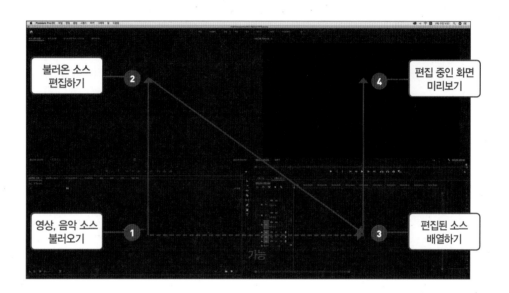

[타임라인] 패널에서 사용하는 단추들

① 선택 툴(V): 편집 작업에서 가장 기본이 되는 툴. 타임라인에서 클립(영상, 오디오 등)을 선택할 때 사용함

② 앞으로 트랙 선택 도구(A): 이 툴을 선택한 후 [타임라인]의 클립을 선택하면 그 앞쪽 트랙이 모두 선택됨

③ 잔물결 편집 도구(B): 좌우 클립에 영향을 주지 않고 클립의 길이를 조정하는 툴 → 그만큼 좌우 클립이 당겨지거나 밀려나고 전체 영상 시간이 변함

④ 자르기 도구(C): 클립을 자르는 도구

⑤ 밀어넣기 도구(Y): 시작점과 끝점을 수정할 수 있는 툴

⑥ 펜 도구(P): [프로그램] 패널에 펜을 이용한 그래픽을 추가하거나 비디오, 오디오 트랙에서 불투명도, 볼륨 등을 조절하는 툴

⑦ 손 도구(H): [타임라인]을 손쉽게 살펴볼 때 사용하는 툴

⑧ 문자 도구(T): [프로그램] 패널에 텍스트를 삽입할 때 사용하는 툴

⑨ 뒤로 트랙 선택 도구(Shift + A): 이 툴을 선택한 후 타임라인의 클립을 선택하면 그 뒤쪽 트랙이 모두 선택됨

⑩ 롤링 편집 도구(N): 잔물결 편집 도구와 비슷하지만, 좌우 클립에 영향을 주면서 클립의 길이를 조절하는 툴 → 클립의 길이가 줄거나 늘어난 만큼 좌우 클립의 길이를 늘리거나 삭제함. 전체 영상 시간은 변화 없음

⑪ 밀기 도구(U): 좌우에 위치한 클립에 영향을 주며, 시작점과 끝점을 수정하는 툴

⑫ 사각형 도구: [프로그램] 패널에 사각형 그래픽을 추가하는 툴

⑬ 확대/축소 도구(Z): [타임라인]을 확대하거나 축소할 때 사용하는 툴

⑭ 속도 조정 도구(R): 클립의 길이를 줄이거나 늘리는 툴. 길이를 줄이면 영상 속도가 빨라지고, 늘리면 영상 속도가 느려짐

실전!
3분 동영상 편집하기

21장에서 동영상 편집 프로그램인 프리미어 프로의 기능을 자세히 알아보았습니다. 하지만 이론에 강하다고 해서 실전에도 능한 건 아니죠. 앞으로 유튜브 부업왕이 되려면 실전에도 강해야 합니다. 처음엔 복잡하고 어렵게 느껴질 수도 있지만 두 세 번만 따라하면 금방 익숙해질 거예요.

촬영한 영상이 없다면, 실습 예제 따라하기

실제 동영상을 편집하려면 편집할 동영상과 삽입할 소리가 있어야 합니다. 아직 촬영한 영상과 소리 파일이 없다면 저작권 무료 사이트에 있는 공통 파일로 예제를 진행해 봅시다.

① 동영상 파일

먼저 동영상을 찾으려면 '픽사베이(pixabay.com)'에 접속해 보세요. 픽사베이에서는 저작권에서 자유로운 이미지뿐만 아니라 동영상도 구할 수 있습니다.

픽사베이에 접속하여 메인 화면 상단에서 [Videos] 탭을 클릭하세요. 그리고 바뀐 화면 검색창에서 '야구'를 검색합니다. 검색결과에서 'DistillVideos' 유저의 'Baseball-19.mp4'를 찾고 〈Free Download〉을 눌러 '1280×720(6.9MB)' 파일을 다운로드합니다.

픽사베이 메인 화면

② 배경음악(BGM) 파일

배경음악(BGM)은 '유튜브 오디오 라이브러리(www.youtube.com/audiolibrary/music)'에 접속해 마음에 드는 음악 파일을 다운로드하면 됩니다. 필자는 'Sky Skating.mp3' 파일을 다운받았습니다. 재생 단추를 누르면 미리듣기를 할 수 있고, 다운로드 단추를 누르면 파일을 다운로드할 수 있습니다.

유튜브 오디오 라이브러리 화면

다운로드한 화면

프리미어 프로 설치하고 편집 폴더 만들기

이 책에서는 프리미어 프로 CC 버전을 기준으로 설명하겠습니다. 버전에 따라 이름과 위치에 약간 차이가 날 수도 있지만 크게 변경된 부분은 없으니 잘 따라해 보세요. 프리미어 프로를 이미 설치한 분들은 168쪽부터 봐도 됩니다.

1 | 프리미어 프로 CC 다운로드하고 설치하기

① 어도비 웹사이트(www.adobe.com/kr)에 접속하세요.

② 상단 메뉴 중 [크리에이티비티 및 디자인] → [Premiere Pro]를 클릭하세요.

③ 프리미어 프로 화면의 상단 메뉴 중 [무료 체험판]을 클릭하면 새 창이 열립니다. 왼쪽 프리미어 프로의 〈무료로 체험하기〉를 선택하세요.

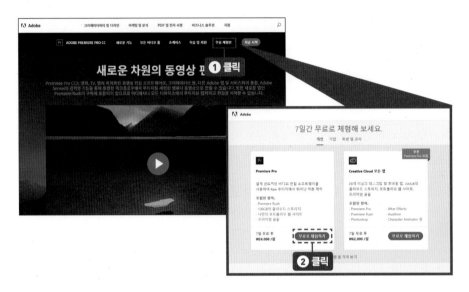

④ 이메일을 입력하고 아래 선택란에 체크합니다. 왼쪽 '약정'을 통해 체험판 종료 후 월마다 결제할지 1년치를 한 번에 결제할지 선택할 수 있습니다. 하단의 〈계속〉을 누르세요.

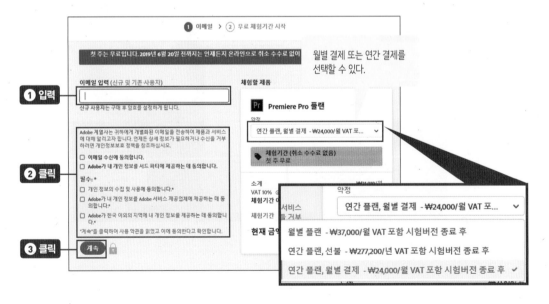

⑤ 신용카드 번호, 만료연월 등을 입력하고, 〈무료 체험기간 시작〉을 누르세요.

⑥ 카드정보가 정확할 경우 입력한 카드로 1,000원이 출금되었다가 곧 취소됩니다.
그다음 〈암호 설정〉을 누르세요.

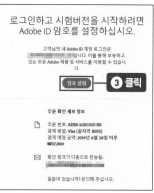

⑦ 암호 요구 사항에 맞게 암호를 입력한 후 〈계속〉을 클릭합니다.

⑧ 실행파일(exe)을 작동시키면 프리미어 프로 체험판 다운로드가 시작됩니다.

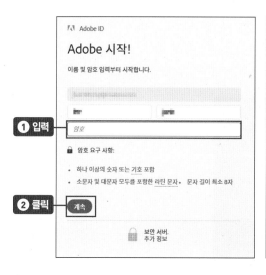

2 | 작업할 폴더 생성하기

① 바탕화면에 편집할 소스를 넣은 'EDIT' 폴더를 만듭니다. 폴더 이름은 원하는 대로 정해도 됩니다.

② 19장에서 언급한 것처럼 영상 파일과 소리 파일을 따로 분류하기 위해 'EDIT' 폴더 안에 하위 폴더 'VIDEO'와 'SOUND'를 만듭니다. 편집할 영상 파일은 VIDEO로, 음악 파일과 소리 파일은 SOUND로 옮깁니다.

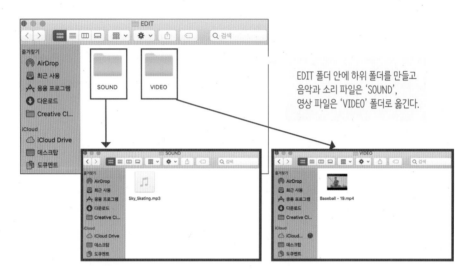

EDIT 폴더 안에 하위 폴더를 만들고
음악과 소리 파일은 'SOUND',
영상 파일은 'VIDEO' 폴더로 옮긴다.

3 | 프리미어 프로 실행하기

① 프리미어 프로를 실행하고 첫 화면에서 〈새 프로젝트〉를 클릭합니다.

클릭

② 새 창이 뜨면 작업할 프로젝트의 '이름'을 'EDIT1'으로 지정합니다. 원하는 이름이 있다면 직접 정해도 좋습니다.

③ '위치' 옆의 〈찾아보기〉를 눌러서 '2단계'에서 만들어 둔 폴더의 경로를 지정합니다.

④ [일반] 탭 옆의 [스크래치 디스크]를 눌러서, 모든 위치 경로가 작업할 폴더(EDIT)로 되어 있는지 확인합니다(버전에 따라 다른 경로로 되어 있을 수도 있습니다). 다 되었으면 〈확인〉을 클릭하세요.

프리미어 프로 자동 결제를 취소하고 싶어요

프리미어 프로를 계속 사용할 경우는 상관없지만, 다른 편집 프로그램을 사용하고자 한다면 자동 결제를 취소해야 합니다. 약정에 따라 수수료가 달라질 수 있으니 체험판 사용기간이 끝나기 전에 약관을 살펴보세요.

프리미어 프로 자동 결제 취소하기

❶ 어도비 홈페이지(www.adobe.com/kr)에 접속해 가입할 때 입력했던 메일과 암호를 입력하여 로그인합니다.

❷ 홈페이지 왼쪽의 〈계정 관리〉를 눌러 '내 플랜'의 〈플랜 관리〉를 클릭합니다.

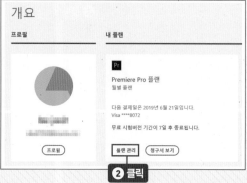

❸ '플랜 정보'의 〈플랜 취소〉를 클릭하면 취소하려는 이유를 묻습니다. 이유를 선택한 후 하단의 〈계속〉을 클릭합니다.

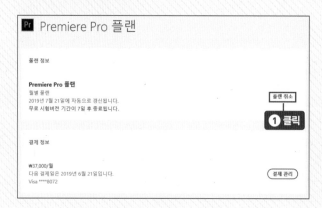

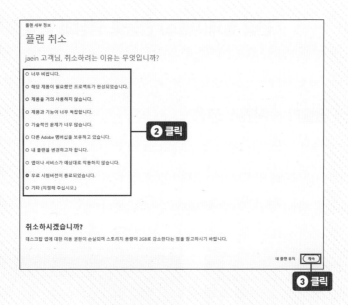

❹ 〈내 플랜 취소〉를 누르면 자동 결제가 취소된 것을 확인할 수 있습니다.

편집 영역(시퀀스) 만들고 영상과 음악 불러오기

1 | 편집 영역 만들기 – 시퀀스 생성

현재 상태에서는 우측 하단의 [타임라인] 패널이 텅 비어 있을 것입니다. [타임라인] 패널을 채우기 위해서는 편집 영역이라고 할 수 있는 시퀀스를 먼저 만들어야 합니다. 상단의 [파일]→[새로 만들기]→[시퀀스](Ctrl + N)를 클릭합니다.

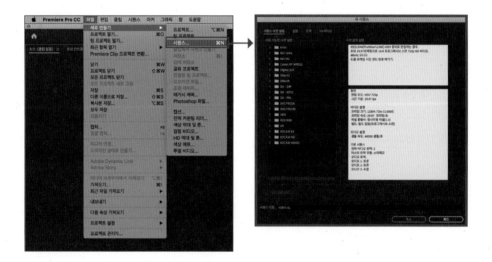

2 | 편집 영역 설정하기 – 시퀀스 설정

❶ [시퀀스 사전 설정] 탭에서 아무 세팅값이나 클릭하되 바로 〈확인〉을 누르지 말고, 상단에 있는 [설정] 탭에 들어가 '사용자 정의'에서 다음과 같이 세팅하세요. 다되면 아래의 〈확인〉을 누릅니다.

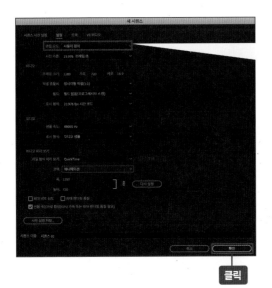

클릭

- **편집 모드**: 사용자 정의
- **시간 기준**: 23.976프레임/초
- **프레임 크기**: 1280×720
- **픽셀 종횡비**: 정사각형 픽셀(1.0)
- **필드**: 필드 없음(프로그레시브 스캔)
- **표시 형식**: 23.976fps 시간 코드
- **샘플 속도**: 48,000Hz
- **표시 형식**: 오디오 샘플
- **파일 형식 미리 보기**: QuickTime
- **코덱**: 애니메이션

tip

시퀀스 설정 시 프레임 크기 지정하는 법

이 세팅값에서 프레임 크기가 1280×720인 것은 우리가 '픽사베이'에서 받은 영상이 그 크기이기 때문입니다. 만약 1920×1080사이즈로 영상을 편집한다면 프레임 크기를 영상 크기에 맞게 조정해 주세요.

또 촬영한 시간 기준(프레임 레이트)이 23.976이 아닌 다른 값이라면 해당 값(예 30 또는 60)을 입력합니다. 동영상은 정지된 이미지가 모여서 움직이는 것처럼 보이는 건데, 시간 기준(프레임 레이트)은 1초에 몇 장의 이미지가 들어있는지 알려주는 개념입니다. 카메라 기종별로 차이가 있지만 보통 23.976, 24, 30, 60 등의 값을 제공합니다.

파일 형식 미리보기에 'QuickTime'이 없다면 다른 것으로 정해도 됩니다. 버전과 컴퓨터 사양에 따라 지원 형식과 코덱이 다를 수 있습니다.

세팅값의 프레임 크기, 시간 기준, 파일 형식 미리보기는 상황에 따라 변경하되, 나머지는 저 상태로 값을 고정하고 설정해도 무리가 없습니다.

② 좌측 하단 [프로젝트] 패널에 시퀀스 파일이 생기고, 우측 하단 [타임라인] 패널에 '시퀀스 01'이 활성화된 것을 볼 수 있습니다.

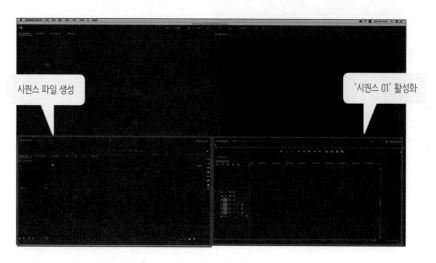

시퀀스 파일 생성

'시퀀스 01' 활성화

3 | 영상과 음악 선택해서 불러오기

① 좌측 하단 [프로젝트] 패널의 여백을 더블 클릭하면 영상과 음악을 가져올 수 있는 창이 뜹니다.

② 창이 뜨면 168쪽에서 생성한 VIDEO 폴더와 SOUND 폴더에 넣어두었던 영상(예제 Baseball-19.mp4)과 음악(예제 Sky Skating.mp3)을 선택하여 불러옵니다. [프로젝트] 패널에 영상과 음악이 보인다면 정상적으로 가져온 것입니다.

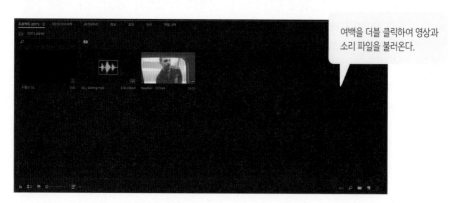

여백을 더블 클릭하여 영상과 소리 파일을 불러온다.

영상을 자르고 붙이고 편집하기

3분 동영상을 만들기 전에 짧은 영상을 하나 만들어보겠습니다. 이 예제는 여러분이 영상을 어떻게 편집해야 할지 감을 익힐 수 있도록 돕기 위한 것이니, 하나씩 따라해 보면서 기능을 익히는 연습을 하세요.

1 | 원본 영상 불러오기

❶ 좌측 하단 [프로젝트] 패널에 있는 동영상 파일(예제 Baseball-19.mp4)을 더블 클릭하면, 좌측 상단 [소스] 패널에 영상이 보입니다.

2 | 영상 재생하기

❶ [소스] 패널 중 아무 곳이나 클릭하면 파란 네모 박스가 생기면서 영역이 선택된 것을 확인할 수 있습니다. 이때 키보드의 Space Bar 를 누르면 기준점 포인트(　)가 움직이며, 선택한 영상이 재생됩니다. 다시 키보드 Space Bar 를 누르면 영상 재생이 정지됩니다.

② 키보드의 ◁, ▷를 누르면, 영상이 1프레임씩 움직입니다. 또한 마우스로 기준점 포인트(▣)를 드래그해도 영상이 움직입니다.

기준점 포인트

3 | 필요한 영상 범위 지정하기

① [소스] 패널에서 기준점 포인트(▣)를 움직이다가 필요한 영상 장면의 첫 부분 위에 서 키보드 알파벳 I를 눌러서 사용할 영상의 시작점(In Point)을 잡고, 사용할 영상 의 끝 부분에서 키보드 알파벳 O를 눌러서 영상의 끝점(Out Point)을 잡습니다.

② 시작점과 끝점을 제대로 잡았다면 아래 화면처럼 회색으로 범위 지정 표시가 생 깁니다. 만약 시작점과 끝점을 수정하고 싶다면, [소스] 패널에서 원하는 위치에 기준점 포인트를 옮긴 후, 다시 시작점과 끝점을 설정하면 됩니다.

시작점(I)　　　　끝점(O)

범위 지정

③ 사용할 영상 부분의 시작점(00:00:02:18)~끝점(00:00:03:17) 범위를 지정한 뒤, 화면을 마우스로 드래그해서 우측 하단 [타임라인] 패널의 V1트랙 가장 앞부분에 가져다 놓습니다. 이 동영상을 불러오면 A1트랙이 동시에 채워지는데, 그 이유는 이 동영상에 소리가 있기 때문입니다.

V1트랙의 가장 앞으로

④ [타임라인] 패널의 트랙이 너무 작아 편집하기 힘들다면, 영역 오른쪽과 아래쪽에 있는 막대바를 움직여 크기를 조절해 보세요. 오른쪽 막대바를 움직이면 트랙 크기가 위아래로 확대될 뿐만 아니라, 비디오 트랙과 오디오 트랙을 각각 움직일 수 있습니다. 아래쪽 막대바를 움직이면 좌우 트랙 크기가 확대됩니다.

상하로 확대

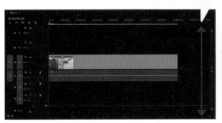

오른쪽 막대바를 조절한 모습

좌우로 확대

아래쪽 막대바를 조절한 모습

'시퀀스 영역과 일치하지 않는다'는 메시지가 뜨면?

영상을 [타임라인] 패널에 끌어다 놓을 때 '시퀀스 영역과 일치하지 않는다'는 메시지가 뜨는 것은 영상 파일과 시퀀스의 설정값(프레임 크기 등)이 달라서 생기는 현상입니다. 시퀀스 설정값은 173쪽을 확인해 주세요.

 트랙에서 영상의 특정 부분을 삭제하려면?

트랙에서 영상의 특정 부분을 삭제하려면, 키보드 알파벳 C 또는 도구모음에 있는 자르기 도구(🔪)를 클릭해 자르고 싶은 영상의 시작 부분을 클릭합니다. 그러면 영상이 끊어진 것을 확인할 수 있습니다. 그 후 키보드 알파벳 V 또는 도구모음에 있는 선택 도구(▶)로 끊어진 부분을 클릭하고, 키보드 Back Space 또는 Delete 키를 눌러서 삭제하면 됩니다.
전체를 삭제할 때는 영상을 끊을 필요 없이 키보드 알파벳 V 또는 선택 도구(▶)로 삭제하면 됩니다. 또한 영상 끝 부분에 마우스를 갖다 대면 마우스 모양이 🔲 또는 🔲로 변하는데 이때 영상 길이를 조절하여 불필요한 장면을 삭제할 수도 있습니다.

4 | 편집한 영상 파일 배치하기

앞의 과정을 반복하여 필요한 영상 장면을 V1트랙에 계속 이어서 놓아두세요. 필자는 V1트랙에 4개의 영상 파일(클립)을 놓았습니다. 1번째 클립은 시작점(00:00:02:18)~끝점(00:00:03:17), 2번째 클립은 시작점(00:00:07:17)~끝점(00:00:09:11), 3번째 클립은 시작점(00:00:11:20)~끝점(00:00:12:22), 4번째 클립은 시작점(00:00:13:08)~끝점(00:00:14:16)입니다. 반드시 똑같이 할 필요는 없으니 필자가 한 것을 참조하여 V1트랙에 순서대로 배치해 보세요. 다 배치하고 나면 5초 정도의 길이가 나올 것입니다.

필요한 영상을 V1트랙에
이어서 배치

 동영상 여러 개로 작업하기

예제에서는 한 동영상을 여러 개로 나누어 영상을 편집했지만, 동영상을 여러 개 불러와 필요한 부분만 골라 작업할 수도 있습니다. 이 경우 [프로젝트] 패널에서 해당 영상을 불러와 클릭한 후 필요한 영역을 지정하고, 시퀀스에 배치하면 됩니다.

[프로젝트] 패널에 여러 영상을 불러온 모습

5 | 최종 화면에 들어갈 빈 화면 만들기

영상을 편집할 때는 최종 화면을 고려해야 합니다. 최종 화면에 구독을 요청하는 〈구독〉 버튼과 추천 동영상이 들어가기 때문이죠. 끝 부분에 이미지와 자막이 들어갈 빈 화면을 10초 이상 넣어야 합니다. 이때 배경 이미지와 자막은 취향에 맞게 넣으면 되는데, 최종 화면에 들어갈 〈구독〉 버튼과 추천 동영상을 넣을 공간은 남겨두어야 해요.

먼저 '색상 매트'를 만들어 보겠습니다. 색상 매트란 자막과 로고 등의 배경이 되는 정지 이미지입니다. 색상 매트를 만들지 않고 자막과 로고를 비디오 트랙에 그냥 올리면 배경이 검은색으로 나오기 때문에 내가 원하는 배경색을 지정하려면 색상 매트를 생성해야 합니다.

❶ 상단 메뉴 [파일] → [새로 만들기] → [색상 매트]를 클릭하세요.

❷ [새 색상 매트] 창이 뜨면, 폭과 높이가 영상과 동일한지 확인하고 〈확인〉을 누릅니다.

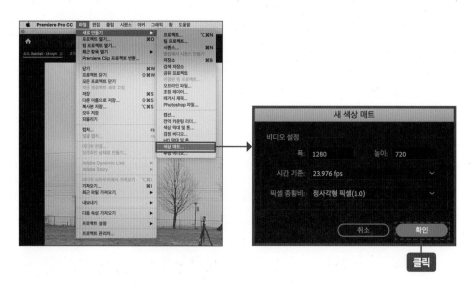

③ [색상 피커] 창이 뜨면 원하는 색을 고릅니다. 색상 슬라이드를 움직여 색상을 고를 수 있고, 색상 필드에서 명도와 채도를 상세하게 조절할 수 있습니다. 원하는 색을 골랐다면 〈확인〉을 눌러주세요. 필자는 흰색으로 하겠습니다.

④ [이름 선택] 창이 뜨면 원하는 이름을 적은 후 〈확인〉을 누릅니다. 필자는 'White' 라고 하겠습니다.

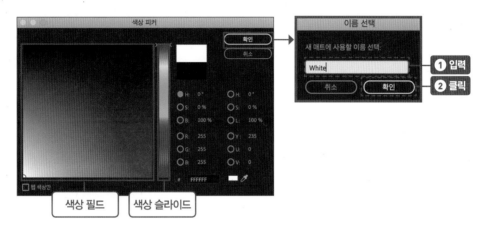

⑤ [프로젝트] 패널에 색상 매트가 생성된 것을 볼 수 있습니다. 이것을 [타임라인] 패널의 V1트랙에 있는 영상 파일 가장 끝에 배치하세요. [프로젝트] 패널에서 V1트랙으로 바로 드래그해서 옮기면 됩니다. 기본적으로 색상 매트는 5초 길이로 배치되는데, 길이는 [타임라인] 패널에서 조정할 수 있습니다.

드래그해서 맨 마지막에 배치

181

6 │ 최종 화면에 들어갈 자막 만들기

여기서는 최종 화면에 들어갈 간단한 자막을 넣어볼 거예요. 본 영상에 자막을 넣는 자세한 방법은 190쪽에서 자세히 알아보겠습니다.

① [타임라인] 패널의 색상 매트에 기준점 포인트
　　 위치를 잡으세요. 기준점 포인트가 어디에
　　 위치하느냐에 따라 [프로그램] 패널에 보이는 화
　　 면이 달라집니다.

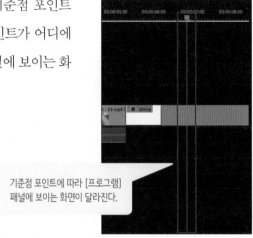

기준점 포인트에 따라 [프로그램]
패널에 보이는 화면이 달라진다.

② 상단 메뉴의 [파일] → [새로 만들기] → [레거시 제목]을 클릭하세요. 버전에 따라
　　 [레거시 제목]이 아니라 [제목]이라고 표시되기도 합니다.

③ [새 제목] 창이 뜨면 원하는 제목(예제 제목 01)을 입력하고, 〈확인〉을 눌러주세요.

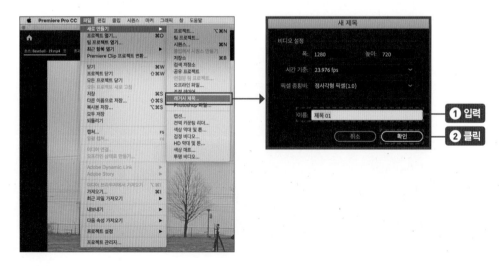

④ 작업창이 뜨면 오른쪽 메뉴의 [속성] → [글꼴 모음]에서 한글 글꼴을 선택하고, [칠] → [색상]에서 원하는 색을 선택하세요. 글꼴이 영어 글꼴로 되어 있는데 한글을 입력하면 오른쪽 사진과 같이 깨지는 현상이 나타납니다. 만약 글자를 입력했을 때 이런 현상이 나타난다면 글꼴 설정을 확인해 보세요.

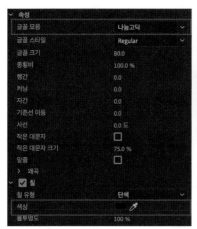

영어 글꼴로 한글을 입력해 자막이 깨진 화면

⑤ 왼쪽 도구모음에서 문자 도구(T)를 선택합니다. 화면에 자막이 들어갔으면 하는 위치에 커서를 놓고 원하는 문장을 적습니다. 필자는 "영상을 재밌게 보셨다면 '구독'과 '좋아요' 부탁드려요^^"라고 넣겠습니다.

⑥ 상단에서 가운데 정렬도 해 보고, 오른쪽 메뉴에서 글꼴 크기, 행간(위 문장과 아래 문장 사이의 간격), 자간(글자와 글자 사이의 간격) 등을 원하는 대로 조절해 보세요.

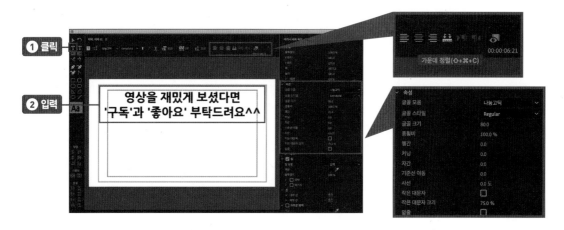

⑦ 창을 닫으면 [프로젝트] 패널에 '제목 01' 파일이 만들어진 것을 확인할 수 있습니다. 이 파일을 [타임라인] 패널 V2트랙에 배치합니다. [프로젝트] 패널에서 V2트랙으로 바로 드래그해 옮기면 되는데, 색상 매트 위에 겹치도록 옮깁니다.

V2트랙: 자막

V1트랙: 빈 화면
(색상 매트)

[타임라인] 패널에서 곧바로 영상 편집하기

1 | 트랙 이동하여 영상 편집하기

기본적으로 영상 파일을 마우스로 드래그하여 트랙 위에서 움직이는 것도 가능합니다. 위의 예제에서는 V1트랙만 사용했지만, V1트랙에서 V2트랙이나 V3트랙으로도 이동할 수 있습니다. 이렇게 트랙을 겹겹이 쌓으면 V1트랙 영상을 V2트랙 영상이 덮고, V2트랙 영상은 V3트랙 영상이 덮게 됩니다. 예를 들어 V1트랙에 영상이 있고 V2트랙에 자막이 있으면 최종 화면에서 V1트랙 영상과 V2트랙 자막이 함께 보이지만, V1트랙과 V2트랙에 동일한 사이즈의 영상이 있으면 V2트랙의 영상만 보이게 됩니다.

단, 자막을 여러 개 생성할 때는(예를 들어 V2, V3트랙에 각각 자막을 넣을 때는) 서로 다른 위치에 조절해서 배치해야 겹쳐 보이지 않습니다.

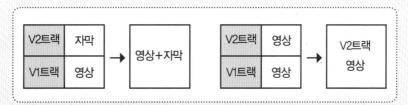

2 | 영상과 영상을 이어주는 '잔물결 삭제'

영상과 영상 사이에 여백이 있는 상태로 동영상을 재생하면 여백이 까만 화면으로 재생됩니다. 영상과 영상 사이가 매끄럽게 이어지지 않고 빈틈이 생기는 것이죠. 영상을 매끄럽게 재생하고 싶다면 영상 사이 여백 부분에 마우스를 대고 오른쪽 버튼을 클릭해 '잔물결 삭제' 기능을 사용하세요.

잔물결 삭제 전   잔물결 삭제 후

3 | 영상 순서를 바꿀 땐 Ctrl 키로

영상의 순서를 바꾸려면 키보드에서 Ctrl 키를 누른 채, 마우스로 영상을 드래그하여 바꾸고 싶은 영상 소스의 시작 부분으로 이동하면 됩니다. 이때 Ctrl 키를 누르지 않고 그냥 옮

기면 덮어쓰기가 되어 다른 영상이 일부 삭제될 수도 있으니 주의하세요.

 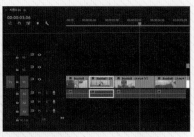

a. 순서를 바꾸고 싶은 영상을 클릭한다.　　　b. Ctrl 키를 누른 채 드래그하여 이동한다.

영상 재생 속도가 너무 느리다면?

[프로그램] 패널에서 편집 영상을 재생하는데 속도가 너무 느리다면 재생 해상도를 낮춰보
세요. 재생 해상도가 높으면 컴퓨터(그래픽 카드, 메모리 등) 리소스를 많이 사용하기 때문에
속도가 느린데, 이때 재생 해상도를 [전체]에서 [1/4]로 바꾸면 재생 속도가 빨라집니다.
[프로그램] 패널 하단에 재생 해상도를 변경할 수 있는 작은 창이 있습니다. 미리보기 시
재생 해상도만 변경될 뿐, 최종 편집 후의 화질은 원래대로 유지되니 유튜브에 업로드할
때, 화질이 나빠질까봐 걱정하지 않아도 됩니다.

속도가 느릴 땐
해상도를 Down!

1 | 배경음악(BGM) 범위 설정하기

① 4개의 작업 영역 중 좌측 하단의 [프로젝트] 패널에서 배경음악(BGM) 파일(예제 Sky Skating.mp3)을 더블 클릭합니다.

② 그러면 좌측 패널의 [소스] 영역에 파동이 보입니다. 이번에도 마우스 드래그나 Space Bar 또는 〈 , 〉를 이용해 원하는 지점에 자리를 잡고, 키보드 알파벳 I 와 O 를 사용해 시작점과 끝점 범위를 지정합니다.

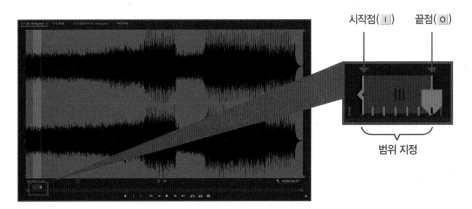

2 | 배경음악(BGM)을 시퀀스 영역에 넣기

1 이번에는 좌측 상단의 [소스] 패널 아래쪽에 있는 오디오만 드래그(▶◀)하여 우측 하단의 [타임라인] 패널 A2트랙에 갖다 놓습니다.

2 A2트랙에 배경음악이 들어간 것을 확인할 수 있습니다. 효과음도 같은 원리로 A3 트랙의 원하는 위치에 삽입하면 됩니다. 오디오 A1~A3트랙도 비디오 V1~V3트랙 처럼 여러 개 사용하면, 여러 가지 사운드를 동시에 재생할 수 있습니다.

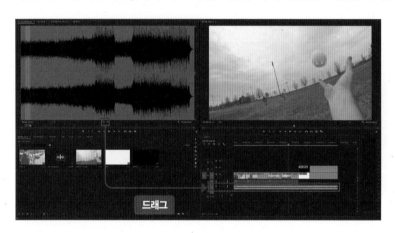

3 | 배경음악(BGM) 소리 크기 조정하기

1 BGM의 소리가 너무 크거나 작다는 생각이 들면, A2트랙에 있는 BGM 파일에 마우스를 대고 오른쪽 버튼을 눌러서 [오디오 게인]을 클릭하세요.

2 소리를 키우고 싶다면 '게인 조정'에 키우고 싶은 만큼의 숫자를 입력하고, 반대로 소리를 줄이고 싶다면 숫자 앞에 '―(마이너스)'를 붙이면 됩니다.

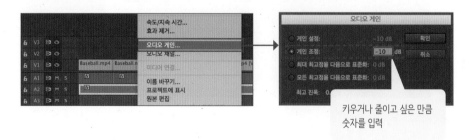

배경음악을 고르기 힘들 땐 어떻게 하면 될까요?

유튜브 오디오 라이브러리에 들어가면 장르, 기분, 악기, 시간 등 내가 원하는 대로 세부 항목을 설정할 수 있습니다. 처음부터 하나씩 찾으려고 하면 오래 걸리지만, 원하는 스타일의 음악을 세부 분야로 나눠서 찾으면 좀 더 빠르게 찾을 수 있지요.

장르, 기분, 악기, 시간에 따라 어울리는 선곡 가능!

음성 싱크 맞추는 법

보통은 카메라에 마이크를 연결해서 영상과 함께 녹음하지만, 가끔 외부 마이크로 따로 녹음하는 경우가 있습니다. 이럴 때는 영상 촬영 시 시작 부분에 카메라 렌즈 앞에서 슬레이트를 사용하거나 박수를 쳐주세요. 그리고 녹음과 촬영을 마친 다음, 사운드 파일과 영상 파일을 프리미어 프로(편집 프로그램)에 불러온 뒤 [타임라인] 패널의 비디오 트랙과 오디오 트랙에 해당 영상과 사운드를 배치합니다. 영상 클립에서 슬레이트나 박수 치는 부분과 사운드에서 '딱' 하고 소리 나는 부분을 맞추면, 소리와 영상의 싱크를 쉽게 맞출 수 있습니다.

182쪽에서 최종 화면에 자막 넣는 방법을 알아보았는데, 이번에는 영상 자체에 자막 넣는 방법을 알려드리겠습니다. 별로 어렵지 않으니 잘 따라해 보세요.

1 | 새 제목 창 불러오기

① 상단의 메뉴 중 [파일] → [새로 만들기] → [레거시 제목]을 클릭합니다. 버전에 따라 [레거시 제목]이 아니라 [제목]이라고 표시되는 경우도 있습니다.

② [새 제목] 창이 뜨면 이름에 '제목 01'이라고 적고 〈확인〉을 눌러주세요. 이름은 원하는 대로 정해도 됩니다.

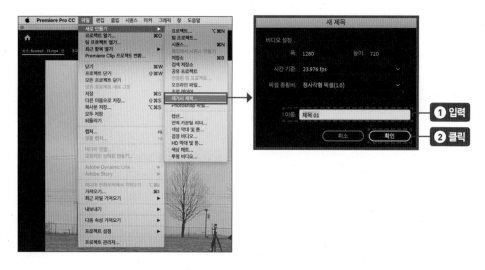

2 | 자막 입력하기

① 자막을 넣을 수 있는 작업창이 뜨면 도구모음에서 문자 도구(T)를 선택한 후, 원하는 위치에 커서를 두고 자막을 입력해 보세요. 필자는 '오늘은 야구를 하자'라고 입력해 보겠습니다.

② 이때 한 가지 주의해야 할 사항이 있습니다. [타임라인] 패널의 기준점 포인트()가 내가 자막을 넣으려는 장면의 비디오 트랙에 위치해 있어야 한다는 것입니다. 다음 화면을 보면, 자막 넣을 [타임라인] 패널의 비디오 트랙에 기준점 포인트()가 위치해 있는 것을 확인할 수 있습니다.

[프로그램] 패널의 화면이
자막 배경에 적용

tip 귀찮은데 자막을 꼭 넣어야 하나요?

유튜브 이용자의 80% 이상은 스마트폰으로 영상을 시청합니다. 대중교통을 이용하느라 음소거 상태로 영상을 시청하는 사람도 많기 때문에 자막이 있으면 시청률과 시청 시간이 늘어날 확률이 높아집니다. 또한 음성만으로는 발음과 전달력 측면에서 정확하지 않을 수 있으니, 귀찮더라도 자막을 반드시 넣어주는 것이 좋습니다.

3 | 자막 편집하고 효과 주기

① 자막은 위치를 옮길 수 있고, 오른쪽 [레거시 제목 속성]에서 폰트 종류와 글자 크기, 행간, 자간, 글자 색 등을 변경할 수 있습니다. 예제의 글씨 크기는 100, 글씨체는 나눔고딕, 글씨 스타일은 Bold입니다.

자막 크기 등
상세 설정 가능

② 자막이 잘 보이지 않을 때는 [레거시 제목 속성] → [어두운 영역]을 체크해 글자에 그림자를 넣을 수 있습니다. 또는 [외부 선]을 선택해서 글자 테두리를 지정할 수도 있습니다.

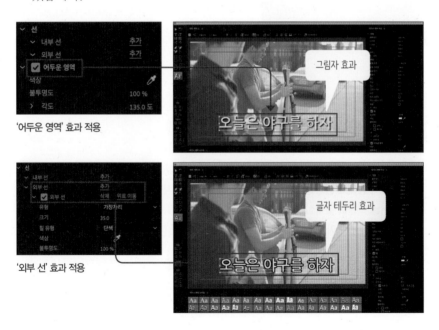

'어두운 영역' 효과 적용

'외부 선' 효과 적용

4 | 원하는 위치에 자막 옮기기

① 원하는 자막을 입력하고 효과도 넣었다면 작업창을 닫아도 됩니다. 그러면 좌측 하단의 [프로젝트] 패널에 자막이 만들어진 것을 볼 수 있습니다. 작업창을 닫은 뒤에 자막을 수정하고 싶을 때는 자막을 더블 클릭하면 다시 작업창이 열립니다.

② 만든 자막 파일을 [프로젝트] 패널에서 우측 하단의 [타임라인] 패널로 드래그해서 원하는 위치의 V2트랙에 옮겨 놓습니다. 그러면 [프로그램] 패널에 자막과 영상이 함께 배치된 것을 볼 수 있습니다.

③ 자막은 항상 영상 트랙의 가장 위에 올리면 됩니다. V1~V2트랙을 모두 사용 중이면 V3트랙에 올리면 되고, V3트랙까지 사용 중이면 V4트랙에 올리면 됩니다. V3 트랙 위에 자막을 얹으면 자동으로 V4트랙이 만들어집니다.

자막(V2트랙)이 영상(V1트랙)을
덮어 하나의 화면으로 보인다.

193

5 | 자막 복사하기

① 가끔 연속으로 자막을 입력할 때 속성(위치와 폰트 종류, 크기 등)이 같은 자막을 생성해야 할 때가 있습니다. 이때는 [프로젝트] 패널에 있는 자막 파일(예제 제목 01)을 더블 클릭하여 작업창을 열고, 화면 상단 맨 첫 번째에 위치한 현재 제목 기준 새 제목(◾)을 클릭합니다.

② [새 제목]이라는 창이 뜨면 이름을 적고(예제 제목 02) 〈확인〉을 누릅니다.

③ 작업창이 뜨면 화면에 앞서 작업했던 자막이 보일 것입니다. 이미 작업했던 자막 파일을 복사했기 때문입니다. [타임라인] 패널의 V1트랙에서 기준점 포인트(◼)를 새 자막을 입력할 다른 장면으로 옮깁니다. 이때 [타임라인] 패널의 기준점 포인트(◼)를 다른 장면으로 옮기지 않으면, 새 자막을 작성할 때 자막이 겹쳐서 보입니다.

194

④ 새로운 자막(예제 내가 홈런을 칠 수 있을까?)을 입력하고 창을 닫습니다. [프로젝트] 패
널에 '제목 02' 파일이 생긴 것을 확인할 수 있습니다.

⑤ 새로운 자막 파일을 드래그해 우측 하단 [타임라인] 패널의 V2트랙에서 원하는 위
치로 옮깁니다. 이런 방법으로 똑같은 속성을 가진 자막을 다른 내용으로 여러 개
만들 수 있습니다.

무료 폰트 사용하기

네이버 나눔서체, 구글과 어도비의 본서체 등 기업에서 공개한 무료 폰트가 꽤 많습니다. 이외에도 고도체, 국대떡볶이, 빙그레, 한수원, 중소기업중앙회, 아모레퍼시픽, 윤디자인, 한겨레, 성동구청, 티몬, 한국출판인회의, 제주도, 배달의민족, 아산시청, EBS, 국립중앙도서관, 베스킨라빈스 등 찾아보면 무료로 사용 가능하고 디자인도 뛰어난 폰트가 많죠.

구글 검색창에서 '무료 폰트'로 검색한 후 다운로드하여 쓰면 되는데, 상업적 이용이 가능한 무료 폰트를 제공하는 눈누(noonnu.cc)라는 사이트를 이용하면 원하는 폰트를 쉽게 찾아서 사용할 수 있으니 참고하세요.

눈누 홈페이지

눈누에서 제공하는 폰트를 클릭한 화면

1 | 완성한 영상에서 시작점과 끝점 범위 잡기

① 영상 편집이 완료되었다면, 우측 하단의 [타임라인] 패널에 키보드 알파벳 I 와 O 를 이용해 하나의 파일로 내보낼 시작점과 끝점의 범위를 잡아줍니다.

② 시작점과 끝점이 잡히지 않을 때는 한/영 키를 전환하여 영문으로 바뀌었는지 확인해 보세요. 한글로 되어 있으면 단축키가 작동하지 않습니다.

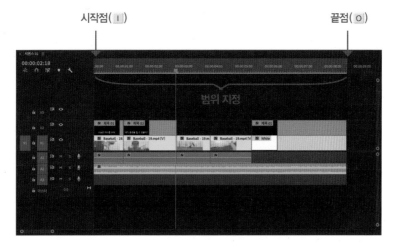

2 | 동영상 파일 내보내기

① 상단의 메뉴 중 [파일] → [내보내기] → [미디어]를 눌러주세요.

② [내보내기 설정]이라는 이름의 새 창이 뜨면 오른쪽에서 [형식] → [H.264]으로 바꿔줍니다.

❸ [출력 이름]을 눌러 영상 파일을 저장할 경로를 지정하고 이름(예제 edit1)을 입력합니다. 모든 설정을 마치면 하단의 〈내보내기〉를 클릭하여 파일을 출력합니다.

❹ 파일 출력을 완료한 후 지정한 경로에 가서 보면 영상 파일(예제 edit1.mp4)이 생성된 것을 확인할 수 있습니다.

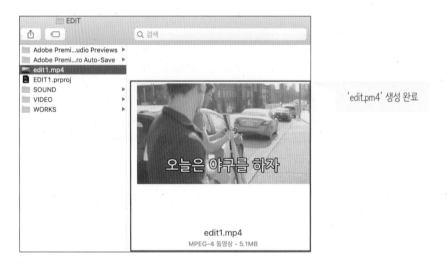

'edit.pm4' 생성 완료

자, 지금까지 프리미어 프로를 활용해서 3분 동영상을 편집하는 방법에 대해 알아보았습니다. 어려운 프로그램은 아니지만, 익숙해지기 전까지는 편집 작업을 반복하면

서 숙련도를 쌓아야 합니다. 일주일만 연습하면 금방 실력이 늘 거예요. 완성 파일은
필자의 블로그(blog.naver.com/isadhappy)에서 다운받을 수 있습니다.

프리미어 프로 자동 저장이란?

편집 작업에 집중하다 보면 중간중간 저장하는 것을 잊는 경우가 많습니다. 컴퓨터 오류로
애써 작업한 것들이 날아가버리는 경우에 대비하려면, 잊지 말고 프리미어 프로의 자동 저
장 기능(오토 세이브)을 사용하세요.

프리미어 프로 자동 저장 설정 방법

❶ 상단 메뉴에서 [Premiere Pro CC] → [환경 설정] → [일반]을 클릭합니다.

❷ [환경 설정] → [자동 저장] → [프로젝트 자동 저장]을 클릭해 '자동 저장 간격'과 '최대
프로젝트 버전'을 조절할 수 있습니다. 자동 저장 간격은 몇 분에 1번씩 저장할 것인가에
대한 것이고, 최대 프로젝트 버전은 최대 자동 저장 개수입니다. 예를 들어 최대 프로젝
트 버전을 20개로 정하면, 이 개수를 다 채운 뒤에는 첫 번째 자동 저장 파일이 지워지
고 가장 최신 작업 버전이 저장됩니다. 기본적으로 자동 저장 간격은 15분, 최대 프로젝
트 버전은 20개로 해놓으면 무난합니다.

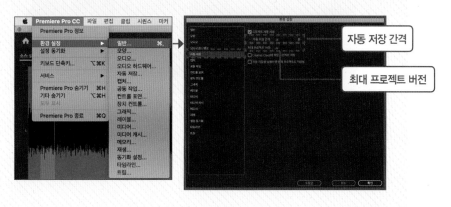

3분 동영상, 스마트폰으로도 편집 가능!

영상 편집을 꼭 컴퓨터로만 해야 하는 것은 아닙니다. 요즘에는 스마트폰의 편집 앱으로도 간단한 영상 편집을 할 수 있습니다. 대표적인 영상 편집 앱으로는 '키네마스터'와 '비바비디오', '아이무비'가 있는데 각각 어떤 특징이 있는지 살펴보겠습니다.

키네마스터   비바비디오   아이무비

1 | 키네마스터

영상을 자르고 붙이고, 음악을 넣고, 전환효과를 주는 등 웬만한 편집 기능은 모두 갖추고 있습니다. 무료 음원도 제공하고, 사용법이 쉬워서 하루만 만져봐도 누구나 편집이 가능합니다. 무료로 사용할 수 있지만 무료 버전은 워터마크가 붙습니다. 월 5,000원, 연 40,000원 정도 요금을 지불하면 워터마크 없이 사용할 수 있습니다.

무료 음원 제공! 무료 버전 사용시 워터마크 표시!

키네마스터 실행 화면

2 | 비바비디오

키네마스터와 기본적인 기능은 비슷하며 왕초보도 30분이면 편집할 수 있을 정도로 쉽습니다. 자막을 여러 개 넣을 수 있지만, 무료로 사용할 경우 광고가 너무 많아 사용하기가 불

편합니다. 그리고 무료 버전은 편집 시간 제한이 있고, 워터마크가 표시되며 HD 내보내기를 할 수 없습니다. 월 구독이나 연간 구독으로 유료 결제하면 편집 시간 제한이 해제되고 HD 내보내기도 가능합니다.

무료 음원 제공!
무료 버전 사용 시 광고 다수, 워터마크 표시!

비바비디오 실행 화면

3 │ 아이무비

아이폰 사용자라면 기본 앱인 아이무비를 이용해 스마트폰으로 쉽게 동영상을 편집할 수 있습니다. 도움말 기능이 잘 되어 있어서 조금만 조작해 보면 능숙하게 편집할 수 있죠. 템플릿과 효과가 제한적이라 다양한 기능을 사용할 수는 없지만, 아이폰 사용자에게는 완전 무료이기 때문에 추천합니다.

아이무비 실행 화면

아이폰 사용자라면 추천!
단, 기능이 제한적!

조회 수 높이는
섬네일 만들기

23

호기심과 흥미를 유발하는 섬네일

섬네일은 영상의 미리보기 이미지 또는 대표 이미지로 이해하면 되는데, 시청자들의 호기심과 흥미를 유발하여 영상을 클릭하게 만드는 이미지라는 점에서 아주 중요합니다. 유튜브에서는 섬네일이라는 말 대신 '맞춤 미리보기 영상'이라고 합니다. 섬네일은 영상 중 가장 인상적인 부분을 캡처해서 파워포인트, 포토샵 등의 툴로 만들면 되는데, 크기는 1280×720px ◆(33.9×19.05cm)을 추천합니다.

섬네일이 조회 수를 좌우한다!

출처는 오른쪽부터 '한세', 'Dana ASMR', '공돌이 용달'

◆ px(Pixel, 픽셀): 이미지를 구성하는 최소 단위인 점을 뜻한다.

평소에 연습 삼아서 자주 만들어보고 다른 사람이 올린 것도 참고하다 보면 금방 감을 잡을 수 있을 거예요.

시청자의 눈길을 끌어야 조회 수 상승!

조회 수는 섬네일을 어떻게 만드느냐, 섬네일에 어떤 제목을 붙이느냐에 따라 크게 달라집니다. 내가 시청한 영상과 비슷한 콘텐츠를 추천하는 유튜브의 추천 알고리즘 속에서 내 영상을 봐야 하는 이유를 만들어주는 것이 섬네일의 역할이라고 할 수 있습니다. 따라서 영상을 제작한 것에 안주하지 말고 마지막 단계인 섬네일까지 세심하게 신경 써서 만들어야 합니다. 섬네일이 시청자에게 선택받지 못하면 애써 만든 영상을 보여줄 기회조차 사라져 버리니까요.

섬네일에서 가장 중요한 것은 시청자의 호기심과 흥미를 자극하는 것입니다. 호기심이 생기지도, 흥미롭지도 않은 섬네일은 시청자들의 외면을 받습니다. 유튜브에는 호기심과 흥미를 유발하는 콘텐츠가 많아도 너무 많다는 것, 잊지 마세요.

채널 '영국남자'의 섬네일

채널 '이사배'의 섬네일

203

좋은 섬네일은 벤치마킹과 자기 객관화가 중요

초기에는 나와 비슷한 분야나 인기 있는 유튜브 채널을 방문해, 섬네일로 시청자들의 호기심과 흥미를 어떻게 자극하는지 살펴볼 필요가 있습니다. 분석하다 보면 곧 나만의 흥행하는 섬네일을 만들 수 있을 것입니다.

섬네일 제작에서 무엇보다 중요한 것은 자기 객관화입니다. 영상과 섬네일을 꾸준히 제작하다 보면 자신의 채널 중에서도 인기 있는 영상과 그렇지 않은 영상이 구분됩니다. 인기 영상 섬네일의 특징을 분석하고 조합해서 앞으로 만들 콘텐츠 기획과 섬네일 제작에 적용한다면 채널 성장의 기쁨을 맛볼 수 있겠지요.

또 내가 만든 섬네일을 본 후 '내가 시청자라면 이 섬네일만 보고도 클릭할 것인가?' 하고 자신에게 냉정히 질문해 보아야 합니다. 영상 콘텐츠 제작에는 시간과 노력이 많이 들기 때문에 자기가 만든 영상에 애착이 생길 수밖에 없습니다. 영상을 제작하는 데 시간과 열정을 모두 투자했으니 섬네일만큼은 편하게 만들고 싶다거나, 실제로는 그렇지 않은데도 내가 만든 섬네일이 재미있다고 생각하며 이 과정을 어물쩍 넘기려는 경향이 나타나기 쉬운데, 끝까지 긴장을 놓지 말아야 합니다.

섬네일 제작 체크리스트

다음은 시선을 끄는 섬네일을 만들기 위한 체크리스트입니다. 수많은 경쟁자를 뚫고 시청자의 선택을 받으려면 무엇보다 호기심과 흥미를 유발하는 게 중요합니다.

▪ 시선을 끄는 섬네일 제작 체크리스트 ▪

1. 최대한 가독성 있게, 단순하게 제작했는가? → 큼직한 이미지와 텍스트	☐
2. 전체 내용이 궁금해지는 (실제 영상 속) 하이라이트 컷을 사용했는가?	☐
3. 텍스트가 호기심과 흥미를 유발하는가? → 궁금증 유도, 질문 등	☐
4. 텍스트의 길이가 적절한가? → 10자 내외	☐
5. 배경이 내용과 조화로운가?	☐
6. 기존의 여러 이미지를 조합해 신선하고 새로운 느낌으로 제작했는가?	☐
7. 유행하는 광고, 이미지 등을 패러디하여 반영했는가?	☐

다음은 채널 '이사배'와 '영국남자', '공돌이 용달'의 섬네일 중 각각의 체크리스트에 해당하는 좋은 예들입니다. 이것을 참고하여 좋은 섬네일이란 무엇인지 감을 익히고 나만의 섬네일을 제작해 보세요.

1. 최대한 가독성 있게, 단순하게 제작했는가?　　2. 전체 내용이 궁금해지는 (실제 영상 속) 하이라이트 컷을 사용했는가?　　3. 텍스트가 호기심과 흥미를 유발하는가?

4. 텍스트의 길이가 적절한가?　　5. 배경이 내용과 조화로운가?　　6. 기존의 여러 이미지를 조합해 신선하고 새로운 느낌으로 제작했는가?　　7. 유행하는 광고, 이미지 등을 패러디하여 반영하였는가?

섬네일은 무료 프로그램으로도 충분!

영상을 편집할 때 프리미어 프로를 사용했다면, 섬네일을 제작할 때는 포토샵을 사용하면 좋습니다. 포토샵은 이미지 제작에 관한 거의 모든 기능을 제공한다고 해도 과언이 아닙니다. 하지만 포토샵도 프리미어 프로와 마찬가지로 유료 프로그램이고 기능이 워낙 다양하다 보니, 초보 유튜버들과 부업을 목적으로 시작하려는 분들에게는 부담스러울 수 있습니다.

그런 점에서 굳이 포토샵을 사용하지 않고도 윈도에서 기본적으로 제공하는 그림판이나 웹상에서 사용 가능한 픽슬러, MS사의 파워포인트 등을 활용해 섬네일을 제작하는 것이 훨씬 효율적일 수 있습니다. 어차피 섬네일은 복잡할수록 더 조잡해 보이는 데다, 캡처 화면과 텍스트의 조합이므로 무료 프로그램으로도 충분히 좋은 섬네일을 만들 수 있습니다. 이 책에서는 파워포인트로 섬네일을 제작하는 법을 알아보겠습니다.

포토샵 실행 화면

파워포인트 실행 화면

픽슬러 실행 화면

이번에도 예제 파일을 사용할 건데요. 앞서 프리미어 프로를 이용해 만든 영상 주제가 야구인 만큼 그와 관련된 섬네일을 제작해 보겠습니다. 예제 파일은 영상 콘텐츠를 만들 때 다운로드했던 영상(Baseball-19.mp4) 00:09초를 캡처하여 사용하겠습니다.

tip
동영상 캡처하는 법

캡처 프로그램은 윈도에 기본으로 탑재되어 있는 '캡처 도구'를 사용해도 되고 인터넷 검색으로 찾은 캡처 프로그램을 다운로드하여 써도 됩니다.

윈도 PC에서는 곰플레이어로 원본 영상을 열어서 캡처할 부분을 찾은 후, Ctrl + E 를 누르면 현재 화면 저장이 됩니다. 혹은 윈도에 기본으로 탑재된 '영화 및 TV' 프로그램의 우측 하단에 있는 연필 아이콘(✎)을 누르면 나오는 [비디오에서 사진 저장]으로 캡처할 수도 있습니다.

윈도 PC의 '영화 및 TV' 프로그램   맥 PC의 자체 프로그램

맥 PC에서는 해당 영상 파일을 선택한 뒤 Space Bar 를 누르면 자체 내장된 프로그램을 통해 미리보기 영상이 재생되는데, 원하는 위치에서 일시정지한 다음 Command + Shift + 4 를 누르고 필요한 만큼 드래그해서 부분 캡처하면 됩니다.

tip
섬네일 제작 시 권장사항

유튜브 왕초보라면 초기에는 가급적 섬네일 형식을 규격화하여 생산성을 높일 필요가 있습니다. 채널 초기에 매번 새로운 섬네일을 제작하기란 쉽지 않기 때문입니다. 따라서 작업하기 쉽게 형식을 정해서 새로운 섬네일을 만들 때마다 글자와 이미지만 수정하는 것도 한 방법입니다. 스트레스를 받지 않아야 오래 지속할 수 있을까요.

- 해상도 1280×720px(너비 640px 이상)
- 이미지 확장자 형식: JPG, GIF, BMP, PNG 등
- 2MB 제한(파일 용량 2MB 초과 시 업로드 불가)
- 가로세로 비율 16:9 권장

제가 쓰는 파워포인트는 2019버전입니다. 버전과 운영체제에 따라 다를 수 있지만 옵션은 크게 다르지 않으니 참고해서 만들어보세요.

1 │ 이미지 불러오기

① 파워포인트를 켜고 [새 프레젠테이션]을 클릭합니다.

② 제목과 부제목 창을 선택한 후, Back Space 또는 Delete 키를 눌러 지웁니다.

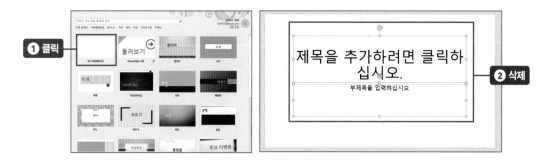

③ 상단 메뉴에서 [삽입] → [그림]을 눌러 캡쳐해 둔 이미지를 불러옵니다.

슬라이드 크기 조절하는 법

섬네일 사진 크기에 따라 파워포인트의 슬라이드 크기를 조절할 수 있습니다. [디자인] →
[슬라이드 크기] → [사용자 지정 슬라이드 크기]에서 바꿀 수 있으니 동영상 크기에 맞춰
섬네일을 제작해 보세요.

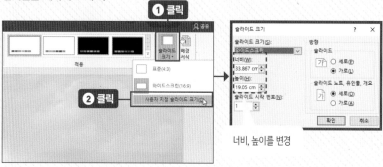

너비, 높이를 변경

2 | 도형 그리기

1 상단 메뉴의 [삽입] → [도형]에서 직사각형(□)을 선택하고 오른쪽 여백에 드래그
하여 직사각형을 그립니다.

2️⃣ 그린 직사각형 위에서 오른쪽 마우스를 클릭하여 [도형 서식]을 불러옵니다. [도형 옵션]에서 도형 색상(채우기)과 선 색상을 원하는 대로 변경할 수 있습니다.

3 │ 텍스트 입력하기

1️⃣ [삽입] → [텍스트 상자] → [가로 텍스트 상자 그리기]를 선택한 후, 직사각형 도형에서 원하는 위치에 커서를 두고 텍스트를 입력하세요. 필자는 '친구들과 동네야구 함께하기 -기초편-'이라고 입력해 보겠습니다.

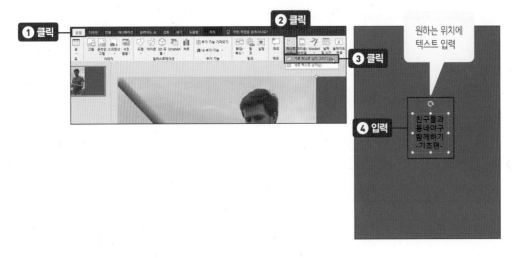

② 상단 메뉴의 [홈]에서는 글꼴 및 크기를 바꿀 수 있습니다. 필자는 글꼴은 '맑은 고딕(본문)'에 크기는 80pt, 글자 색은 흰색 그리고 가독성을 위해 굵기(Ctrl + B)를 주겠습니다.

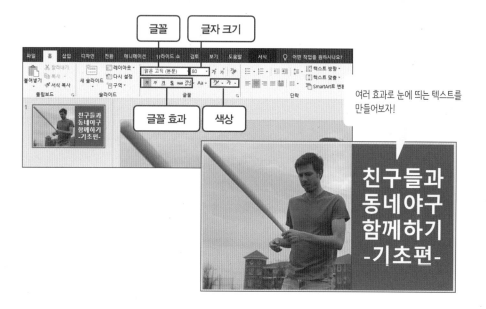

4 | 저장하기

① 작업이 끝나면 상단 메뉴에서 [파일] → [저장](Ctrl + S) 또는 [다른 이름으로 저장](Ctrl + Shift + S) → [찾아보기]를 눌러 저장할 경로를 지정합니다.

② '동영상 이름_섬네일' 형식 또는 원하는 형식으로 이름을 입력하고, 원본(파일 형식: PowerPoint 프레젠테이션)을 먼저 저장합니다. 원본 파일로 보관하면 추후 수정할 때 편리합니다.

③ 다시 [파일] → [다른 이름으로 저장]을 누릅니다. 이번에는 파일 형식을 'JEPG'로 바꾸고, 원본을 저장한 위치와 경로를 같게 설정한 뒤 〈저장〉을 누릅니다.

④ 내보낸 경로로 가면 작업한 섬네일 파일을 확인할 수 있습니다.

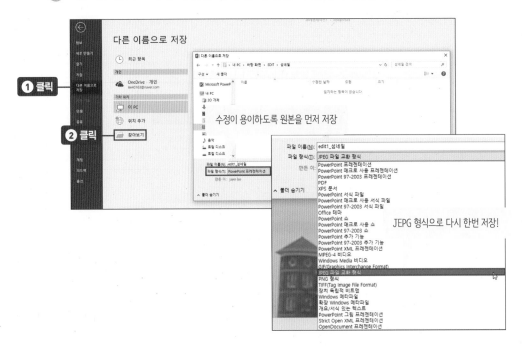

수정이 용이하도록 원본을 먼저 저장

JEPG 형식으로 다시 한번 저장!

섬네일 글자나 채널 로고는 재생 시간과 겹치지 않게

유튜브 섬네일 오른쪽 하단에는 영상 재생 시간이 나타납니다. 예전에는, 특히 모바일에서는 재생 시간이 차지하는 공간이 커 섬네일의 글자나 채널 로고 등을 가리는 경우가 많았습니다. 지금은 많이 작아졌지만 되도록 겹치지 않게 텍스트나 로고 등의 위치를 조정하세요.

출처: 공돌이 용달

영상 재생 시간 박스와 겹치지 않도록 유의!

이번 〈셋째마당〉을 통해서 열심히 기획하고 촬영한 데이터를 편집하여 하나의 콘텐츠 파일로 만들고 섬네일까지 만들 수 있게 되었습니다. 유튜브에 올릴 영상과 섬네일을 제작할 수 있게 되었으니, 다음 〈넷째마당〉에서는 유튜브 채널을 실제로 개설하여 직접 만든 콘텐츠를 업로드해 볼까요?

섬네일 효과, 다음에도 똑같이 사용하고 싶다면?

파워포인트에서 저장할 때 JPEG 형식으로만 저장하지 않고, 앞서 언급했듯이 원본 파일(ppt(pptx)◆형식)로도 저장하면 수정이 쉬울 뿐 아니라 동일한 효과를 빠르게 적용할 수 있습니다.

ppt(pptx)로 저장하면 작업한 모든 데이터가 저장되므로, 불러오기를 통해 기존에 작업한 효과가 적용된 파일을 다시 열 수 있습니다. 여기에 새로 작업한 후 [다른 이름으로 저장]하면 동일한 효과가 적용된 새로운 섬네일을 얻을 수 있습니다.

기존에 작업한 섬네일

새롭게 작업한 섬네일

원본을 저장하면
수정도, 활용도 Good!

◆ **ppt(pptx)**: 마이크로소프트사에서 제공하는 파워포인트의 확장자. 2003 이하 버전에서는 ppt, 2007 이후 버전에서는 pptx를 쓴다.

24 | 유튜브 채널과 브랜드 계정 만들기

25 | 유튜브 채널 브랜딩 – 채널 아트, 채널 아이콘

26 | 조회 수 Up! 영리하게 동영상 올리기

27 | 채널 레이아웃 변경하기

왕초보 ◆ 유튜브 ◆ 부업왕

넷|째|마|당

유튜브 채널 만들고
동영상 올리기

유튜브 채널과 브랜드 계정 만들기

24

업로드하기 전 내 채널부터 만들자!

〈첫째마당〉부터 〈셋째마당〉까지 유튜브에 올릴 콘텐츠를 기획, 촬영, 편집한 다음 섬네일을 제작하는 방법에 대해 살펴보았습니다. 이번 〈넷째마당〉에서는 본격적으로 유튜브 채널을 개설하고, 동영상을 업로드하는 방법에 대해 알아보려고 해요.

유튜브 채널을 개설하려면 1단계로 구글 계정부터 만들어야 합니다. 유튜브는 구글에서 운영하는 서비스니까요. 이미 구글 아이디를 가지고 있다면 이 단계는 건너뛰고 채널 만드는 부분(221쪽)부터 봐도 좋습니다. 그런 다음 2. 유튜브 채널을 만들고, 3. 유튜브 브랜드 계정도 만들어야 합니다. 마지막으로 4. 유튜브 계정을 확인받으면 본격적으로 채널을 운영할 수 있습니다.

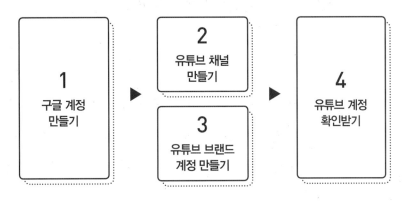

■ 채널 개설하기 4단계 과정 ■

1 구글 계정 만들기

2 유튜브 채널 만들기

3 유튜브 브랜드 계정 만들기

4 유튜브 계정 확인받기

유튜브 브랜드 계정을 만드는 이유

여기서 잠깐! 위의 3번째 단계에서 구글 계정과 별도로 '유튜브 브랜드 계정'을 만들어야 한다고 했습니다. 왜 유튜브 브랜드 계정을 만들어야 할까요?

그 이유는 개인 계정과 분리하기 위해서입니다. 구글 아이디를 그대로 채널명으로 사용하면, 구글 이메일(G메일)을 활용하여 사적으로 메일을 주고받을 때 유튜브 업무 메일과 섞이는 등 개인 활동에 지장이 생길 수 있습니다. 프로필 사진과 이름 변경도 연동되어 번거롭지요. 이런 이유로 유튜브 브랜드 계정을 따로 만들어서 유튜브 전용으로 사용하는 것이 좋습니다.

유튜브를 위한 브랜드 계정은 사생활 침해 없이 유튜브만을 위해서 사용할 수 있다는 장점이 있습니다. 또한, 브랜드 계정에서는 브랜드를 만든 소유자 외에도 계정을 관리하는 사용자를 여러 명 지정할 수 있어서 추후 공동 운영자와 함께 계정을 운영할 수 있으므로 편리합니다.

자, 그러면 지금부터 유튜브 채널과 브랜드 계정 만드는 방법을 구체적으로 살펴볼까요?

유튜브 운영에는 크롬을 추천

필자는 유튜브를 운영할 때 크롬을 사용합니다. 크롬은 구글에서 개발한 웹브라우저인데, 유튜브도 구글이 제공하는 서비스이기 때문에 호환성 측면에서 가장 안정적입니다.

크롬을 설치하는 방법은 쉽습니다. 구글 크롬(www.google.com/chrome) 사이트에 접속해 설치하면 됩니다. 그러니 〈도전 유튜버〉의 화면은 크롬을 기반으로 한다는 점에 유의해 주세요.

유튜브는 크롬과
찰떡궁합!

구글 크롬 사이트 메인 화면

유튜브 채널 개설하고 브랜드 계정 만들기

구글 계정이 있거나 이미 유튜브 개인 채널을 가지고 있다면 2단계(221쪽)부터 보세요.

1 | 구글 계정 만들기

1 구글(google.com)에 접속한 후 오른쪽 상단에 있는 메뉴 아이콘 [:::::] → [Google 계정]을 클릭합니다. 화면이 바뀌면 하단의 〈Google 계정 만들기〉를 클릭합니다.

2 'Google 계정 만들기' 화면이 나오면 성과 이름, 사용할 이메일 주소, 비밀번호를 입력한 후 〈다음〉을 클릭합니다.

③ 전화번호와 복구 이메일 주소는 선택사항이지만, 생년월일과 성별은 반드시 입력해야 합니다. 입력한 후 〈다음〉을 클릭합니다.

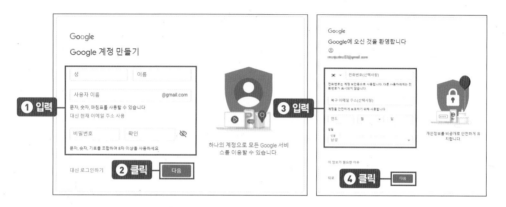

④ 전화번호를 입력했다면 '전화번호 인증' 화면에서 자신의 전화번호가 맞는지 확인한 후 〈보내기〉를 누릅니다.

⑤ 입력한 전화번호로 도착한 인증번호 'G-000000'에서 숫자 여섯 자리를 입력하고 〈확인〉을 누릅니다. '전화번호 다양하게 활용하기' 화면에서는 〈건너뛰기〉 또는 〈예〉를 누르세요.

⑥ '개인정보 보호 및 약관'의 스크롤바를 내리면 하단에 〈동의〉가 뜹니다. 약관을
잘 확인한 후 〈동의〉를 누릅니다.

구글 가입 완료!

2 | 유튜브에 로그인하기

① 가입이 끝나면 환영메시지가 나타나는데, 여러 아이콘 중 유튜브 아이콘(▶)을
눌러서 유튜브 사이트로 이동합니다.

② 유튜브 페이지가 뜨면 우측 상단에 있는 〈로그인〉을 눌러서 로그인합니다.

3 | 유튜브 채널 개설하기

① 페이지 우측 상단 메뉴 중 프로필 아이콘[●]을 클릭한 후 아래 메뉴에서 [설정]을 클릭합니다.

② 이메일 주소 옆 〈채널 만들기〉를 클릭하고, [YouTube 계정 선택...] 창이 뜨면 〈채널 만들기〉를 클릭해 우선 자신의 이름으로 된 개인 채널을 개설합니다.

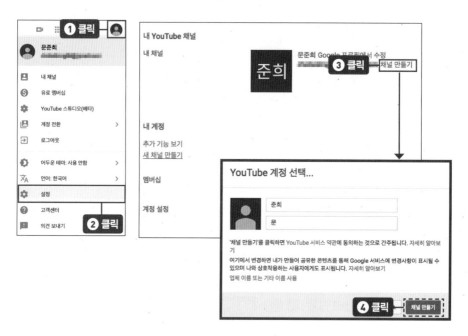

4 | 브랜드 계정 만들기

① 다시 유튜브 메인 화면에서 프로필 아이콘[●]→ [설정]을 클릭한 후, 화면에서 〈새 채널 만들기〉를 클릭합니다.

② '브랜드 계정 만들기'라는 화면이 뜨면 브랜드 계정 이름에 원하는 채널명을 입력하고 〈만들기〉를 누릅니다. 필자는 '왕초보유튜브부업왕'이라는 브랜드 계정을 만들어 보겠습니다.

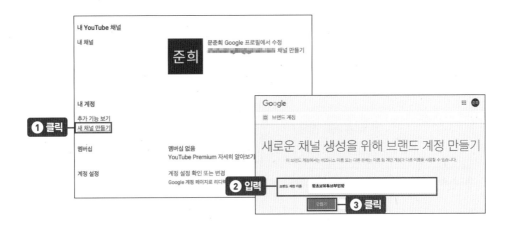

5 | 브랜드 계정 확인하기

브랜드 계정을 만들면 원래 내 이름으로 된 계정과는 별개로 유튜브 활동을 할 수 있습니다.

① 개인 계정 → 브랜드 계정 또는 브랜드 계정 → 개인 계정으로 변경하고 싶다면 유튜브 메인 페이지 우측 상단의 프로필 아이콘 [●]을 클릭하세요. 메뉴에서 [계정 전환]을 누르면 언제든지 계정을 오고갈 수 있습니다.

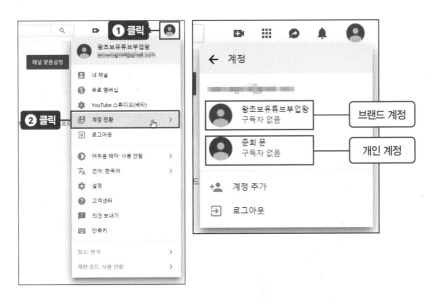

② 브랜드 계정을 클릭하여 계정을 전환합니다.

③ 프로필 아이콘 [●]을 클릭하면 나타나는 [내 채널]을 누릅니다. 화면이 전환되면서 '왕초보유튜브부업왕'이라는 채널이 생성된 것을 볼 수 있습니다.

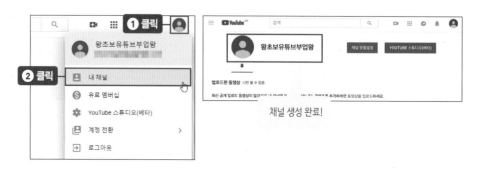

채널 생성 완료!

채널명을 바꾸고 싶어요!

브랜드 계정을 만들었는데 이름을 바꾸고 싶다면, 유튜브에 로그인한 다음 우측 상단 프로필 아이콘 [●] → [설정]에 들어가서 〈Google 프로필에서 수정〉을 선택합니다. 새 창이 뜨면서 채널 아이콘과 함께 내 채널명이 보이는데, 원하는 채널명으로 변경한 후 〈확인〉을 누르면 채널명이 변경됩니다. 단, 채널명 변경은 90일 동안 3번만 할 수 있으니 신중하게 변경하세요.

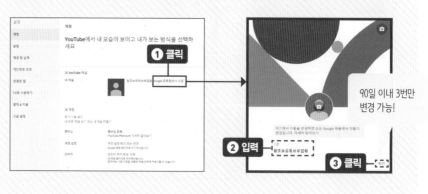

유튜브 계정 확인받기

이번에는 생성한 브랜드 계정을 확인받는 절차에 대해 알아보겠습니다. 유튜브를 운영할 때 필요한 추가 기능(섬네일, 장편 업로드, 실시간 스트리밍 등)은 계정을 확인받지 않으면 활성화되지 않아 사용할 수 없으므로 꼭 필요한 단계입니다.

1 │ 크리에이터 스튜디오 사용하기

'크리에이터 스튜디오'란 채널 구성, 동영상 관리, 팬과의 소통 등 유튜브 채널을 관리하는 관리자 모드를 가리킵니다. 최근 유튜브에서는 YouTube 스튜디오 베타버전을 운영 중이며 베타 테스트가 성공하면 앞으로는 YouTube 스튜디오를 주로 사용하게 될 것입니다.

① 프로필 아이콘[●]을 클릭하고 메뉴에서 [YouTube 스튜디오]를 클릭합니다.

② 화면이 바뀌면 좌측 하단 맨 끝에 있는 [크리에이터 스튜디오]를 클릭합니다. 창이 하나 뜨면 〈건너뛰기〉를 누릅니다.

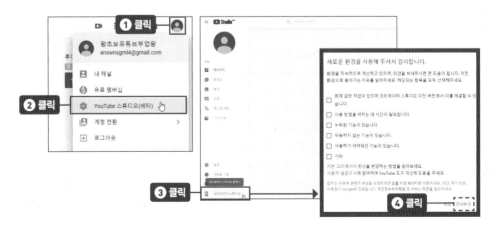

③ 화면이 바뀌면 좌측 메뉴에서 [채널]을 클릭합니다. 그러면 내 유튜브 채널에 적용된 다양한 기능들과 사용할 수 없는 기능들이 표시됩니다.

채널 상태와 기능을
확인할 수 있다.

tip

기본 크리에이터 환경 설정 바꾸기

YouTube 스튜디오 또는 크리에이터 스튜디오로만 채널을 관리하고 싶다면 [설정]에서 기본 크리에이터 환경을 변경할 수 있습니다.

[YouTube 스튜디오]로 먼저 들어간 뒤 좌측 하단의 [설정] → [일반]에서 기본 크리에이터 환경을 선택하면, 선택한 버전에 우선순위로 접속할 수 있습니다.

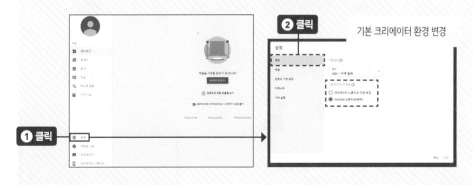

기본 크리에이터 환경 변경

2 | 유튜브 계정 확인받기

① [크리에이터 스튜디오] → [채널] → [상태 및 기능] 내 채널명 아래의 〈확인〉을 클릭하세요.

② '계정 확인(1/2단계)'에서 국가와 인증 코드를 입력합니다. 이때, 인증 코드 수신 방법으로는 '인증 코드를 문자 메시지로 전송'을 추천합니다. '자동 음성 메시지로 전화'는 수신 음질이 안 좋을 때도 있거든요.

③ 하단에 실제로 사용 중인 휴대폰 번호를 010-123-1234 형태로 입력하고 〈제출〉 버튼을 누릅니다.

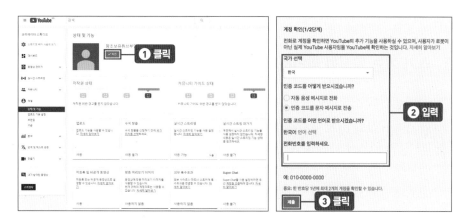

④ 계정확인(2/2단계)로 넘어가서 내가 입력한 휴대폰 번호로 전송된 6자리 인증 코드를 입력하고 〈제출〉을 누릅니다.

④-1 '인증 코드를 문자 메시지로 전송'을 선택했다면 휴대폰 문자의 6자리 숫자('Your Google verification code is 000000'의 마지막 6자리 숫자)를 입력합니다.

④-2 '자동 음성 메시지로 전화'를 선택했다면 전화로 들려주는 숫자 6자리를 입력합니다.

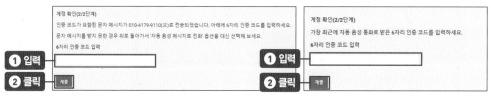

'인증 코드를 문자 메시지로 전송'한 경우   '자동 음성 메시지로 전화'한 경우

⑤ 6자리 숫자 코드를 맞게 입력했다면 계정이 확인되었다는 메시지가 뜹니다. 〈계속〉을 누릅니다.

3 | 추가 기능 활성화 확인하기

① [크리에이터 스튜디오] → [채널] → [상태 및 기능]으로 가면 내 채널 아래가 '인증됨'이라고 바뀐 것을 확인할 수 있습니다.

② 아래쪽 기능 목록에서 장편 업로드, 맞춤 미리보기 이미지, 외부 특수효과 등이 '사용'으로 바뀌었는지도 확인해 보세요.

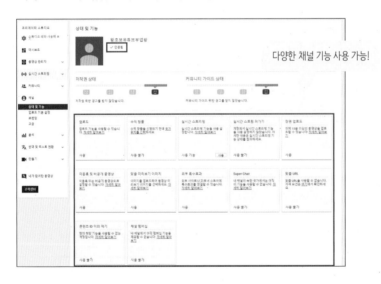

브랜드 계정에 관리자 추가하기

브랜드 계정에 연결된 채널에서는 여러 명의 사용자가 본인의 구글 계정을 관리할 수 있습니다. 브랜드 계정의 YouTube 채널을 관리하는 데는 별도의 사용자 이름이나 비밀번호가 필요하지 않습니다.

1 | 유튜브 계정에 접속하기

① 유튜브 오른쪽 상단에서 채널 아이콘 [●] → [계정 전환]을 눌러 관리자를 추가할 채널을 선택합니다.

② 다시 한번 채널 아이콘 [●] → [설정]을 클릭하여 채널 계정 설정으로 이동합니다.

2 | 관리자 추가하기

① 계정 설정 화면으로 전환되면 하단의 〈관리자 추가 또는 삭제〉를 클릭합니다.

② '브랜드 계정 세부정보' 페이지로 전환되면 사용자 옆의 〈권한 관리〉를 클릭합니다.

③ [권한 관리] 창이 뜨면 새 사용자 초대 아이콘 [+🖳]을 누릅니다.

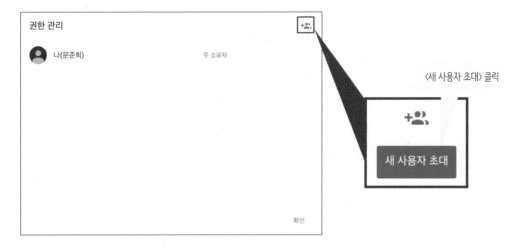

④ [새 사용자 추가] 창이 뜨면, 관리자로 추가할 사람의 이메일을 입력하고 '역할 선택'을 '관리자'로 선택한 후 하단의 〈초대〉를 누릅니다.

⑤ [권한 관리] 창에 '관리자(으)로 초대됨'이라고 표시됩니다. 메일을 받은 사람이 초대를 수락하면 본인의 구글 계정에서 채널에 액세스할 수 있습니다.

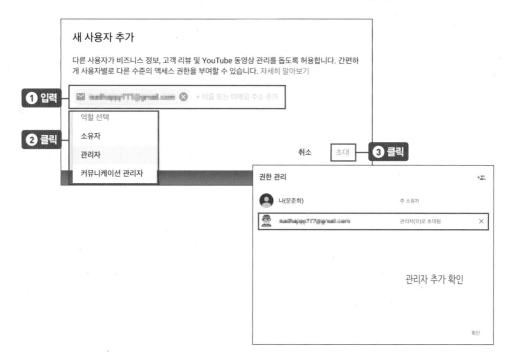

채널 사용자별 권한

- **소유자**: 대부분의 작업을 할 수 있으며, 계정 관리자를 제어합니다. 계정에는 한 명의 주 소유자가 있어야 합니다. 오직 브랜드 계정의 소유자만 다른 사용자에게 유튜브 채널 액세스 권한을 부여할 수 있고, 다른 사용자를 소유자 또는 관리자로 지정할 수 있습니다.
- **관리자**: 구글 포토에서 사진을 공유하고, 유튜브에 동영상을 게시하는 등 브랜드 계정을 지원하는 구글 서비스를 사용할 수 있습니다.
- **커뮤니케이션 관리자**: 관리자와 동일하게 작업할 수 있지만, 유튜브를 사용할 수는 없습니다.

유튜브 채널 브랜딩
– 채널 아트, 채널 아이콘

25

브랜딩이란 시청자에게 이미지를 각인시키는 것

앞에서 유튜브 채널과 브랜드 계정을 만들었으니, 이번에는 내 채널의 특징을 시청자들에게 인식시킬 수 있는 브랜딩 작업에 대해 배워보겠습니다. 브랜딩은 크게 내 채널의 간판이라고 할 수 있는 '채널 아트', 내 채널의 프로필이라고 할 수 있는 '채널 아이콘'을 만들어 시청자들에게 내 채널의 이미지와 정체성 등을 각인시키는 작업이라고 할 수 있습니다.

출처: 이사배

채널 아트의 적정 사이즈는 2560×1440px

채널 아트는 내 채널에 들어오면 상단 위에 넓게 보이는 화면입니다. PC 화면과 모바일 화면에서 각기 다르게 보입니다. 따라서 이를 고려하지 않고 채널 아트를 제작하면, PC와 모바일에서 표시되는 화면이 의도한 것과 다르게 보일 수 있습니다.

PC 화면의 채널 아트(출처: POWER MOVIE)

모바일 화면의 채널 아트
(출처: POWER MOVIE)

유튜브에서는 채널 아트의 적정 사이즈를 다음과 같이 권장하고 있습니다.

접속 기기별 채널 아트 적정 사이즈

채널 아트는 데스크톱, 모바일, TV 디스플레이에서 각기 다르게 표시되며, 이미지가 크면 잘릴 수도 있습니다. 모든 기기에서 이미지가 적절히 표시되게 하려면 2560×1440px 이미지를 하나만 업로드하는 것이 좋습니다.

- **업로드할 수 있는 최소 크기**: 2048×1152px
- **텍스트 및 로고를 넣을 수 있는 최소 안전 영역**: 1546×423px. '안전 영역'은 화면 크기에 관계없이 항상 표시됩니다. 여기에서 벗어나면 특정 보기 또는 기기에서 잘릴 수도 있습니다.
- **업로드할 수 있는 최대 너비**: 2560×423px. 채널 아트의 양쪽 끝부분이 브라우저 크기에 따라 잘릴 수도 있습니다.
- **파일 이미지 크기**: 6MB 이하

유튜브의 가이드 라인에 따른 채널 아트 만들기는 242쪽에서 자세하게 다루겠습니다.

채널 아이콘의 적정 사이즈는 800×800px

채널 아이콘은 채널 아트보다 노출되는 빈도수가 더 많습니다. 그런 만큼 시청자들에게 내 채널의 정체성 및 이미지를 각인시키는 데 큰 역할을 합니다.

PC 화면의 채널 아이콘(출처: 수다쟁이쭌)

모바일 화면의 채널 아이콘(출처: 수다쟁이쭌)

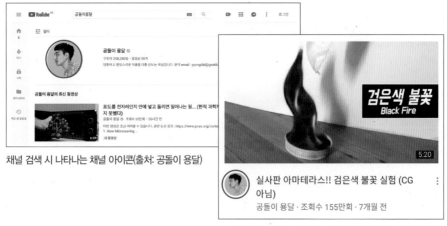

채널 검색 시 나타나는 채널 아이콘(출처: 공돌이용달)

모바일 영상 목록에 나타나는 채널 아이콘(출처: 공돌이 용달)

유튜브에서 제공하는 채널 아이콘의 가이드 라인은 다음과 같습니다.

새 채널 아이콘을 만들 때 다음과 같은 권장 가이드라인을 참고하세요. 유명 인사, 과
도한 노출, 예술작품 또는 저작권 보호 이미지가 포함된 사진은 YouTube의 커뮤니티
가이드에 위배되므로 업로드하지 마시기 바랍니다.

- JPG, GIF, BMP 또는 PNG 파일(애니메이션 GIF 제외)
- 800×800px 이미지(권장)
- 98×98px로 렌더링되는 정사각형 또는 원형 이미지

채널 아이콘은 98×98px의 정사각형 또는 원형 이미지로 보이지만, TV나 다른 기
기에서 시청할 경우를 위해 유튜브에서는 채널 아이콘 사이즈를 800×800px로 권장
합니다. 채널 아이콘을 유튜브 가이드 라인에 맞춰 만드는 것 역시 238쪽에서 자세히
다루겠습니다.

무료 사이트 활용해 채널 아이콘 만들기

채널 아이콘을 설정하는 방법으로는 이미지나 사진 등을 올리는 방법, 자신을 닮은
아바타나 채널 로고 등을 직접 제작해서 올리는 방법 등이 있습니다. 다음과 같은 무
료 로고, 아바타 제작 사이트를 활용하면 채널 아이콘을 쉽게 만들 수 있지요.

① 온라인로고메이커(kr.onlinelogomaker.com)

유료 사이트지만, 저화질(300×300px)의 경우에는 무료로 제작할 수 있습니다. 수많은 템플릿과 소스를 제공하며 초보자들도 쉽게 채널 아이콘을 만들어 볼 수 있습니다.

온라인로고메이커 메인 화면

② 아바타메이커(avatarmaker.com)

성별 선택부터 눈, 코, 입까지 본인의 취향대로 나만의 아바타를 제작해 볼 수 있습니다. 무료로 운영되는 사이트입니다.

아바타메이커 메인 화면

③ 페이스유어망가(faceyourmanga.com)

다양한 캐릭터를 꾸밀 수 있고, 인터페이스가 쉬워서 초보자들도 간편하게 채널 아이콘을 제작할 수 있습니다.

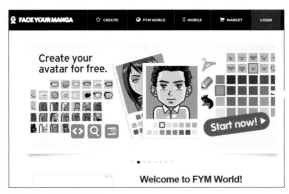

쉬운 인터페이스가 강점!

페이스유어망가 메인 화면

채널 아이콘 자체 제작하기

포토샵 또는 픽슬러를 사용해 800×800px로 원하는 이미지를 사용하거나 직접 그려서 채널 아이콘을 제작합니다. 그런 다음 유튜브 채널 아이콘 가이드라인에서 허용하는 확장자(JPG, GIF 등)로 저장하면 됩니다.

픽슬러나 포토샵을 이용해
자체적으로 아이콘 제작 가능!

아바타메이커로 채널 아이콘 만들기

로고 제작 사이트 중에서 아바타메이커를 이용해 함께 로고를 제작, 적용해 보겠습니다.

1 | 아바타메이커에 접속하기

1 아바타메이커 사이트(avatarmaker.com)에 접속합니다.

2 메인 화면에 보이는 두 성별 중 하나를 선택합니다.

2 | 세부 형태 지정하기

1 원하는 성별을 선택하면 기본 형태의 아바타가 등장합니다.

② 얼굴, 눈, 헤어, 옷 등 원하는 모양을 클릭해서 나만의 아바타를 제작해 보세요.

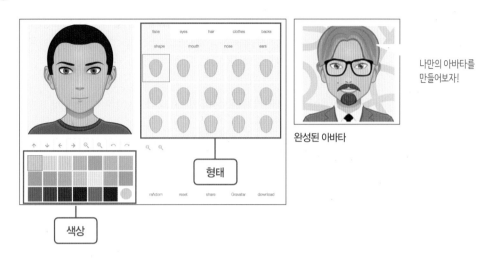

색상

형태

나만의 아바타를
만들어보자!

완성된 아바타

3 │ 제작한 아이콘 다운로드하기

① 제작이 끝나면 하단의 [download] → [png-400×400]을 선택해 파일을 다운로드
   하세요. 유튜브 가이드 권장 사항은 800×800px 사이즈이지만, 400×400px로 제
   작해도 PC 또는 모바일에서 확인했을 때 큰 이상이 없습니다.

② PC의 저장 경로에서 다운로드한 파일을 확인합니다.

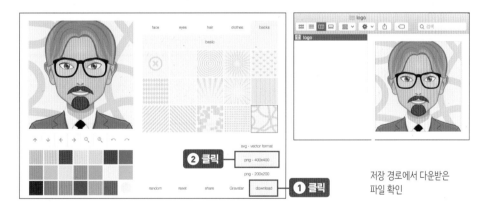

저장 경로에서 다운받은
파일 확인

여기서는 앞서 아바타메이커에서 제작한 아바타를 채널 아이콘에 적용해 보겠습니다. 여러분이 직접 만든 로고나 이미지 등을 적용하는 과정도 똑같으니 함께 따라해 보세요.

1 | 유튜브 접속하기

① 유튜브(youtube.com)에 접속한 후 프로필 아이콘[●] → [내 채널]을 클릭합니다.

② 내 채널 아이콘 위에 마우스를 가져다 대면 카메라 모양의 수정 아이콘(◎)이 나타납니다. 수정 아이콘을 클릭한 후 [채널 아이콘 수정] 창에서 〈수정〉을 클릭합니다.

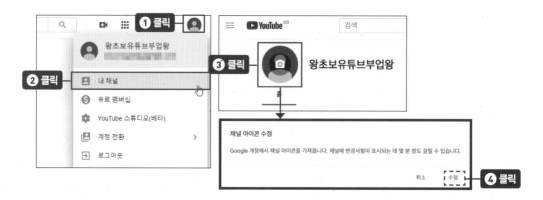

2 | 제작한 아이콘 이미지 지정하기

① 화면이 바뀌면서 [사진 선택] 창이 자동으로 열리는데, 〈사진 업로드〉를 눌러 앞에서 제작한 아바타 파일을 선택합니다.

② 채널 아이콘 사이즈 조정 창이 뜨는데 별 이상이 없다면 상단의 〈완료〉를 누르세요.

③ 채널 아이콘 로고가 바뀌었습니다. 다시 유튜브 [내 채널]로 가서 변경된 채널 아
이콘을 확인해 보세요.

채널 아이콘 영역 조정하기

채널 아이콘으로 사용할 이미지가 정사각형이 아니
라면 [사이즈 조정] 창에서 노출 영역을 조절할 수
있습니다. 활성화된 영역의 모서리를 마우스로 드래
그하여 좌우로 움직이면 채널 아이콘으로 삼을 부분
을 지정할 수 있습니다.

모서리를 드래그하여
노출할 영역을 지정할 수 있다

파워포인트로 채널 아트 만들고 적용하기

필자는 채널 아이콘과 어울리는 채널 아트를 파워포인트로 간단하게 제작하겠습니다. 간단한 배경이 아니라 사진이나 이미지 등을 채널 아트로 적용할 수도 있습니다. 채널 아트로 쓸 이미지를 이미 가지고 있는 분들은 247쪽의 5단계부터 보세요.

출처: 수다쟁이쭌

출처: Soy ASMR

1 | 유튜브에서 '채널 아트 템플릿' 다운로드하기

① 유튜브(youtube.com)에 접속한 후 채널 아이콘 [🐱] → [내 채널]을 클릭합니다.

② 상단의 〈채널 맞춤설정〉을 누릅니다.

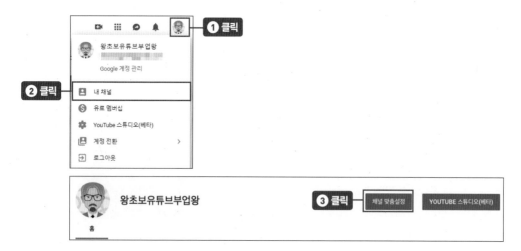

③ 〈채널 아트 추가〉를 누릅니다.

④ [채널 아트] 창이 뜨면, 하단의 〈채널 아트 만드는 방법〉을 클릭합니다.

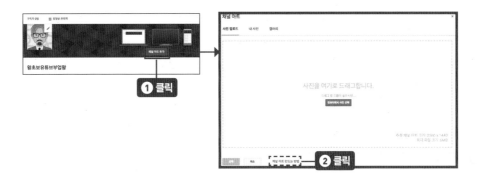

⑤ 화면이 바뀌면 스크롤을 내려 '이미지 도움말 및 가이드라인'을 찾습니다.

⑥ [이미지 크기 및 파일 가이드라인] 탭을 열고, 파란 글씨로 된 〈Channel Art Templates〉를 클릭해 파일을 다운로드하세요. 그런 다음 다운로드한 경로로 가서 압축파일을 풀어줍니다.

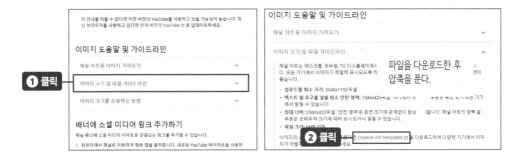

2 | 파워포인트 크기 설정하기

필자는 파워포인트 2019 버전을 사용하여 작업했습니다. 버전과 작업 환경에 따라 조금씩 차이가 있을 수도 있지만, 기본적인 기능만을 사용했으니 어렵지 않게 따라할 수 있을 거예요.

① 파워포인트를 실행하고 [새 프레젠테이션]을 클릭합니다.

② 제목과 부제목 창을 선택한 후, Back Space 또는 Delete 키를 눌러 지웁니다.

③ 상단 메뉴에서 [디자인] → [슬라이드 크기] → [사용자 지정 슬라이드 크기]를 클릭합니다.

④ 작업창이 뜨면 슬라이드 크기에 너비 67.73cm, 높이 38.1cm(2560×1440px)로 변경한 후 〈확인〉을 누릅니다.

⑤ 크기 조정을 묻는 창이 뜨면 〈맞춤 확인〉을 클릭합니다.

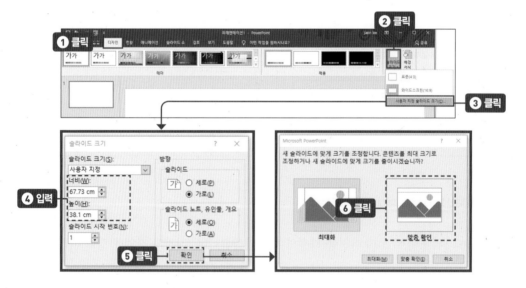

3 | 파워포인트로 채널 아트 만들기

① 상단 메뉴에서 [삽입] → [그림]을 누릅니다.

② 앞에서 다운로드한 유튜브 채널 아트 템플릿에서 'Channel Art Template
(Fireworks).png'를 더블 클릭해 불러옵니다.

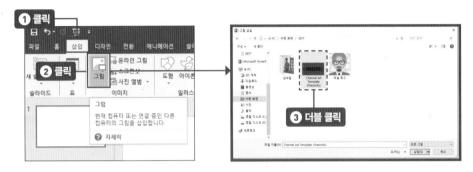

③ 상단 메뉴에서 [삽입] → [그림]을 눌러 '아바타메이커'에서 만든 채널 아이콘 로고
파일을 불러옵니다.

④ TEXT AND LOGO SAFE AREA 안의 원하는 위치에 로고를 배치합니다.

⑤ 로고 배치가 끝나면 슬라이드 화면에 있는 Channel Art Template 이미지를 클릭
한 후 Back Space 또는 Delete 키를 눌러 지웁니다.

⑥ 상단 메뉴에서 [삽입] → [텍스트 상자] → [가로 텍스트 상자 그리기]를 누른 후, 로고 옆에 원하는 문구 또는 채널명을 적습니다. 이때 영역을 벗어나면 기기에 따라 글자가 잘 안 보일 수도 있으므로 TEXT AND LOGO SAFE AREA영역을 고려하여 텍스트를 입력합니다.

⑦ 상단 [홈] 글꼴 서식 변경 기능을 통해 글꼴 크기와 종류 등을 변경할 수 있습니다.

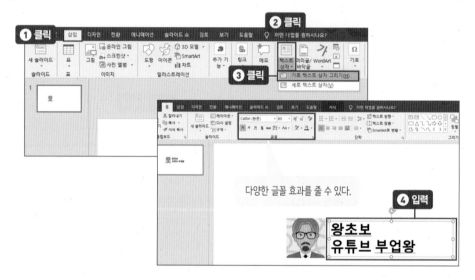

⑧ 하얀색 배경 위에서 마우스 오른쪽을 누른 후 [배경 서식]을 클릭합니다.

⑨ 오른쪽의 '배경 서식'에서 [단색 채우기], [그라데이션 채우기] 등 원하는 효과를 선택한 후 하단의 〈모두 적용〉을 클릭합니다. 필자는 그라데이션 채우기를 적용해 보았습니다.

246

4 | 채널 아트 저장하기

① 작업이 끝나면 상단 메뉴에서 [파일] → [저장](Ctrl + S) 또는 [다른 이름으로 저장] (Ctrl + Shift + S) → [찾아보기]를 눌러 저장할 경로를 지정합니다.

② 파일 이름을 입력하고 원본(파일 형식: PowerPoint 프레젠테이션)을 먼저 〈저장〉합니다. 원본 파일로 보관하면 추후 수정할 때 편리합니다.

③ 다시 [파일] → [다른 이름으로 저장]을 누릅니다. 이번에는 파일 형식을 'PNG 형식' 으로 바꾸고, 원본을 저장한 위치와 같게 경로를 설정한 뒤 〈저장〉을 누릅니다.

④ 내보낸 경로로 가면, 작업한 채널 아트 파일을 확인할 수 있습니다.

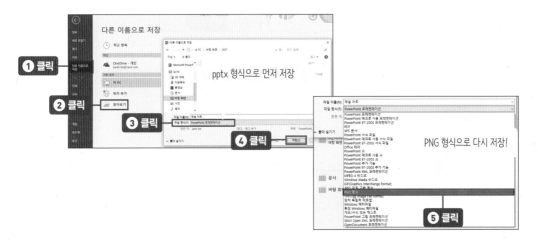

5 | 유튜브에 채널 아트 적용하기

① 유튜브에 접속한 후 [내 채널]로 이동하여 〈채널 아트 추가〉를 클릭합니다.

② [채널 아트] 창에서 〈컴퓨터에서 사진 선택〉을 클릭한 다음, 작업한 폴더에 있는 채널 아트 이미지 파일을 불러옵니다.

247

③ 각 기기에서 보이는 이미지에 문제가 없다면, 하단의 〈선택〉을 눌러서 채널 아트를 적용하세요.

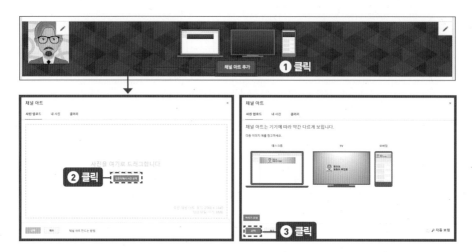

④ 아래 이미지처럼 채널 아트가 적용된 것을 볼 수 있습니다.

채널 아트 적용 완료!

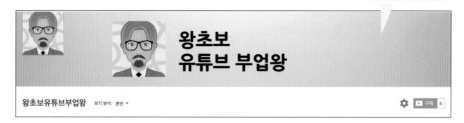

조회 수 Up!
영리하게 동영상 올리기

26

동영상, 업로드가 끝이 아니다!

결국 유튜브 운영에서 가장 중요한 것은 영상을 꾸준히 제작해 업로드하는 것입니다. 그러려면 영상을 업로드하는 방법을 알아야겠죠? 유튜브에 동영상을 업로드하는 과정은 다음의 4단계로 나뉩니다.

■ 올리기 4단계 과정 ■

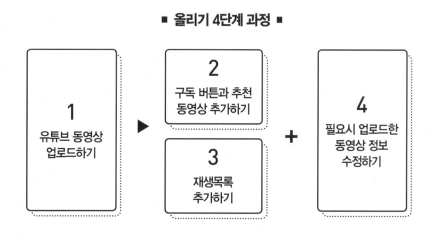

조회 수 높이고 시청 시간 늘리는 업로드 방법

유튜브에 동영상을 업로드만 하면 되는데 무슨 단계가 이렇게 많은지 궁금하실 겁니다. 그 이유는 단순히 동영상만 올리고 끝이 아니라, 내 채널에 쌓인 동영상을 잘 관리해서 시청 시간이 늘어나도록 유도하는 과정이 반드시 필요하기 때문이에요.

먼저 **동영상의 최종 화면 부분에 〈구독〉 버튼과 추천 동영상을 추가해야 합니다.** 유튜브를 보다 보면 영상의 최종 화면 부분에 내가 시청한 영상과 비슷한 주제의 영상을 이어볼 수 있는 추천 동영상과 해당 유튜브 채널의 구독을 요청하는 〈구독〉 버튼이 떠있는 것을 많이 봤을 것입니다.

최종 화면 〈구독〉 버튼(출처: 수다쟁이쭌)   최종 화면 추천 동영상(출처: 크리에이터 쟌느)

유튜브에서는 동영상이 끝나기 20초 전부터 5초 전까지 추천 동영상과 〈구독〉 버튼을 삽입해 시청자들의 잔류 시간을 늘이고, 구독자를 확보할 수 있도록 채널 운영에 도움을 주고 있습니다. 〈구독〉과 추천 동영상 외에도 재생목록, 다른 채널 링크, 웹사이트 주소 링크 등을 최종 화면에 삽입할 수 있죠.

앞에서 구독자 수 1,000명, 1년 동안 4,000시간의 시청 시간을 달성해야만 YouTube 파트너(YPP)가 되어서 광고 수익을 얻을 수 있다고 했습니다. 시청 시간을 늘리려면 내 채널에서 동영상 하나만 보고 빠져나가는 것이 아니라, 내 채널의 다른 동영상까지 연달아 시청하게 만드는 것이 중요합니다. 그러려면 **비슷한 분야의 영상**

들을 묶어서 재생목록을 만드는 방법을 알아야 합니다.

채널 'Soy ASMR'의 재생목록

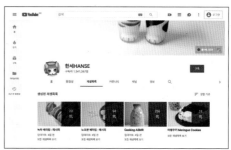

채널 '한세'의 재생목록

마지막으로 영상을 업로드할 때 실수로 제목과 내용을 잘못 적거나, 혹은 다른 여러 이유로 제목과 내용을 수정해야 하는 경우가 있습니다. 그럴 때를 대비해 유튜브에 이미 업로드한 영상의 정보를 수정할 수 있는 방법도 알아야겠지요.

그럼 이제부터 어떻게 해야 영리하게 동영상을 올릴 수 있는지, 그 과정을 하나하나 알아보겠습니다. 먼저 유튜브에 동영상 올리기부터 시작합니다.

섬네일의 적정 용량은 2MB!

섬네일은 용량이 2MB가 넘어가면 업로드되지 않으니 용량을 확인해야 합니다. 용량 확인은 파일 속성에서 할 수 있습니다. 1280×720px 사이즈로 작업해 JPG나 PNG로 출력하면 웬만해서는 용량이 2MB를 넘지 않습니다. 만약 용량을 초과했다면 파워포인트, 픽슬러(포토샵) 등에서 저장할 때 화질을 조금 낮추거나, 알씨 등의 이미지 뷰어에서 화질을 조정하면 용량을 줄일 수 있습니다.

1 | PC에서 내가 만든 영상과 섬네일 확인하기

① 작업 폴더에서 영상 파일과 섬네일 파일에 이상이 없는지 먼저 확인합니다.

② 영상이 이상 없이 실행되고 섬네일 파일이 제대로 보인다면 드디어 유튜브에 올릴 차례입니다.

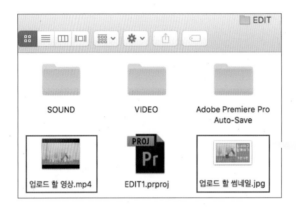

유튜브에 올리기 전
파일에 이상이 없는지 확인!

2 | 유튜브에 영상 업로드하기

① 크롬을 실행해 유튜브에 로그인한 후, 우측 상단의 동영상 또는 게시물 만들기 아이콘 [🎥] → [동영상 업로드]를 선택합니다.

② '업로드할 파일을 선택' 또는 화살표 그림 위에 마우스를 가져다 대면 화살표 색이
붉게 변하는 것을 확인할 수 있습니다. 화살표를 클릭합니다.

③ 영상을 저장한 경로로 가서 업로드할 영상을 클릭해 불러옵니다.

④ 영상 업로드 화면으로 바뀌면 제목과 설명, 태그를 입력하세요.

메타데이터 = 속성정보!

영상을 올리기 전 입력해야 하는 제목, 설명, 태그를 메타데이터(Metadata)라고 부르기도 합
니다. 메타데이터란 속성정보라고도 하며, 수많은 정보 중 내가 원하는 정보를 효율적으로
찾아내기 위해 일정한 규칙에 따라 콘텐츠에 부여되는 데이터를 말합니다. 이 메타데이터
를 잘 활용하면 조회 수와 시청 시간을 늘릴 수 있습니다. 자세한 내용은 〈다섯째마당〉 31
장을 참고하세요.

⑤ 아래쪽으로 스크롤을 내리면 〈맞춤 미리보기 이미지〉가 보입니다. 앞서 언급했듯이 이것은 유튜브의 섬네일을 가리킵니다. 〈맞춤 미리보기 이미지〉를 클릭하여 내가 만든 섬네일을 불러오세요.

⑥ 섬네일이 적용되면 아래와 같이 변경된 〈맞춤 미리보기 이미지〉가 적용됩니다.

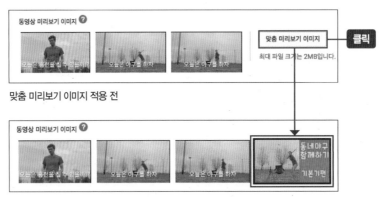

맞춤 미리보기 이미지 적용 전

맞춤 미리보기 이미지 적용 후

⑦ 화면 상단으로 스크롤을 올려 〈게시〉를 클릭한 후, [내 채널]에 들어가면 동영상이 업로드된 것을 확인할 수 있습니다.

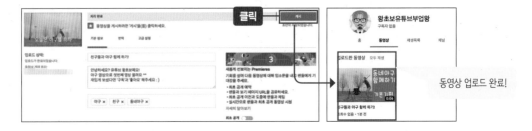

〈맞춤 미리보기 이미지〉가 보이지 않아요!

〈맞춤 미리보기 이미지〉가 보이지 않는 이유는 유튜브 계정을 확인받지 않았기 때문입니다. 225쪽을 참고하여 유튜브 계정을 확인받으세요. 계정이 확인되면 15분 이상 장편 영상 업로드는 물론 수익 창출 등 다양한 기능을 이용할 수 있습니다.

스마트폰에서 동영상 업로드하기

유튜브 앱을 이용하면 스마트폰에서도 바로 영상을 업로드할 수 있습니다. iOS 기반의 아이폰은 앱 스토어, 안드로이드 기반의 갤럭시 등은 플레이 스토어에서 '유튜브'라고 검색하면 유튜브 앱을 다운로드할 수 있습니다.

아이폰은 앱 스토어에서

iOS

안드로이드는
플레이 스토어에서

안드로이드

PC와 똑같이 유튜브 앱에서 상단의 영상 업로드 아이콘 [■]을 터치하면, 영상을 처음 올릴 경우 다음과 같은 화면이 뜹니다. 파란색 〈액세스 허용〉을 누르고 카메라, 마이크 등의 접근을 허용하면 영상을 업로드할 수 있는 화면이 나타납니다. 스마트폰으로 즉시 촬영한 영상 파일과 저장된 영상 파일을 곧바로 업로드할 수 있습니다.

처음 업로드 시 화면

자르기 기능

필터 기능

음악 추가 기능

스마트폰으로 영상을 업로드할 때도 간단한 편집 기능이 자체적으로 제공됩니다. 그러나 편집, 필터, 음악 등 아주 기본적인 기능만 제공되므로 스마트폰으로 업로드하는 경우는 거의 없는 편입니다.

단, 1주 이상 장기 여행을 가는 등 장기간 유튜브에 영상을 올리지 못하는 상황에서는 시청자들에게 유튜버의 소식을 알리기 위해 사용하기도 합니다. 이때 유튜브의 예약 기능을 활용하면 시간에 맞춰 영상이 공개되도록 설정할 수 있습니다. 자세한 내용은 256쪽을 참고하세요.

업로드는 규칙적으로, 처음엔 비공개로! – 예약, 비공개 기능 활용법

동영상 업로드를 규칙적으로 해야 하는 이유

유튜버가 시청자들과 꾸준히 소통하며 친밀감을 형성해야 평균 조회 수와 좋아요 그리고 시청 시간이 늘어납니다. 규칙적으로 정해진 시간에 영상이 올라오면 시청자는 그 시간에 맞춰 유튜버의 새로운 영상을 기다리기 때문에 좀 더 빠른 속도로 채널이 성장할 수 있습니다.

예를 들어 매주 2개씩 수, 금 오후 6시에 동영상을 업로드하겠다고 마음먹었다면, 시청자들에게 채널 아트나 채널 정보 등을 통해 이를 알리고 그 시간에 꾸준히 영상을 올리는 것이죠. 미리 영상을 작업해두고 예약 기능을 활용해 시간을 설정해두어도 좋습니다.

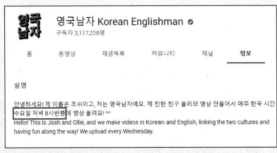

매주 수요일 저녁 8시 30분에 영상을 올리는 채널 '영국남자'

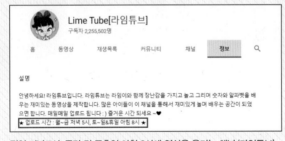

평일 저녁 5시, 주말 및 공휴일 아침 8시에 영상을 올리는 채널 '라임튜브'

동영상 업로드(게시 시간) **예약하기**

유튜브의 예약 기능을 사용하면 비공개 동영상을 특정 시간에 공개하도록 할 수 있습니다. 업로드할 때 공개 설정 메뉴에서 [예약]으로 설정하면 영상을 게시할 날짜, 시간, 어느 국가의 시간을 기준으로 할 것인지를 선택할 수 있지요. 예약을 걸어두면 예약한 시간이 될 때까지 동영상이 비공개로 유지됩니다. 단, 스마트폰으로 업로드할 때는 예약 게시를 할 수 없으므로, 비공개로 업로드한 다음 나중에 직접 공개로 전환해야 합니다.

동영상 업로드는 우선 비공개로 하는 것이 좋다?!

동영상을 업로드할 때는 우선 '비공개'로 하는 것을 추천합니다. 비공개로 업로드 시 제목과 내용, 섬네일 등에 오타나 오류가 있는지 먼저 확인할 수 있고, 영상 자체에 문제가 생기더라도 시청자에게 알림이 가지 않아 삭제하고 다시 올릴 수 있기 때문입니다. 또한, 비공개로 올려도 추후에 '공개'로 전환하면 그 순간 시청자들에게 알림이 가기 때문에 사전에 미리 점검할 수 있다는 장점이 있습니다.

유튜브에서는 영상을 업로드하면 360p 등의 저화질부터 인코딩되어 제공되다가 점차 화질이 올라갑니다. 바로 공개 형태로 업로드하면 초반에 온 시청자들은 낮은 화질의 영상을 시청하게 되죠. 따라서 비공개로 올리고 나서 시간이 조금 지난 후에 공개로 전환하면 시청자들이 처음부터 고화질 영상을 시청할 수 있습니다.

최종 화면에 〈구독〉 버튼과 추천 동영상 추가하기

1 | 〈구독〉 버튼과 추천 동영상 공간 확인하기

〈셋째마당〉 180쪽에서 영상을 편집할 때, 〈구독〉 버튼과 추천 동영상을 넣기 위해 끝부분에 이미지와 자막이 10초 이상 들어갈 곳을 남겨두자고 한 것, 기억나시나요? 이제 그 최종 화면을 활용할 시간입니다. **최종 화면은 25초 이상의 동영상에만 추가할 수 있습니다.**

먼저 직접 만든 영상 끝에 〈구독〉 버튼과 추천 동영상이 들어갈 만한 공간과 시간이 확보되었는지 확인해 보세요.

> 최종 화면에 〈구독〉 버튼과 추천 동영상을 추가하자!

2 | 업로드한 동영상 최종 화면에 요소 추가하기

① [YouTube 스튜디오] → [동영상] 화면을 열어 최종 화면을 추가할 동영상을 선택하고, 왼쪽 메뉴의 [편집기]를 클릭하세요.

② '간편하게 수정하세요'라는 화면이 나오면 아래쪽의 파란색 〈시작하기〉를 누릅니다.

③ 화면이 바뀌면 아래쪽에 있는 〈최종 화면 추가〉를 클릭합니다.

④ [최종 화면 추가] 창이 뜨면 원하는 최종 화면의 템플릿 양식을 선택한 후, 하단의
〈적용〉을 누르세요.

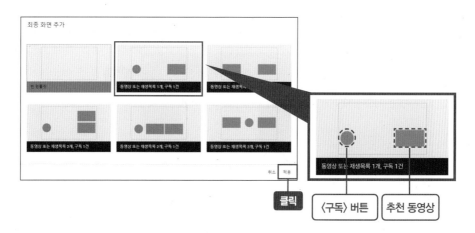

⑤ 하단의 편집 타임라인에 〈구독〉 버튼과 동영상 소스가 배치되고, 우측 상단의 최
종 화면에는 〈구독〉 버튼과 〈최근 업로드된 동영상〉의 위치가 표시됩니다.

⑥ 하단의 편집 타임라인에서는 최종 화면이 시작될 시간을 조절할 수 있습니다. 우측 상단의 최종 화면에서는 〈구독〉 버튼과 〈최근 업로드된 동영상〉을 마우스로 드래그하여 원하는 위치로 조절할 수 있습니다.

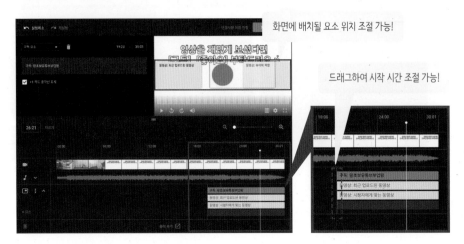

⑦ 다 되었으면 상단의 〈저장〉을 클릭합니다.

동영상 요소별 특징

[시청자에게 맞는 동영상]을 선택하면, 유튜브 알고리즘이 시청자의 성향을 파악한 후 내 유튜브 영상 중 자동으로 추천 동영상을 배치합니다. [최근 업로드된 동영상]을 선택하면 내 유튜브 영상 중 가장 최근에 업로드된 영상이 배치됩니다. [특정 동영상 선택]을 선택하면 내가 직접 선택한 특정 영상만 최종 화면에 계속 나옵니다.

3 │ 최종 화면 요소 변경하기

① 〈최종 화면 추가〉에서 적용한 요소를 바꾸고 싶다면, 그 요소를 클릭한 후 미리보기 화면 옆쪽에서 설정을 변경할 수 있습니다.

② 이때 다른 요소를 추가하고 싶다면 요소들 아래 빈 공간에 마우스를 가져다 대세요. 그러면 ➕ 모양으로 변하는데 클릭하면 [동영상], [재생목록], [구독], [채널] 중 원하는 요소를 선택할 수 있습니다. 이 중 [링크]는 구독자 수 1,000명과 연간 시청 시간 4,000시간을 달성한 YouYube 파트너 프로그램 회원만 사용할 수 있습니다. [동영상]을 누릅니다.

③ [친구들과 야구 함께하기] 동영상 요소가 추가되고 [최근 업로드된 동영상], [시청자에게 맞는 동영상], [특정 동영상 선택] 중 선택할 수 있습니다. 세 가지 중 특정 동영상을 제외하고는 한 번씩만 추가할 수 있습니다.

④ 특정 동영상을 선택하면 [특정 동영상 선택] 창이 뜨고 직접 영상을 선택할 수 있습니다. 원하는 영상을 클릭하여 불러온 후 최종 화면에서 드래그하여 위치를 조절해 주세요.

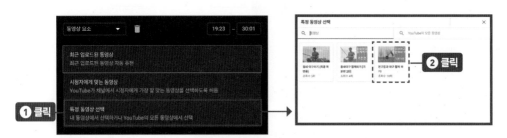

⑤ 〈최종 목록 추가〉를 누르지 않고도 펼치기 [▼] → 〈+요소〉를 통해 [동영상], [재생목록], [구독], [채널], [링크] 등의 요소를 추가할 수 있습니다.

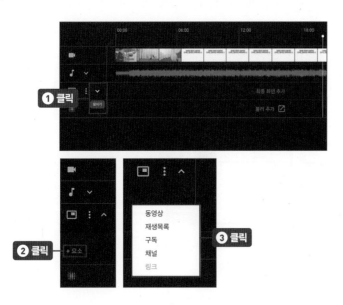

도전유튜버

유튜브 채널에서 재생목록 만들기

1 | 재생목록 만들기

① 유튜브에 접속해 로그인한 후, 오른쪽 상단의 채널 아이콘[👤]→[내 채널]로 이동하세요.

② 〈채널 맞춤설정〉을 클릭해 채널의 추가 기능을 활성화합니다.

③ 채널 메뉴 중 [재생목록] 탭을 클릭한 후 〈+새 재생목록〉을 클릭하세요.

④ 재생목록으로 지정하고 싶은 이름을 적은 후 〈만들기〉를 누르세요. 재생목록의 이름을 만들면 그때부터 유튜브 검색창을 통한 키워드 검색결과에도 노출됩니다.

2 | 재생목록 수정하기

① 화면이 전환되면 재생목록이 생성된 것을 확인할 수 있는데, 아직은 영상이 하나도 없을 것입니다. 〈수정〉을 누르세요.

② 화면이 전환되면 오른쪽의 〈동영상 추가〉를 누르세요.

③ 상단 메뉴 중 [내 YouTube 동영상] 탭을 클릭하고 원하는 영상을 모두 선택한 후, 아래쪽에 〈동영상 추가〉를 클릭하세요.

④ 재생목록에서 〈설명 추가〉를 클릭하면, 재생목록의 설명을 입력할 수 있습니다.

⑤ 〈재생목록 설정〉을 클릭하면 영상의 정렬 순서도 설정할 수 있습니다. [직접]으로 선택하면 수동으로 영상 위치를 바꿀 수 있지요.

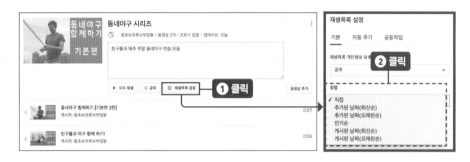

⑥ [재생목록 설정] 창에서 [자동 추가] 기능을 활용하면 태그, 제목 키워드 또는 설명 키워드를 기준으로 동영상에 적용할 규칙을 정의할 수 있습니다. 새로 업로드한 동영상 중 기준을 충족하는 동영상이 있으면 재생목록에 자동으로 추가됩니다.

⑦ 재생목록 설정에서 [공동작업] 기능을 사용하면 여러 사람이 내 재생목록에 동영 상을 추가할 수 있습니다. 이 옵션을 켜면 재생목록 링크를 생성할 수 있고, 링크 를 공유한 모든 사용자가 재생목록에 동영상을 추가하거나 추가한 동영상을 삭제 할 수 있습니다.

3 | 재생목록 적용하기

① 재생목록을 만든 후 새로운 영상을 업로드할 때 뜨는 업로드 창에서 〈재생목록에 추가〉를 누르면 재생목록을 선택할 수 있어요.

② 원하는 재생목록을 선택하면 새로운 영상이 업로드되는 동시에 선택한 [재생목록]에도 자동으로 영상이 추가됩니다.

재생목록이란?

내가 업로드한 동영상(다른 채널의 동영상도 가능)으로 만들 수 있는 동영상 콜렉션입니다. 재생목록을 사용하면 내가 올린 동영상을 특정 주제별로 그룹화할 수 있어서 시청자가 원하는 영상을 더 빨리 찾을 수 있습니다.

재생목록도 검색결과 및 추천 동영상에 표시되므로 유튜버는 주제에 따라 재생목록을 만들기도 하고, 시리즈를 기획해 새로운 에피소드를 계속 업로드하기도 합니다. 재생목록을 잘만 활용하면 시청자가 좋아하는 콘텐츠를 추가로 소개하고, 내 채널의 창의성과 개성을 뽐내는 것은 물론 시청 시간도 늘릴 수 있습니다.

출처: Soy ASMR

도전유튜버

채널 홈에 재생목록 추가하기

1 | 내 채널에 [단일 재생목록] 추가하기

① 내 채널에 들어와 〈채널 맞춤설정〉을 누르면 보이는 화면의 상단 메뉴 중 [홈] 탭을 누르세요. 화면이 바뀌면 하단의 〈+섹션 추가〉를 클릭합니다.

② 그런 다음 [콘텐츠 선택]을 눌러서 [단일 재생목록]을 선택하세요.

2 | 재생목록에 동영상 추가하기

① '재생목록 선택'에서 [내 재생목록]을 누른 후, [재생목록 찾기]를 열어서 내가 생성한 재생목록을 선택합니다

② 그러면 아래쪽에 미리보기가 활성화되면서 재생목록에 포함된 동영상이 보이는데, 이상이 없으면 〈완료〉를 누르세요.

267

3 | 홈에서 추가된 재생목록 확인하기

① 채널 홈으로 이동하면 '업로드한 동영상' 아래에 새로 만든 재생목록이 떠 있는 게 보입니다. 영상을 꾸준히 올리면서 분야별로 재생목록을 생성하고, 이런 식으로 하나씩 추가해 나가세요.

채널 홈에 재생목록이 추가된 것을 확인할 수 있다!

② 263쪽에서처럼 단순히 재생목록을 만들기만 하면 [재생목록] 탭에 들어가야만 만든 재생목록을 확인할 수 있습니다. 채널 홈에 '섹션 추가'를 해야 [홈] 탭에서도 재생목록을 확인할 수 있죠. 일반적으로 시청자는 채널에서 [홈] 탭만 보기 때문에 '섹션 추가'는 반드시 하는 것이 좋습니다.

섹션 추가를 하지 않으면
[재생목록] 탭에서만 재생목록 확인 가능

[홈] 탭에도 재생목록을 추가해야 시청자가 쉽게 확인 가능!

도전유튜버

유튜브 동영상 수정하기 – 제목, 설명, 태그, 섬네일

1 | 동영상 세부정보 수정하기

① 유튜브에 접속한 후 오른쪽 상단의 채널 아이콘 [👤] → [YouTube 스튜디오]를 클릭합니다.

② [동영상]을 클릭한 후 오른쪽에 영상 목록이 뜨면 수정할 영상의 제목이나 섬네일을 누르세요.

③ 동영상의 세부정보가 화면에 보입니다. 이 화면에서 제목, 설명, 섬네일, 태그를 수정하거나 변경할 수 있습니다.

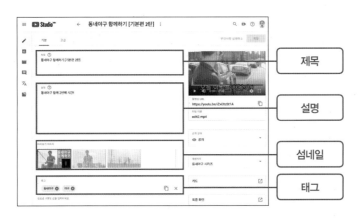

2 | 섬네일 수정하기

① 세부정보 화면에서 '미리보기 이미지' 섬네일 오른쪽 하단의 옵션 [⁝] → [수정]을 누릅니다.

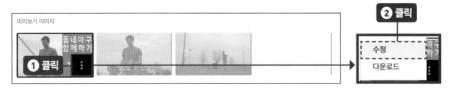

② 변경할 섬네일 파일을 선택한 뒤 〈열기〉를 누르면 섬네일을 수정할 수 있습니다.

변경된 미리보기 이미지 확인

3 | 동영상의 재생목록 수정하기

① [재생목록] 탭의 오른쪽에서 화살표 [▼]를 클릭하면, 재생목록을 변경하거나 [새 재생목록]을 클릭해 새로운 재생목록을 추가할 수 있습니다.

재생목록 변경
또는 추가 가능!

② 모든 수정이 끝나면, 우측 상단의 〈저장〉을 클릭해 변경사항을 저장합니다.

모든 수정이 끝나면
〈저장〉을 누른다.

업로드한 동영상 제목과 설명, 간단하게 수정하기

태그와 섬네일은 동영상 세부정보에서 수정해야 하지만, 제목과 설명은 보다 간단히 수정할 수 있습니다.

먼저 [YouTube 스튜디오] → [동영상]을 클릭한 후, 오른쪽 영상 목록에서 수정할 영상 위로 마우스를 올리면 보기 [▶]와 옵션 [⋮]이 활성화됩니다. 이 중에서 옵션 [⋮]을 클릭합니다.

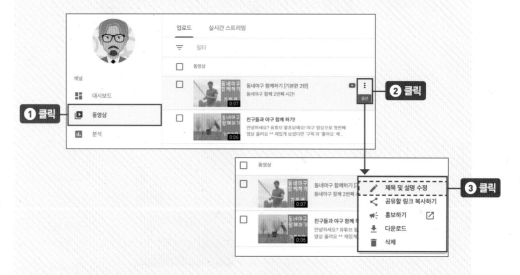

[옵션] → [제목 및 설명 수정]을 클릭하고, 변경할 제목과 설명을 입력한 후 아래쪽의 〈저장〉을 누르면 수정이 끝납니다.

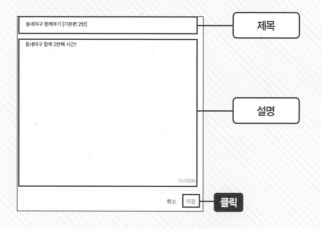

채널 레이아웃 변경하기

27

방문자 특성별로 달라지는 채널 레이아웃

채널 레이아웃을 맞춤설정하면, 시청자가 내 채널을 방문했을 때 시청자별로 보이는 화면을 다르게 설정할 수 있습니다. 레이아웃 맞춤설정을 하지 않으면 모든 방문자에게 동일한 채널 피드(볼 만한 동영상)가 표시됩니다.

채널 레이아웃 맞춤설정은 동영상을 정기적으로 업로드하는 유튜버에게 유용한 기능입니다. 꾸준히 영상을 업로드하여 친밀한 관계를 맺은 구독자들의 취향에 맞게 공간을 구성할 수 있거든요. 채널 레이아웃을 통해 신규 방문자를 위한 채널 예고편

채널 레이아웃을 설정하지 않음

신규 방문자용 채널 레이아웃

재생되는 영상이 다르다

재방문 구독자용 채널 레이아웃

을 추가하고, 재방문 구독자에게는 콘텐츠를 추천하며, 모든 동영상과 재생목록을 섹션별로 정리할 수 있습니다.

채널 레이아웃에서 설정할 수 있는 기능

채널 레이아웃 상단에는 [홈], [동영상], [재생목록], [채널], [토론], [정보] 탭이 있습니다. 이 중 [채널] 탭은 내가 구독하고 있는 채널 목록을 시청자에게 보여주는 역할을 하고, [토론] 탭에서는 시청자들이 내 채널에 대해 이야기할 수 있도록 댓글을 달 수 있습니다. 구독자 수가 1,000명을 넘어가면 [토론] 탭이 [커뮤니티] 탭으로 바뀌며 설문조사, 이미지 등을 올릴 수 있고, 구독자에게 알림이 가서 구독자와의 커뮤니케이션을 더욱 활성화할 수 있습니다.

채널 레이아웃 중 오른쪽의 '추천 채널'에서 〈+채널 추가〉를 누르면 [섹션에 채널 추가] 창이 뜨는데, 내가 추가하고 싶은 채널명이나 그 채널의 URL을 입력한 후 〈+추가〉를 누르면 채널이 추가됩니다. 〈완료〉를 누르면 내 유튜브 추천 채널 레이아웃에 채널이 추가된 것을 확인할 수 있습니다.

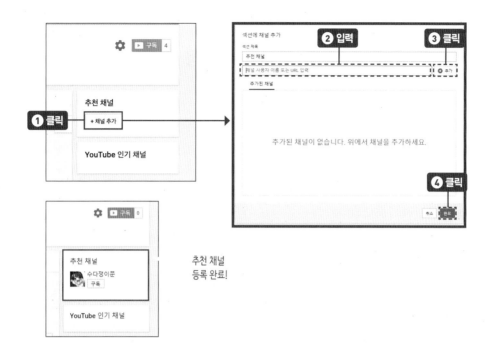

추천 채널
등록 완료!

그리고 신규 방문자와 재방문 구독자에게 채널 방문 시 자동으로 재생되는 채널 예고편도 설정할 수 있는데, 이 기능은 채널에 영상이 하나라도 업로드되어 있어야 설정할 수 있습니다.

채널 예고편은 원래 채널별 특징을 짧은 시간 내에 알려주기 위한 섹션으로 기획되었습니다. 하지만 많은 유튜버들이 이곳을 자신의 대표 영상이나 가장 최신 영상을 자동 재생하는 용도로 사용하고 있죠. 그만큼 채널을 방문한 시청자의 눈에 잘 보인다는 장점이 있습니다.

그럼 여러분이 영상 콘텐츠를 업로드했다는 가정하에 조회 수와 시청 시간, 구독자 수를 늘릴 수 있는 방문자별 영상 자동 재생하기를 〈도전 유튜버〉에서 함께 해 보겠습니다.

신규, 재방문 구독자용 영상 자동 재생하기

1 | 신규 방문자용 채널 예고편 만들기

① [내 채널] → 〈채널 맞춤설정〉 → [홈] → [신규 방문자용]을 누르면 〈+채널 예고편〉
이 있는 화면이 나타납니다.

② 〈+채널 예고편〉을 눌러서 원하는 영상을 선택한 후 〈저장〉을 누르세요.

③ 채널 예고편에 동영상을 올리면,
내 채널에 처음 방문한 시청자에게
는 내가 지정한 영상이 자동으로
재생됩니다.

선택한 동영상과 설명이
[신규 방문자용] 탭에 노출된다.

2 | 재방문 구독자용 재생 영상 만들기

① [재방문 구독자용] 탭을 누른 다음 〈콘텐츠 추천〉을 클릭하면, 기존 구독자들이 내
채널에 방문했을 때 내가 지정한 영상 콘텐츠를 상단에 노출할 수 있습니다.

② 재방문 구독자용 동영상을 선택하고, 〈저장〉을 누르세요.

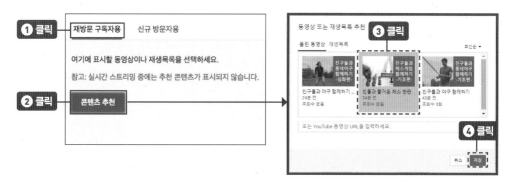

③ [제목 추가] 창이 뜨는데, 선택사항이므로 제목을 따로 적을 분들은 제목을 입력하고, 적지 않을 분들은 〈저장〉을 클릭합니다.

④ [재방문 구독자용] 탭에 저장한 영상이 보이는 것을 확인한 후 하단의 〈완료〉를 누르세요.

⑤ 내 채널에 구독자가 재방문하면 내가 지정한 영상이 홈 화면 상단에 배치됩니다.

내가 지정한 동영상이
[재방문 구독자용] 탭에 노출된다.

신규 방문자용 채널 예고편은 모바일에선 자동 재생 No!

신규 방문자용 채널 예고편은 PC에서는 자동 재생되지만, 모바일에서는 가장 상단에 배치된 섬네일로 인식하기 때문에 섬네일을 눌러야만 영상이 재생됩니다.

자동 재생 No!
터치 후 재생 Yes!

채널 설명과 채널 아트에 SNS 링크 넣기 – 채널 정보

[내 채널] → 〈채널 맞춤설정〉 → [정보] 탭에서는 채널에 대한 설명과 세부정보(이메일, 국가 설정) 입력 및 SNS 링크를 연결할 수 있습니다.

채널 설명은 한글로 500자(영문은 1,000자)까지 입력할 수 있습니다. 시청자들에게 채널의 정체성을 알릴 수 있고, 유튜브의 검색결과에 채널 설명에 적힌 내용이 반영되어 채널이 잘 검색되도록 돕습니다. 또 세부정보 설정을 통해 협찬이나 광고 등 업무와 관련된 이메일을 따로 받아볼 수 있고, SNS 링크를 연결하여 유튜버가 운영하는 블로그, 인스타그램 등을 쉽게 홍보할 수 있습니다.

그럼 지금부터 채널 정보를 하나씩 입력해 보겠습니다.

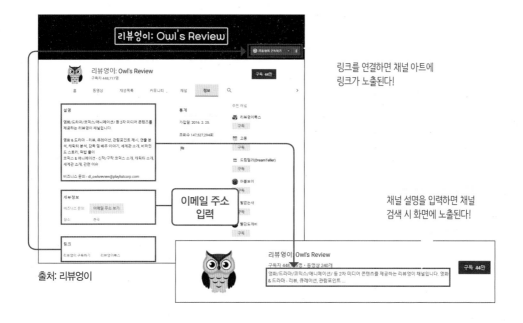

출처: 리뷰엉이

1 | 채널 설명 입력하기

① 유튜브 [내 채널]로 이동하여 〈채널 맞춤설정〉을 클릭합니다.

② 상단의 세부 메뉴 중 [정보] 탭을 누르고, '설명'의 〈+채널 설명〉을 클릭합니다.

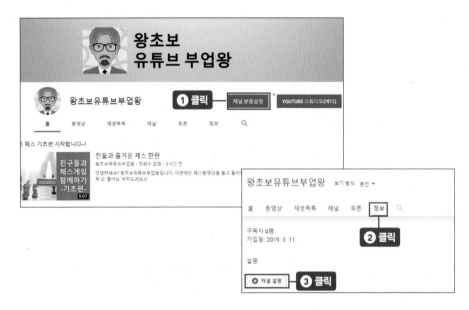

③ 채널 설명을 입력한 후 〈완료〉를 누릅니다.

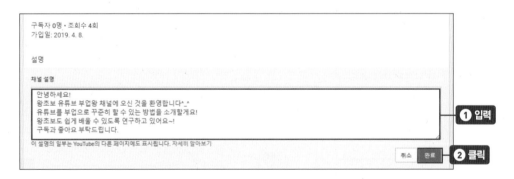

2 | 비즈니스 문의 이메일 입력과 채널 국가 설정하기

① [정보] 탭에서 '세부정보'의 〈+이메일〉을 클릭하고, 빈칸에 이메일 주소를 입력한
후 〈완료〉를 누릅니다.

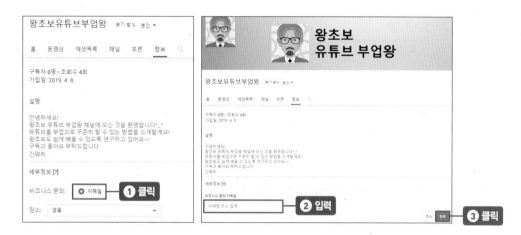

② 세부정보의 장소를 펼치면 국가를 선택할 수 있는데 [한국] 또는 현재 자신이 살고
있는 국가를 고릅니다.

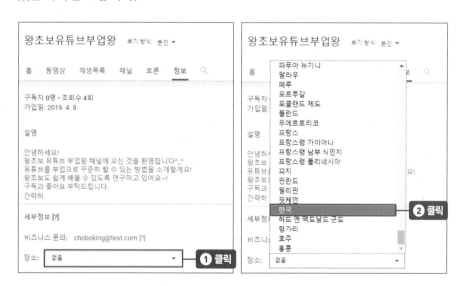

3 | 채널 아트에 SNS 링크 넣기

① [정보] → 〈+링크〉를 클릭한 다음 〈+추가〉를 한 번 더 클릭합니다.

② 빈칸에 원하는 SNS 링크 제목과 URL을 입력한 후 〈완료〉를 누릅니다.

③ 〈+추가〉를 누르면 최대 5개까지 링크를 생성할 수 있습니다. 생성된 링크는 채널 아트에 노출됩니다.

영상 업로드 추천 시간은 평일 16~19시, 주말 09~11시

유튜브 채널 초기에 자주 실수하는 대표적인 유형 중 하나가 모두 잠든 새벽에 영상을 업로드하는 것입니다. 보통 영상 편집은 모든 일과를 저녁에 하는 경우가 많은데, 저녁부터 편집을 시작한다고 하면 영상이 완성되는 시각은 주로 늦은 밤이나 새벽일 것입니다. 이때 완성했다는 기쁨에 취해 업로드와 홍보까지 마치고 잠들곤 하는데 이러면 곤란합니다. 차라리 시청자가 영상이 올라갔을 때 반응할 수 있는 시간대에 예약을 걸어놓고 잠자리에 들거나, 비공개로 업로드한 후 나중에 공개로 전환할 것을 추천합니다.

제가 추천하는 업로드 시간은 평일 16~19시 사이입니다. 10대 학생들의 하교 시간과 직장인들의 퇴근 시간을 고려한 것인데요, 평일 16~19시는 일과를 마치고 대중교통으로 이동하면서 휴대폰으로 유튜브 콘텐츠를 시청할 가능성이 아주 높습니다.

반면 주말에는 09~11시 사이에 업로드할 것을 추천합니다. 주말 오전은 평일과는 달리 시청자가 늦잠을 자거나 집에서 뒹굴거리며 휴대폰을 만질 확률이 높기 때문입니다. 하지만 이것은 보편적인 추천 시간일 뿐, 각 채널의 성격에 따라 주 시청자의 최적 업로드 시간을 다양하게 테스트하며 직접 정하는 것이 좋습니다.

예약 기능이나 비공개 업로드 방법은 〈넷째마당〉 256쪽을 참고하세요.

업로드 시간은 평일 16~19시,
주말 09~11시 추천!

28 | 외부 커뮤니티에 내 채널 홍보하기

29 | 블로그, 인스타그램에 내 영상 공유하기

30 | 외국어 번역 기능으로 해외 구독자 모으기

31 | 노출 가능성 높이는 메타데이터 활용법

32 | 구독자 수 늘리는 댓글 활용법

33 | 적극적으로 구독 요청하기 – 구독 팝업, 카드, 브랜딩

34 | 진성 구독자는 물론 수익 창출까지 – 실시간 스트리밍(슈퍼챗)

왕초보 ◆ 유튜브 ◆ 부업왕

다 | 섯 | 째 | 마 | 당

구독자 수 늘리는
최강 홍보법

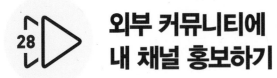

28 외부 커뮤니티에 내 채널 홍보하기

커뮤니티를 활용해 내 채널을 홍보하자

유튜브 채널을 개설한 초기에는 구독자가 적어서 시청 시간과 조회 수 확보가 무척 어렵습니다. 그러다 보니 영상을 몇 번 올리다가 채널 운영을 포기하는 분들이 많죠. 이럴 때일수록 적극적으로 홍보하는 자세를 지녀야 합니다.

만약 유튜브 요리 채널을 운영한다면 요리 관련 커뮤니티 사이트나 네이버 혹은 다음 카페를 활용해 내 영상을 공유하고 조회 수와 시청 시간을 확보하는 것이 중요합니다.

1752645	영화감상		새론마루	2019.05.25.	12	0
1752428	제 취미는 음악이에요.		힐링	2019.05.25.	28	0
1752278	앙금케익 선물 😊 [6]		로즈1105	2019.05.25.	125	1
1751783	취미생활 [1]		내집마련201	2019.05.24.	25	0
1750263	오사카여행 😊 [8]		내마음은콩밭	2019.05.23.	128	1
1749871	문경세재 [1]		베리베리스트로베리	2019.05.23.	42	1
1749680	취미 - 여행, 마일리지 모으기		워라밸플러스	2019.05.23.	37	0
1749676	취미 - 헬스 😊 [2]		워라밸플러스	2019.05.23.	59	0
1749210	일본여행 [1]		행운이민서	2019.05.22.	60	0
1748695	취미로 헬스하는데요 [4]		jungyws	2019.05.22.	97	1
1747893	헐! 이 바람을 견디네요. 외~~위 대박! 영종대교 😊		들척	2019.05.21.	207	0

출처: 월급쟁이 재테크 연구 카페

커뮤니티를 이용해 유튜브를 홍보하자!

주의사항 1 | 대놓고 홍보하지 말 것!

커뮤니티에 홍보할 때는 요령이 있는데, 내 영상을 1인칭 시점에서 진술하게 "올렸으니 봐주세요."라고 하면 안 됩니다. 대부분의 인터넷 커뮤니티는 타 채널의 홍보를 엄격하게 금지하고 있으며, 홍보 관련 글이라고 판명되면 해당 커뮤니티에서 아이디 이용정지 등의 조치를 취할 수도 있기 때문입니다.

요리, 축구, 야구 등 취미 관련 커뮤니티에서는 그 분야에 관심이 많은 사람들만 모여 있기 때문에 3인칭 관점에서 좋은 팁을 공유한다, 알려준다는 느낌으로 게시물을 작성해야 합니다. 홍보글이 아닌 것처럼 홍보하는 것이죠. 그러려면 관련 커뮤니티에서 꾸준히 활동하면서 그곳에서만 쓰는 용어와 문체 등을 익히고, 다른 사람들의 게시물에 댓글도 다는 등 활발히 활동해야 합니다.

또한 게시글에 유튜브 영상과 링크만 달랑 남기는 것이 아니라 이 영상이 왜 도움이 되는지, 어떤 점이 좋은지 등을 객관적인 입장에서 판단한 듯한 글과 함께 영상을 남기면 홍보하는 데 도움이 됩니다. 그러니 실제로 사람들에게 재미 또는 도움을 주는 영상을 만들기 위해 노력해야겠죠?

> **[꿀잼영상] 이번에 올렸는데 봐주세요 (__) 꾸벅~**
>
> 님들 안녕하세요?
> 이번에 유튜브를 시작하게 되었는데...
>
> 구독자가 너무 없어서...
> 시청해주신다면 열심히 할게요!!
>
> 부탁드려용!!

이렇게 대놓고 하는 홍보는 역효과!
지혜롭게, 객관적인 입장에서!

주의사항 2 | 관련 커뮤니티가 아닌 곳에 공유하지 말 것!

축구 리뷰 유튜브 채널을 운영한다면 축구 관련 커뮤니티에 가입해 꾸준히 활동하면서 영상 게시물을 틈틈이 작성하여 공유하는 것은 괜찮습니다. 그런데 축구 리뷰 영상을 야구 커뮤니티나 골프 커뮤니티, 농구 커뮤니티 등 관련 없는 곳에 올리면 게시글 삭제나 영구 아이디 이용정지 등 불이익을 당할 확률이 높습니다.

앞서도 언급했듯이 단순히 조회 수를 늘릴 목적으로 무관한 곳에 영상을 공유하면 사람들의 반감을 사는 등 오히려 안 좋은 반응을 불러올 수 있습니다. 그러니 반드시 내 채널 주제와 관련된 커뮤니티에 내 영상을 공유하세요.

주의사항 3 | 구독자 수 1만~3만 명까지는 적극적으로 공유할 것!

콘텐츠를 꾸준히 올린다는 전제하에 외부 커뮤니티에 열심히 영상을 공유하세요. 내 영상과 관련된 국내의 모든 커뮤니티에 가입하여 공유하는 게 좋습니다. 그 수가 50~100개를 넘어가더라도 일단은 최대한 많이 공유한 다음, 뒤에서 살펴볼 YouTube 스튜디오로 트래픽을 분석해 줄여나가는 것이 좋습니다. 외부 사이트의 트래픽 분석은 스마트폰에서는 YouTube 스튜디오 앱에서, PC 환경에서는 유튜브 사이트의 YoutTube 스튜디오에서 할 수 있습니다.

외부 사이트 공유는 유튜브 채널이 꾸준히 성장한 다음에는 큰 영향력이 없지만 초기에는 아주 중요한 성장 방법입니다. 구독자 수가 최소 1만~3만 명이 될 때까지는 외부 사이트를 꾸준히 공략하세요.

초기 채널의 경우 영상 콘텐츠 기획부터 제작 후 업로드하는 것까지가 50%라면, 나머지 50%는 홍보와 공유입니다. 처음에는 어렵고 힘들더라도 이런 방법을 통해 구독자를 모아야 합니다.

도전유튜버

YouTube 스튜디오로 시청자 유입경로 분석하기

YouTube 스튜디오는 PC에서 사용해도 되지만, 모바일 앱이 조금 더 보기 간편합니다. 또한 댓글을 관리할 때도 PC보다 앱이 편하므로 YouTube 스튜디오 앱을 중심으로 시청자 유입경로를 분석하겠습니다.

1 | YouTube 스튜디오 설치하기

① 안드로이드 기반의 스마트폰 사용자는 플레이 스토어에서, iOS 기반의 아이폰 사용자는 앱 스토어에서 'YouTube Studio'를 검색해 설치합니다.

안드로이드는 플레이 스토어,
iOS는 앱 스토어

② 앱을 실행하면 YouTube 스튜디오로 무엇을 할 수 있는지 간단한 설명이 뜹니다. 옆으로 넘기면서 어떤 기능이 있는지 살펴보고 하단에 위치한 〈시작하기〉를 누릅니다.

터치

2 | 유튜브 영상 유입경로 이해하기

① 앱에서 유튜브 계정으로 로그인한 후 [분석] → [검색통계]에 들어갑니다.

② 상단에 [트래픽 소스 유형]이 보이는데, 내 영상을 시청한 사람이 어떤 경로로 들어왔는지를 보여줍니다. [트래픽 소스 유형] 아래에 외부, 추천 동영상, YouTube 검색, 탐색 기능 등이 나열된 것을 볼 수 있습니다.

- **외부**: 유튜브가 아닌 외부 사이트에서 영상을 재생한 비율
- **추천 동영상**: 다른 인기 영상의 '다음 재생 추천'이나 '연관 동영상'으로 추천받아 영상을 재생한 비율
- **YouTube 검색**: 유튜브 검색창에서 특정 키워드로 검색하여 영상을 재생한 비율
- **탐색 기능**: 유튜브 메인 화면과 인기 탭, 구독 화면에서 영상을 발견하고 클릭하여 재생한 비율
- **채널 페이지**: 내 유튜브 채널에 직접 접속해 영상을 재생한 비율

3 | 유입경로 분석하기

초기에는 채널에 업로드한 영상의 개수가 적기 때문에 시청 시간, 조회 수, 공유량, 댓글 등의 메타데이터가 부족합니다. 따라서 유튜브 알고리즘에 의해 가장 많은 시청자가 유입되는 경로인 추천 동영상과 탐색 기능의 비율이 올라갈 확률이 아주 낮습니다. 이때는 외부 사이트에서 유입되는 비율을 높여 메타데이터를 쌓아놔야 후에 유튜브 내에서 측정되는 추천 동영상과 탐색 기능의 비율을 높일 수 있습니다. 이것이 바로 앞에서 말한 외부 사이트 홍보가 중요한 이유입니다.

아래는 이런 방법으로 유튜브를 반년간 운영하면 트래픽 소스 유형이 어떻게 변하는지 비교한 것입니다.

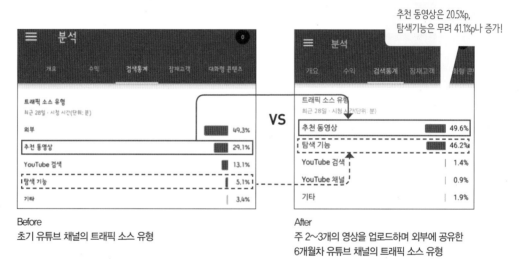

Before
초기 유튜브 채널의 트래픽 소스 유형

After
주 2~3개의 영상을 업로드하며 외부에 공유한
6개월차 유튜브 채널의 트래픽 소스 유형

외부 공유 등을 통해 홍보한 After 화면을 보면 유튜브 초기 채널과는 달리, 추천 동영상과 탐색 기능의 비율이 확연히 높아진 것을 확인할 수 있습니다. 탐색 기능의 경우 시청자가 직접 검색해서 들어왔기 때문에 그 영상을 끝까지 시청할 확률이 큽니다. 따라서 시청 시간을 늘리는 데 도움이 됩니다.

After 화면에서 트래픽 소스 유형 중 '외부'가 사라진 이유는 전체 조회 수에서 비중이 낮아졌기 때문입니다. 또 구독자가 그만큼 증가하고, 외부에서 들어오는 조회 수보다 유튜브에서 추천 동영상과 탐색 기능으로 시청하는 비중이 훨씬 높아졌기 때문이죠. After 화면에 'YouTube 채널'이 보입니다. 모바일이 아닌 PC 환경에서 보고 싶은 유튜브 채널에 접속하면 우측 [추천 채널] 아래에 유튜브 채널 목록이 떠 있는데, 이 경로를 통해 채널에 들어가서 영상을 시청하면 'YouTube 채널'로 트래픽 유입이 잡힙니다.

출처: 백수골방

추천 동영상과 탐색 기능의 비율이 올라가 유튜브 채널의 성장 곡선이 완만해지려면 시청 시간과 조회 수가 늘어야 하고, 그러려면 가장 많은 영상이 유입되는 외부 사이트에 초기부터 채널을 꾸준히 공유해야 합니다.

4 | PC에서 트래픽 경로 분석하기

PC에서도 트래픽 경로 분석이 가능합니다. 다음의 순서를 따라하면 쉽게 접근할 수 있습니다.

① 유튜브에 로그인한 후, 우측 상단의 채널 아이콘 [👤] → [YouTube 스튜디오]에 접속합니다.

② 좌측 탭에서 [분석]을 누릅니다.

③ [분석] 탭에서 상단 메뉴의 [개요], [시청자 도달범위], [시청자 관심도], [시청자층 구축], [수익 창출] 등을 분석할 수 있습니다. [시청자 도달범위]에서는 트래픽 소스 유형 등을 파악할 수 있습니다.

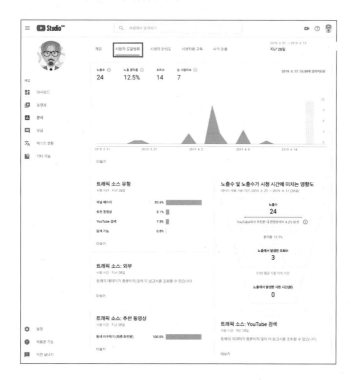

[분석] → [시청자 도달범위]에서
트래픽 분석 가능!

29 ▶ 블로그, 인스타그램에 내 영상 공유하기

28장에서는 외부 커뮤니티를 이용해 홍보하는 방법을 알아보았습니다. 이번에는 SNS에 내 영상을 공유하여 조회 수와 시청 시간을 높이는 방법을 알아보겠습니다. 관련 커뮤니티에 홍보하는 동시에 블로그, 인스타그램과 같은 SNS 등에도 영상을 공유하면 조회 수와 시청 시간이 높아져 초기 유튜브 운영에 유리합니다.

네이버 블로그는 반드시 개설하라

블로그와 페이스북은 유튜브가 지금처럼 떠오르기 전, 우리나라 사람들이 가장 많이 이용한 SNS였습니다. 개인 페이스북은 노출 알고리즘이 유튜브 외부 링크에 불리하게 작용하여 유튜브 콘텐츠의 조회 수나 시청 시간에 큰 도움이 되지 않습니다.

하지만 네이버 블로그는 초반 유튜브 트래픽에 큰 영향을 미칠 수 있습니다. 네이버에서 특정 키워드를 검색하여 동영상을 찾아보는 국내 이용자가 상당히 많기 때문입니다.

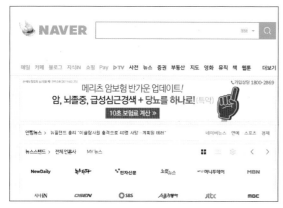

국내 최고 포털사이트인 네이버

네이버로 검색한 유튜브 영상

네이버 블로그에 유튜브 동영상을 링크해 포스팅하면 네이버에서 내가 올린 포스팅을 검색할 수 있습니다. 단, 해당 블로그 게시판에 1~2개의 단발성 게시물이 아닌, 비슷한 주제의 게시물을 꾸준히 포스팅해야 검색했을 때 노출될 확률이 높아집니다.

예를 들어 '낙산공원 여행'이라는 키워드를 네이버에서 검색한 후, 해당 블로그 포스팅을 클릭하면 글과 함께 유튜브 동영상이 보입니다. 이때 영상을 클릭하면 유튜브 동영상이 재생됩니다.

네이버에 '낙산공원 여행'이라는 키워드로 검색한 화면

블로그에 링크된 유튜브 영상을 재생하면 유튜브 조회 수 Up!

블로그 포스팅을 클릭하면 내가 올린 유튜브 영상이 노출된다.

여성 분야 채널은 인스타그램이 필수!

10대부터 2030 여성을 대상으로 뷰티/패션/반려동물 등 감성적인 이미지가 중요한 콘텐츠 위주로 유튜브 채널을 운영한다면 인스타그램을 병행해야 합니다. 단, 인스타그램은 업로드할 수 있는 동영상 길이가 60초로 정해져 있기 때문에 유튜브에 올린 영상을 그대로 올리기보다는 본 영상의 비하인드 이미지나 짧은 축약본 영상을 만들어 업로드한 뒤, 프로필에 최신 유튜브 영상 주소를 남겨 유튜브 시청을 유도하는 것이 좋습니다.

유튜버 '이사배'님의 인스타그램

프로필 링크를 클릭하면 유튜브 채널로 넘어간다.

꾸준한 홍보가 중요!

자, 이제 유튜브에만 영상 콘텐츠를 올릴 것이 아니라 외부 커뮤니티 사이트, 네이버 블로그에도 반드시 공유하되 인스타그램을 비롯한 트위터, 페이스북, 텀블러 등 링크 공유가 가능한 SNS에도 충분히 홍보하는 것이 왜 중요한지 잘 아셨겠지요?

유튜브 알고리즘이 내 영상이 충분히 유익하다고 판단할 때까지 이 과정을 반복해야 합니다. 그런데 유튜브의 정확한 알고리즘은 내부 직원들도 알기 어려울 만큼 복잡합니다. 어느 날부터 내 영상이 추천 동영상에 오르고, 탐색 기능의 트래픽 비율이 높아지면 유튜브 알고리즘이 내 영상(채널)을 긍정적으로 판단했다고 생각하면 됩니다.

나중에 구독자가 늘고 채널이 충분히 알려진 다음에도 SNS 공유는 꾸준히 하는 것이 좋습니다. 공유하면 구독자를 1명이라도 늘릴 수 있고 조회 수, 좋아요, 시청 시간도 적지만 늘릴 수 있기 때문입니다. 어느 날 내가 올린 동영상이 우연한 기회로 많은 시청자를 만족시켰다면 그때부터는 팬들이 알아서 내 영상을 공유해 줄 것입니다. 그 날이 올 때까지 포기하지 말고 꾸준히 SNS에 공유하길 응원합니다.

구독자가 많아지면 어떤 점이 좋은가요?

많은 유튜버들이 구독자 수를 늘리기 위해 노력합니다. 구독자 수가 유튜버로서의 성공 또는 실패의 지표처럼 보이기도 하는데, 도대체 왜 이토록 구독자 수를 늘리려고 할까요?

구독자가 많으면 유튜브 채널에 동영상을 업로드할 때 알림을 받고 온 구독자들에 의해 업로드 초반부터 많은 조회 수, 좋아요, 댓글을 확보할 수 있습니다. 유튜브에서는 1차적으로 구독자들의 평가에 의해 추천 동영상과 탐색 기능에 노출될 확률이 높아지므로 내 영상에 반응하는 구독자가 많아질수록 유튜브 내에서의 노출량이 증가하죠. 이것은 선순환 구조를 이루어 채널이 더욱더 빠른 속도로 성장하도록 돕습니다.

또한, 채널이 성장하면 영상 앞에 붙는 광고의 시청 단가가 올라가서 수익 증대에 도움이 됩니다. 광고주들이 직접 브랜드 컬래버레이션 광고(브랜디드 콘텐츠)를 의뢰하기도 하는데, 구독자 수가 일정 이상 되어야 의뢰가 들어올 확률이 높아집니다. 유튜브 기본 광고 수익 외에 브랜드와의 컬래버레이션 수익도 적지 않으니 성공적인 유튜브 부업왕이 되고 싶다면 구독자 수를 늘리기 위해 꾸준히 노력해야 합니다.

네이버 블로그에 유튜브 영상 공유하기

1 | 유튜브에서 동영상 공유 링크 복사하기

① 유튜브의 [내 채널]에서 공유할 영상을 클릭하고 〈공유〉를 누릅니다.

② [링크 공유] 창 하단에 'https://youtu.be/줄임주소' 형태의 링크가 뜨는데, 〈복사〉
를 클릭하면 복사할 수 있습니다.

2 | 네이버 블로그 포스트 작성하기

① 네이버 블로그에 접속한 후, 왼쪽 프로필 하단에 있는 〈글쓰기〉를 눌러 새로운 포
스트를 작성합니다.

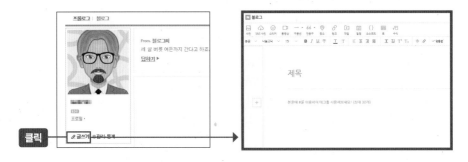

② 1단계에서 복사한 유튜브 영상 링크를 블로그 포스트 본문에 붙여넣기 합니다.

③ 링크를 붙여넣기만 해도 네이버 블로그에 해당 유튜브 영상이 들어갑니다.

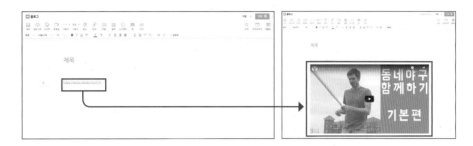

유튜브에서 간단하게 블로그 포스팅하기

[링크 공유] 창에 링크된 영상 주소 위에는 각 SNS 아이콘이 있는데, 공유창을 이용해 네이버 블로그에도 바로 포스팅할 수 있습니다.

❶ 공유 아이콘 옆에 〈 › 〉를 눌러서 옆으로 이동하면 나오는 네이버 아이콘 〈Ⓝ〉을 누릅니다.

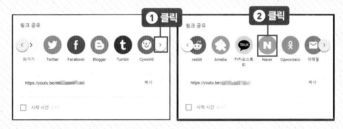

❷ 네이버 로그인 창이 뜨면 로그인합니다.

❸ 동영상을 바로 공유할 수 있는 창이 뜹니다. 제목과 내용을 작성하고 하단의 〈글쓰기〉를 누르면 간단하게 네이버 블로그 포스팅을 작성할 수 있습니다.

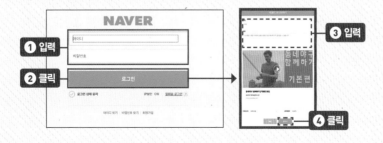

인스타그램에 유튜브 영상 링크 및 업로드하기

유튜브 채널에서 감성적인 이미지가 중요한 콘텐츠를 다룬다면 인스타그램을 필수로 병행해야 한다고 앞서 언급했습니다. 이번에는 인스타그램에 내 동영상 링크를 걸어 홍보하는 방법에 대해 알아보겠습니다.

1 | 유튜브 프로필 영상 링크 걸기

① 스마트폰에서 링크를 걸고 싶은 유튜브 영상에 들어간 후 〈공유〉를 누릅니다.

② 아래에 창이 뜨면 〈링크 복사〉를 누릅니다.

③ 인스타그램에 접속한 후, 하단 메뉴 우측에 사람 모양 아이콘 [▲] 또는 각자 프로필 사진을 눌러 내 인스타그램 페이지로 들어갑니다.

④ 상단의 [프로필 수정]을 누릅니다.

⑤ 프로필 수정 화면에서 '웹사이트'에 복사한 링크를 붙여넣기 한 후 상단의 적용 아이콘 〈 ✓ 〉을 누릅니다.

⑥ 내 인스타그램 페이지에 유튜브 영상 링크가 걸린 것을 확인할 수 있습니다.

2 │ 인스타그램에 영상 업로드하기

인스타그램에 3분짜리 동영상은 올릴 수 없지만, 본 동영상의 하이라이트 부분만 추려서 올린 뒤 호기심을 유발하는 작전을 사용해 볼까요? 시청자들의 호기심만 잘 유발하면 스스로 내 유튜브 채널에 접속하도록 유도할 수 있습니다.

① 인스타그램에 접속한 후 하단 가운데의 [⊞] 아이콘을 누릅니다.

② 하단의 [갤러리] 탭(아이폰은 [라이브러리] 탭)을 누르면, 스마트폰 앨범에 저장되어 있는 동영상을 업로드할 수 있고, [동영상] 탭을 누르면 바로 영상 촬영을 시작할 수 있습니다.

③ 갤러리에서 원하는 영상을 찾았다면 선택한 후 우측 상단의 〈다음〉을 누릅니다.

④ 화면 하단에 보면 [필터], [다듬기], [커버 사진] 탭(아이폰은 [커버] 탭)이 있습니다. [필터] 탭에서는 영상의 색감을 조절할 수 있고, [다듬기] 탭에서는 영상을 자르거나 다른 영상을 추가할 수 있습니다. [커버 사진] 탭은 유튜브에서 섬네일을 설정하는 것과 같은 기능을 합니다.

⑤ 영상을 원하는 대로 편집한 후 상단의 〈다음〉을 누릅니다. 이때 상단 가운데 있는 스피커 버튼을 누르면 무음 영상으로 바뀝니다.

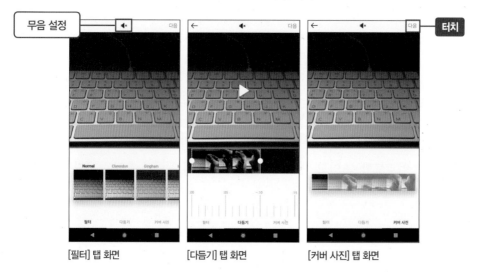

[필터] 탭 화면   [다듬기] 탭 화면   [커버 사진] 탭 화면

⑥ 새 게시물 화면으로 바뀌면 원하는 문구를 입력한 후 우측 상단의 〈공유〉를 누릅니다.

⑦ 동영상이 내 인스타그램 페이지에 업로드된 것을 확인할 수 있습니다.

잠깐! 링크 공유하기 전 주의사항

유튜브를 링크하여 포스팅할 때는 내용을 재미있게 잘 적는 것도 좋지만, 포스트 제목에 영상의 키워드(태그, 제목 등)가 반드시 포함되어야 합니다. 네이버와 구글에서는 검색할 때 제목에 들어간 키워드를 중요하게 인식하므로 노출에 영향을 받을 수 있기 때문입니다. 유튜브에 업로드할 때 중요하게 다뤘던 영상의 키워드가 있다면 네이버 블로그 제목에도 동일하게 넣어주세요.

또한, 블로그에 링크를 공유할 때는 해당 영상의 주소창에 있는 주소를 복사해서 사용하면 안 되고 1단계에서 다룬 〈공유〉를 눌러 [링크 공유] 창에서 나온 주소를 이용해야 합니다. 인터넷 주소창에 있는 주소를 복사하면 유튜브 시청 집계에 잡히지 않는 경우가 있기 때문입니다.

외국어 번역 기능으로 해외 구독자 모으기

외국어 자막과 제목을 통해 해외 구독자 확보하기

유튜브는 전 세계의 다양한 언어와 국적을 가진 사람들이 사용하는 동영상 커뮤니티 사이트이므로, 한국어로 제작한 영상에 외국어 자막과 제목을 달면 해외 시청자까지 구독자로 확보할 수 있습니다. 국가에 따라 영상 광고 수익이 3~7배나 차이가 나기 때문에 해외 시청자(미국, 캐나다 등 선진국의 경우)가 생기면 높은 광고 수익을 얻을 수 있습니다. 또한, 조회 수와 시청 시간이 늘어나는 폭도 훨씬 커집니다.

이번에는 외국어 번역을 통해 해외 구독자를 모으는 방법에 대해 알아보겠습니다.

제목을 영어로 번역한 사례(출처: Dana ASMR)

영어 자막을 삽입한 사례(출처: 영국남자)

다양한 나라의 언어로 번역하기

영상 제목과 자막을 다양한 나라의 언어로 번역하여 추가해 보세요. 해당 나라에서 내 채널에 접속하면 내가 올린 콘텐츠가 해당 나라의 언어로 노출됩니다. 예를 들어 한국에서 제작해서 올린 한국어 콘텐츠에 영어 제목과 자막을 추가하면 영어권에서는 내 콘텐츠가 영어로 노출됩니다.

유튜브는 영어뿐만 아니라 독일어, 베트남어, 중국어, 일본어, 러시아어 등 수많은 나라의 언어를 제공합니다. 시간이 여유롭다면 영어로만 번역하지 말고 다른 언어도 활용해 보세요. 예를 들어 영어로 먼저 번역한 뒤 영어와 어순이 비슷한 나라의 언어를 번역할 때는 구글 번역기(translate.google.com) 또는 네이버 파파고(papago.naver.com)를 활용해 보세요. 한국어 → 독일어는 번역이 그다지 좋지 않지만 영어 → 독일어, 영어 → 이태리어는 조금 더 나은 번역 실력을 자랑한답니다.

구글 번역기(한국어 → 영어)

네이버 파파고(영어 → 독일어)

그럼 이제부터 내 콘텐츠에 자막을 추가하는 법, 제목과 콘텐츠에 대한 설명을 번역하는 법을 차례로 알아보겠습니다.

1 | YouTube 스튜디오에서 외국어 자막 추가하기

① 유튜브 홈에서 왼쪽 상단의 채널 아이콘[🐱] → [YouTube 스튜디오]에 접속한 후 좌측 메뉴에서 [텍스트 변환]을 클릭합니다.

② 내가 업로드한 영상 목록이 뜨면 외국어 자막 추가를 원하는 영상을 클릭합니다.

③ 화면이 바뀌면 [언어 설정]이라고 된 부분을 눌러 [한국어]를 채널 기본값으로 설정하고, 〈확인〉을 누릅니다.

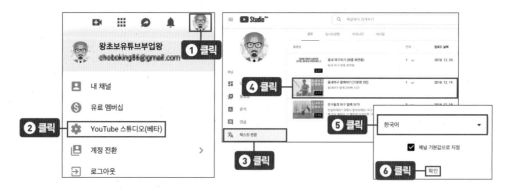

④ 오른쪽 상단의 〈언어 추가〉를 클릭하고 원하는 외국어를 선택합니다. 필자는 영어를 선택해 보겠습니다.

⑤ 언어가 추가되면, 해당 언어의 [자막] 메뉴 아래의 〈추가〉를 누릅니다.

306

2 │ 새 자막 만들기

① 영상 우측에 보이는 메뉴 중 가장 아래에 있는 〈새 자막 만들기〉를 클릭합니다.

② 왼쪽 상단에 자막으로 넣을 외국어 문장을 입력하고 〈 ➕ 〉 또는 Enter 키를 눌러 자막을 추가합니다.

③ 우측 하단의 타임라인 길이에 맞게 자막을 조절하면 됩니다. 영상과 그 바로 아래에 자막을 놓는 타임라인은 길이가 연동되어 있는데, 마우스로 자막 상자의 가운데 부분을 드래그하면 위치를 옮길 수 있고, 가장자리를 드래그하면 자막 길이를 늘리거나 줄일 수 있습니다.

④ 외국어 자막 입력이 완료되면 우측 상단의 〈변경사항 저장〉을 누릅니다.

⑤ 자막 적용이 완료되면서 화면이 전환되며 '자막이 게시되었습니다.'라는 알림이 표시됩니다.

⑥ 같은 영상에 스페인어, 독일어 등 다양한 외국어를 추가하려면 1단계 ④ 번의
〈언어 추가〉를 눌러 같은 방법으로 진행하면 됩니다.

3 | 스크립트 작성 및 자동 동기화

이 기능은 현재 YouTube 스튜디오 베타 버전에서는 사용할 수 없습니다. YouTube 스
튜디오를 사용 중이라면 '크리에이터 스튜디오'로 설정을 변경한 다음 사용하세요.

① 음질이 양호하고 음성이 뚜렷하게 들리는 1시간 미만의 동영상이라면 〈스크립트
작성 및 자동 동기화〉 기능을 사용할 수 있습니다. 이것은 시간 코드를 작성할 필
요 없이 영상에서 해당 음성에 맞춰 자막이 자동으로 동기화되는 기능입니다.
단, 스크립트 파일은 동영상에 사용한 언어로만 작성할 수 있습니다. 예를 들어 동
영상 텍스트 기본값을 '한국어'로 설정했다면 한국어에서만 기능이 활성화됩니다.

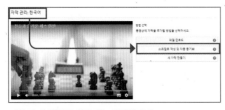

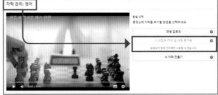

자막 관리가 '한국어'일 때는 활성화된다.　　　　자막 관리가 '영어'일 때는 비활성화된다.

② 스크립트를 작성할 때는 동영상의 음성 텍스트를 입력한 후 일반 텍스트 파일(.txt)
로 저장합니다. 맥에서는 '텍스트 편집기'를, 윈도에서는 '메모장'과 같은 컴퓨터의
기본 프로그램을 사용하면 됩니다.

③ 스크립트 입력 후 〈타이밍 설정〉을 누르면 스크립트와 동영상이 자동으로 동기화됩니다. 타이밍을 설정하는 데는 몇 분 정도 걸리는데, 완료되면 자동으로 스크립트가 동영상에 게시됩니다.

자동으로 자막이 동기화된다.

스크립트 작성 및 자동 동기화 사용 시 유의사항

스크립트 작성 및 자동 동기화를 사용할 때는 동영상 스크립트 입력란에 직접 입력하지 않고 다른 텍스트 파일에 작업할 것을 권장하는데, 여기에는 이유가 있습니다. 직접 입력하다가 인터넷 연결이나 오류 등의 문제로 작업하던 것이 날아갈 수 있기 때문입니다. 컴퓨터에 있는 '텍스트 편집기'나 '메모장'을 활용하여 작업한 뒤, 완료된 작업물을 스크립트 입력란에 복사하여 붙여넣기 하세요.

스크립트 작성 방법

스크립트를 입력할 때는 빈 줄을 사용해 새 자막의 시작을 강조하고, 대괄호를 사용해 배경의 음향효과를 지정합니다. [음악] 또는 [웃음]을 예로 들 수 있습니다. 누가 말하는지 구분하려면 '〉〉'를 추가합니다.

〈예1 – 구글 샘플〉

〉〉 ALICE: 안녕하세요, 필자는 Alice Miller이고 이쪽은 John Brown입니다.
〉〉 JOHN: 저희는 Miller Bakery를 운영하고 있습니다.
〉〉 ALICE: 오늘은 저희 베이커리의 인기 제품인 초콜릿 칩 쿠키 만드는 방법을 알려 드리겠습니다.
[시작 음악]
자, 재료가 다 준비되어 있습니다.

4 | 파일 업로드로 자막 입력하기

① 영상에 맞춰 미리 작업해 놓은 자막 파일이 있다면 〈파일 업로드〉로 간편하게 자막을 입력할 수 있습니다.

② 구글에서 지원하는 파일형식(support.google.com/youtube/answer/2734698)인지 확인하세요. 해당 형식들만 문제없이 적용됩니다.

지원되는 파일 형식으로 업로드할 것!

tip

한글 자막은 편집 프로그램에서 입력!

유튜브에서도 한글 자막을 직접 입력할 수 있지만, 동영상에 한글 자막을 넣는다면 편집 프로그램(프리미어 프로 등)을 이용하는 것이 더 좋습니다. 〈셋째마당〉에서 언급한 것처럼 음소거한 후 자막만으로 영상을 시청하는 사람들이 있는데, 유튜브에서 넣는 자막은 글자가 작고 색상 지정이 어렵기 때문입니다. 따라서 주 시청자를 고려해 한글 자막은 편집 프로그램에서 작성하고, 영어 등 외국어 자막은 유튜브 자막 편집기로 입력할 것을 추천합니다.

시청자에게 자막 번역 요청하기

번역기를 이용해서 혹은 직접 열심히 번역했지만 내가 만든 자막에 확신이 없다면 시청자에게 도움을 청할 수 있습니다.

1 | 번역 허용 상태로 전환하기

❶ [YouTube 스튜디오] → [텍스트 변환] 메뉴에서 자막을 추가하고 싶은 동영상을 클릭합니다.

❷ 좌측 상단에 [커뮤니티 자막 제공]이 보입니다. [번역 허용 안 함]으로 된 상태를 [번역 허용]으로 변경하면 채널의 시청자가 해당 영상 및 제목을 번역할 수 있습니다.

2 | 시청자에게 번역 요청하기

❶ [번역 허용]으로 상태를 변경했다면 [텍스트 변환] → [커뮤니티]에 들어가 〈사용하기〉를 클릭합니다.

②[언어 설정] 창이 뜨면 주로 사용하는 언어를 선택한 후 〈언어 설정〉을 누릅니다.

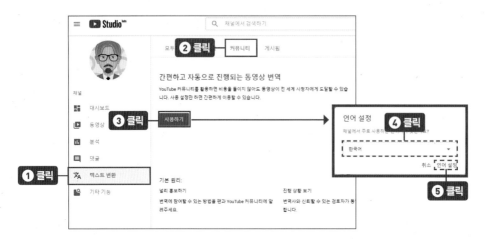

③화면에 표시된 링크를 복사해서 시청자에게 알려줍니다. 영상을 업로드하고 '댓글 고정' 기능을 사용해 시청자에게 댓글로 번역 요청을 공지하면, 번역을 도와줄 시청자를 조금 더 쉽게 찾을 수 있습니다.

④시청자가 번역을 완료하면 [크리에이터 스튜디오]에서 [번역 및 텍스트 변환] → [커뮤니티 자막 제공]에 들어가 해당 번역을 검토하고 게시할 수 있습니다.

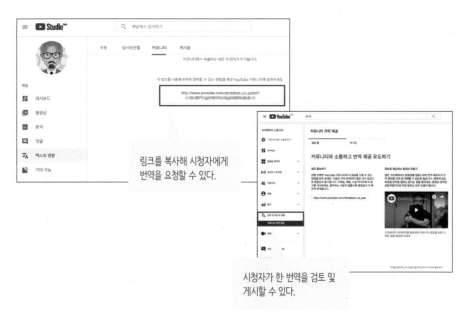

링크를 복사해 시청자에게
번역을 요청할 수 있다.

시청자가 한 번역을 검토 및
게시할 수 있다.

영상 제목 및 설명 번역하기

1 | YouTube 스튜디오에서 영상 제목 및 설명 외국어로 번역하기

① [YouTube 스튜디오] → [텍스트 변환]을 클릭하면 보이는 동영상 중 내가 외국어 자막을 추가한 영상을 선택합니다.

② '제목 및 설명' 메뉴 아래에 있는 〈추가〉를 클릭합니다.

③ 팝업창의 왼쪽은 '원본 언어' 오른쪽은 '번역'입니다. 왼쪽은 입력이 불가능하므로 오른쪽에 번역할 외국어로 제목과 설명을 각각 입력하세요. 설명까지 번역하기 힘들다면 번역한 제목을 복사해서 설명에 붙여넣기 해도 됩니다.

④ 오른쪽 하단에 있는 〈게시〉를 누르면 적용됩니다.

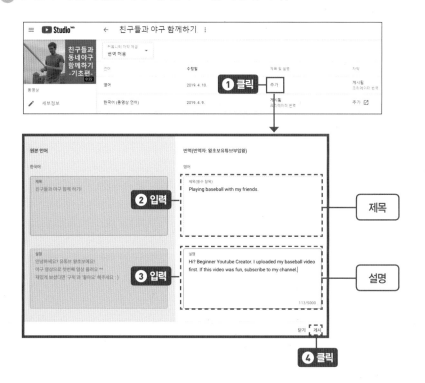

313

2 | 적용 확인하기

❶ 제목과 설명을 번역한 작업이 잘 적용되었다면, 번역한 동영상의 '제목 및 설명'이 '게시됨'으로 바뀝니다.

❷ 제목과 설명을 번역할 때도 311쪽에서 살펴본 것처럼 시청자에게 번역 참여를 요청할 수 있습니다. 앞에 나온 [커뮤니티]를 이용해 시청자들에게 번역을 요청하면, 자막뿐만 아니라 제목 및 설명 번역도 함께 요청됩니다.

자막 번역 요청 시 제목과
설명도 함께 번역된다.

31 ▶ 노출 가능성 높이는 메타데이터 활용법

조회 수를 높여주는 메타데이터

〈넷째마당〉에서도 잠깐 언급했듯 메타데이터는 영상의 정보를 말합니다. 영상에 포함되는 제목과 설명, 태그 등이 메타데이터라고 할 수 있는데요, 유튜브 이용자들은 자기가 원하는 영상을 찾기 위해 어떤 키워드를 입력합니다. 예를 들어 축구할 때 헤딩을 잘하고 싶다면 '헤딩' 또는 '헤딩 잘하는 법'과 같은 키워드로 원하는 영상을 찾는 식이죠.

유튜브에서는 사용자에게 검색결과를 보여줄 때 가장 근접한 영상을 순서대로 보여주되, 인기 있는 채널(콘텐츠) 위주로 우선순위가 나타나는 편입니다. 추천 동영상도 마찬가지로 지금 시청하는 영상과 유사한 제목, 설명, 태그 등이 포함된 영상 중에서 인기 있는 채널의 영상들을 우선 배치하는 경향이 강합니다. 유튜브 채널 운영 초기에는 내 채널의 인기를 증명할 수 없으므로 메타데이터를 더욱더 전략적으로 입력해야 합니다.

메타데이터를 잘 활용하면
조회 수 Up!

제목을 적절히 입력해 메타데이터를 활용한 사례(출처: 한세)

인기 채널의 숨은 비밀, 메타데이터

기껏 열심히 영상을 만들어놓고 정작 제목과 설명, 태그를 아무렇게나 달면 그만큼 사람들에게 노출될 확률이 적어집니다.

내가 올린 동영상의 조회 수를 높이려면 추천 동영상과 탐색에 올라가는 것이 가장 좋고, 또 검색했을 때 상위노출이 이뤄져야 합니다. 추천 동영상은 다른 영상의 '다음 동영상' 등으로 옆에 뜨는 것이고, 탐색은 유튜브 메인 화면에 노출되는 것입니다. 그러려면 메타데이터를 잘 알아야 하고, 영상의 메타데이터를 전략적으로 입력하는 것이 중요합니다.

추천 동영상   탐색

출처: 콩마니

물론 검색의 우선순위가 메타데이터로만 결정되는 것은 아닙니다. 메타데이터는 그 가능성을 높여줄 뿐이죠. 하지만 메타데이터를 잘못 입력하면 검색 우선순위에서 밀릴 확률이 높아지기 때문에 꼼꼼히 입력해야 합니다.

이번 시간에는 메타데이터에 대해 함께 알아보고, 이것을 활용해 추천 동영상과 탐색에 노출될 가능성을 높이는 방법을 살펴볼게요.

진정한 유튜브 부업왕은
업로드도 똑똑하게 한다!

인기 키워드 추출해 메타데이터로 활용하기

1 │ 인기 키워드 추출하기

내가 만든 영상의 메타데이터가 유튜브 검색에 잘 걸려서, 추천 동영상과 탐색에 노출될 가능성을 높이려면 키워드 추출하는 방법을 알아야 합니다.

1 유튜브 검색창에 원하는 키워드를 입력합니다. 필자는 '데뷔'와 '대박'을 입력해 보겠습니다.

2 검색결과로 나타난 동영상 중에 내가 입력한 키워드가 포함된 조회 수 수십만 회 이상인 영상들의 키워드를 메모합니다.

3 같은 방식으로 원하는 키워드를 검색하고, 인기 콘텐츠가 많은 키워드 위주로 리스트를 추출합니다.

'데뷔'를 입력했을 때 결과 화면

'대박'을 입력했을 때 결과 화면

2 │ 인기 키워드를 메타데이터로 활용하기

1 검색했을 때 인기가 많았던 키워드를 활용하여 제목을 입력합니다. 필자는 데뷔, 대박을 활용하여 '특이하게 데뷔해 대박난 아이돌 TOP5'라는 가상 제목을 만들었습니다.

② 설명과 태그에도 제목에 입력한 키워드를 포함해 적습니다. 여유가 된다면 제목에 입력한 키워드를 '#(해시태그)'와 함께 설명란에 입력합니다.

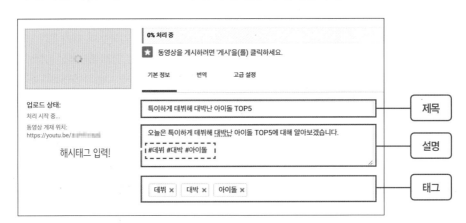

시청 시간이 상위노출 가능성을 높인다!

유튜브 검색에 걸리는 요소에는 시청 시간, 조회 수, 업로드 주기, 좋아요, 댓글, 공유 등이 있습니다. 이 중에서 가장 중요한 것은 시청 시간입니다. 하지만 낚시성 섬네일과 제목으로 클릭을 유도해서 조회 수는 올렸는데 시청자가 10초도 보지 않고 이탈한다면 유튜브는 그 영상을 안 좋은 콘텐츠로 인식해서 노출 우선순위에서 배제합니다.

유튜브는 사용자들의 시청 시간이 긴 영상을 좋은 콘텐츠로 인식하며, 좋아요와 댓글, 공유된 양이 많을수록 훨씬 더 유리합니다. 거기에다 채널의 업로드 주기가 주 2~3회 이상으로 정기적이고 이전 영상들의 조회 수와 시청 시간까지 높다면, 새로운 콘텐츠를 업로드했을 때 추천 동영상과 탐색에 노출될 확률 그리고 검색했을 때 우선순위에 배정될 확률이 높아집니다.

메타데이터의 키워드를 전략적으로 추출해 입력하는 것도 중요하지만, 시청 시간을 길게 가져가기 위해서 콘텐츠를 재밌고 유익하게 만드는 게 가장 중요합니다. 시청자와 열심히 소통하여 좋아요, 댓글도 풍부하게 만들어야 하겠죠.

#(해시태그) 사용 시 주의사항

동영상 정보에 해시태그를 넣으면 시청자가 특정 해시태그를 검색할 때 내 동영상이 노출됩니다. 예를 들어 다른 사용자가 '데뷔', '대박'이라는 키워드로 검색할 때, 내가 올린 영상이 중요한 콘텐츠로 인식돼 검색결과로 노출될 확률이 올라가는 것입니다. 추천 동영상의 경우에도 같은 해시태그를 사용한 다른 유튜버의 영상들이 있다면, 그들의 콘텐츠에 내 영상이 추천 동영상으로 붙을 확률도 높아집니다.

하지만 유튜브에 업로드되는 모든 콘텐츠와 마찬가지로 해시태그는 YouTube 커뮤니티 가이드를 따라야하므로, 해시태그를 사용할 때는 다음 정책을 준수해야 합니다.

- **공백 미포함**: 해시태그는 공백을 포함하지 않습니다. 해시태그에 단어 2개를 포함하려면 #연남동맛집, #건대맛집과 같이 붙여 쓰세요.

- **과도한 태그**: 동영상 1개에 태그를 너무 많이 추가하면 안 됩니다. 동영상에 태그를 많이 추가할수록 검색 중인 사용자에게 관련성이 낮은 동영상으로 표시됩니다. 동영상에 15개가 넘는 해시태그가 달리면 유튜브는 해당 동영상의 모든 해시태그를 무시합니다. 태그를 과도하게 추가하면 업로드 또는 검색결과에서 동영상이 삭제될 수도 있습니다.

- **시청자를 현혹하는 콘텐츠**: 동영상과 직접적으로 관련이 없는 해시태그를 추가해서는 안 됩니다. 현혹적이거나 관계없는 해시태그로 인해 동영상이 삭제될 수 있습니다.

- **괴롭힘**: 개인이나 집단을 대상으로 괴롭힘, 모욕, 위협, 폭로 또는 협박을 목적으로 해시태그를 추가해서는 안 됩니다. 이 정책을 위반하면 동영상이 삭제됩니다.

- **증오심 표현**: 개인이나 집단을 대상으로 폭력 또는 증오심을 조장하는 해시태그를 추가해서는 안 됩니다. 인종차별, 성차별 또는 기타 비방하는 내용이 포함된 해시태그를 추가하면 동영상이 삭제됩니다.

- **성적인 콘텐츠**: 성적이거나 음란한 내용의 해시태그를 추가하면 동영상이 삭제될 수 있습니다. 유튜브가 성적 호기심을 유발하는 동영상을 허용할 가능성은 낮습니다.

- **저속한 언어**: 해시태그에서 욕설이나 불쾌감을 주는 용어를 사용하면 동영상에 연령 제한이 적용되거나 동영상이 삭제될 수 있습니다.

- **해시태그가 아닌 태그**: 해시태그를 추가하는 것은 허용되지만, 일반적으로 설명하는 태그나 반복적인 문장을 설명에 추가하면 안 됩니다. 이 정책을 위반하면 동영상이 삭제되거나 동영상에 제한 조치가 주어집니다.

구독자 수 늘리는 댓글 활용법

앞에서 외부에 영상을 공유하고 홍보하는 법을 알아보았습니다. 외부 홍보도 정말 중요하지만 내 영상을 시청한 사람이 구독자가 되는 것도 중요합니다. 시청자가 구독자로 전환되려면 유튜버와 커뮤니케이션을 통해 친밀감을 쌓아야 하는데, 가장 좋은 방법이 바로 댓글입니다. 이번 시간에는 너무나도 중요한 커뮤니티 댓글 관리에 대해 알아보겠습니다.

시청자를 충성 구독자로 바꾸는 답글

유튜브 채널 초기에는 구독자도 적을뿐더러 댓글도 얼마 달리지 않습니다. 그래서 댓글을 다는 한 사람, 한 사람이 너무나도 소중하죠. 그러다가 구독자가 점점 많아지고 댓글 양이 증가하면 어느 순간부터 댓글에 답하지 않고 영상만 올리는 분들이 있는데, 답글은 웬만하면 무조건 다는 게 좋습니다. 시청자와 소통하는 가장 직접적인 방법이기 때문입니다.

답글을 꾸준히 다는 유튜버가 많지 않으므로 답글만 잘 달아도 구독자가 점점 늘어나는 것이 느껴질 것입니다.

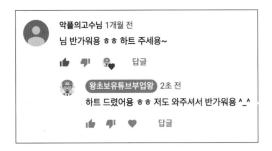

답글로 시청자와
친밀감 형성!

유튜브는 커뮤니티 기반의 플랫폼이므로, 공통 관심사를 가진 시청자들이 내 영상을 보러 왔다가 큰 기대 없이 댓글을 달았을 확률이 높습니다. 이때 해당 영상을 업로드한 유튜버가 답글을 달아준다면 시청자는 바로 충성스러운 구독자로 변신할 것입니다. 이렇게 댓글과 답글을 통해 친밀도를 쌓은 시청자는 자연스럽게 구독자로 전환됩니다.

댓글 기능으로 댓글 Up! 스팸 Out!

유튜브를 운영하다 보면 악플(악성 댓글)과도 직면하게 됩니다. 내 채널의 구독자가 증가할수록 악플러도 점점 늘어날 수밖에 없는데요, 내 콘텐츠가 모든 사람들을 100% 만족시킬 수는 없기 때문입니다. 악플러도 존재한다는 사실을 당연하게 받아들이고 지혜롭게 대응해야 정신 건강에 이롭습니다.

다행히 유튜브는 악의적인 악플러들과 스팸 댓글들로부터 유튜버들을 보호하기 위해 댓글 관리 기능을 마련해 두었습니다. [YouTube 스튜디오]에 들어가면 좌측 [댓글] 탭에서 이 기능을 활용할 수 있습니다.

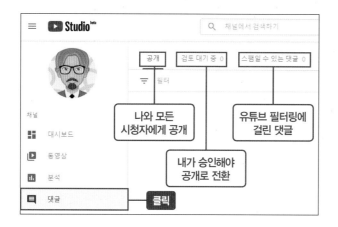

댓글 탭 상단 메뉴 중 [공개]는 나와 모든 시청자가 볼 수 있는 댓글이고, [검토 대기 중]은 내가 승인해야 공개로 전환되는 댓글입니다. [스팸일 수 있는 댓글]은 유튜브가 스팸 가능성이 높은 댓글을 검토해 필터링한 댓글로, 내가 승인하면 [공개] 댓글로 바뀝니다.

악성 댓글과 악플러들을 차단하는 방법은 〈도전 유튜버〉에서 자세히 알아보겠습니다.

구독자 수 쑥쑥 늘리는 댓글 노하우

노하우 1 | 닉네임을 기억하라

구독자가 너무 많아서 댓글이 수천개가 넘어가면 "○○님, 안녕하세요?"라며 일일이 닉네임을 불러가며 답하기 힘들어집니다. 하지만 채널 운영 초기에는 댓글 양이 많지 않기 때문에 댓글을 달아주는 한 분, 한 분의 닉네임을 불러주면 열성적인 초기 구독자가 될 확률이 높습니다. 초기 구독자는 유튜브 채널이 성장하는 데 큰 영향력을 미치므로 이를 위해서라도 답글에 정성을 다하는 것이 좋습니다.

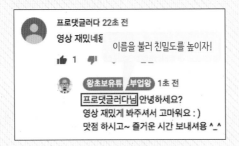

노하우 2 | 시간이 없다면 하트 선물하기

내 영상에 댓글을 다는 시청자는 로봇이 아니라 영혼을 가진 사람입니다. 유튜버가 복사나 붙여넣기로 대충 답글을 다는지, 아니면 한 사람 한 사람에게 정성스럽게 댓글을 다는지 단번에 알아차립니다.

유튜버 입장에서는 엄청나게 많은 댓글에 하나하나 정성스럽게 답을 다는 것이 시간만 잡아먹는 어리석은 짓으로 보일 수 있습니다. 하지만 내가 힘든 것은 남도 힘들고, 시청자들은 기가 막히게 유튜버의 정성을 알아봅니다. 당장 알아주는 사람이 없더라도 댓글에 정성을 쏟다보면, 구독자가 점점 늘어나는 것을 확인할 수 있을 것입니다.

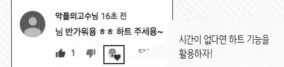

예전에 하트 기능이 없을 때는 복사나 붙여넣기로 답글을 다는 것이 어쩔 수 없는 선택이었으나 지금은 하트 기능이 생겼습니다. 콘텐츠를 만든 유튜버가 하트를 누르면 시청자의 댓글에 해당 유튜버의 채널 아이콘과 함께 하트가 생성됩니다. 답글을 달 시간이 부족하다면 댓글을 달아주는 시청자에게 하트를 선물하세요.

1 | 사용자 숨기기 기능으로 악플러 차단하기

① [YouTube 스튜디오]에 접속한 후 왼쪽 메뉴에서 [댓글]을 클릭합니다.

② [댓글] 메뉴에서는 내 채널의 영상에 달린 수많은 댓글을 한꺼번에 볼 수 있습니다. 악플을 발견하면 하트 아이콘 〈♥〉 옆에 [⋮] → [채널에서 사용자 숨기기]를 선택합니다.

③ [채널에서 사용자 숨기기]를 선택하면 유튜브 운영자와 다른 시청자들에게는 보이지 않고 댓글을 남긴 사람만이 그 댓글을 볼 수 있습니다.

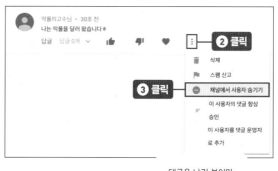

댓글을 남긴 본인만
댓글 확인 가능!

2 | 욕설 필터링하기

① [YouTube 스튜디오] → [설정]을 클릭합니다.

② 좌측 메뉴 중 [커뮤니티]를 클릭한 후, 스크롤을 내려 '차단된 단어'에 차단할 단어들을 입력하고 〈저장〉을 누릅니다.

③ 앞으로 내 유튜브 댓글에 해당 단어가 입력된 댓글이 달려도 나와 다른 시청자들에게는 그 댓글이 공개되지 않습니다.

④ 차단된 단어와 유사한 댓글은 [YouTube 스튜디오] → [댓글] → [검토 대기 중]에서 확인할 수 있습니다.

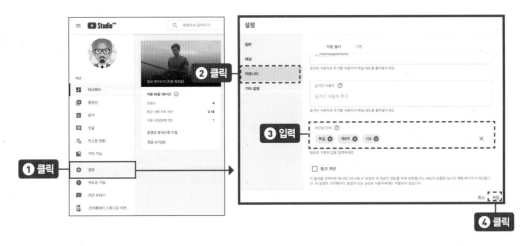

3 | 잘못 분류된 댓글 승인하기

차단할 댓글이 아닌데도 잘못 분류되어 [검토 대기 중]으로 넘어간 댓글이 있을 수 있습니다. 댓글 분량이 많으면 많을수록 이런 일이 일어날 확률이 높아지는데, 해당 댓글을 단 시청자 입장에서는 자신의 댓글에만 답을 달아주지 않는다고 서운해할지도 모릅니다. 이런 댓글을 [공개]로 전환하는 방법을 알아보겠습니다.

① [YouTube 스튜디오] → [댓글] → [검토 대기 중]으로 가면, 유튜브가 앞서 '차단된 단어'에 입력된 단어와 유사한 단어를 포함하고 있다고 판단한 댓글들이 보입니다.

② 만약 댓글이 잘못 분류되었다면 승인 아이콘 〈✓〉을 눌러 공개 댓글로 전환하세요. 삭제하고 싶으면 삭제 아이콘 〈🗑〉을 누르고, 스팸이거나 악용 댓글의 경우에는 스팸 또는 악용사례 신고 아이콘 〈🏳〉을 클릭하면 됩니다. 만약 내 채널의 악플러를 숨기고 싶다면 사용자 숨기기 아이콘 〈⊘〉을 클릭하면 됩니다. 나와 다른 시청자에게는 해당 악플러의 댓글이 보이지 않지만, 악플을 단 악플러 본인에게만 자기 댓글이 보이는 기능입니다.

33 적극적으로 구독 요청하기
– 구독 팝업, 카드, 브랜딩

적극적으로 구독을 요청하는 3가지 방법

내 유튜브를 시청하는 시청자들에게 구독을 요청하는 방법에는 여러 가지가 있습니다. 앞서 언급한 것처럼 해외 구독자들을 위해 번역하여 업로드하는 방법도 있고, 댓글로 소통하면서 구독자 수를 늘리는 방법도 있습니다.

이 장에서는 좀 더 적극적으로 구독을 요청하는 3가지 방법을 알아보겠습니다. 구독 팝업, 카드 그리고 브랜딩입니다. 구독 팝업과 브랜딩은 시청자에게 직접적 구독을 요청하는 방법이고, 카드는 내 다음 영상의 시청을 유도하거나 시청자들과 소통할 때 유용한 방법입니다.

그럼 지금부터 각 기능에 대해 하나씩 알아보고 〈도전 유튜브〉에서 기능을 설정하는 방법을 배워보겠습니다.

클릭만 해도 메시지가 나타난다! 구독 팝업

```
채널 구독 확인

왕초보유튜브부업왕을(를) 구독하시겠습니까?

                         취소       구독
```

구독 요청 팝업 등장!

구독 팝업은 '?sub_confirmation=1'라는 특정 URL을 내 채널 주소 뒤에 붙이면 "구독하겠느냐?"는 팝업이 뜨면서 구독을 요청하는 방법입니다. 커뮤니티나 다른 사이트에 내 채널을 홍보할 때 유용합니다. 그러나 모바일 환경에서는 지원되지 않으며, 이미 구독한 사람에게는 팝업이 뜨지 않는다는 특징이 있습니다.

시청자와 소통할 수 있는 카드 기능

유튜브에서는 카드를 사용하여 동영상에 양방향 기능을 추가할 수 있습니다. 카드 기능을 사용하면 화면 우측 상단에 노출되며, 동영상을 노출시켜 클릭을 유도하거나 다른 채널 추천, 설문조사 등을 통해 시청자와 소통할 수 있습니다. 카드 기능은 PC와 모바일에 상관없이 활용할 수 있으며, 구독자뿐만 아니라 일반 시청자도 사용할 수 있습니다.

화면 상단에 아이콘 형태로 있다가 정해진 위치에서 카드 내용이 노출된다.

- **동영상 또는 재생목록 카드**: 시청자가 관심을 가질 만한 다른 공개 YouTube 동영상이나 재생목록으로 연결되는 링크를 제공합니다. 또한 동영상 또는 재생목록 URL을 직접 입력하여 동영상의 특정 시점 또는 재생목록의 개별 동영상으로 연결되는 링크를 제공할 수 있습니다.
- **채널 카드**: 시청자에게 보여주고 싶은 채널로 연결되는 링크를 제공합니다. 예를 들어 이 카드 유형을 사용해 내 동영상에 기여한 채널에 감사의 뜻을 표하거나 다른 채널을 추천하기 위해 사용할 수 있습니다.

동영상 또는 재생목록 카드 클릭 화면   채널 카드 클릭 화면

- **설문조사 카드**: 설문조사를 통해 시청자와 소통하고 다양한 옵션에 투표하도록 할 수 있습니다.
- **링크 카드**: 내 채널과 연결된 웹사이트, 크라우드 펀딩이나 상품 사이트로 연결하는 링크를 제공합니다.

설문조사 카드 클릭 화면   링크 카드 캡처 화면

동영상 시청 중에도 구독 가능! 브랜딩

워터마크 브랜딩을 사용하면 채널의 모든 동영상에 채널 로고를 삽입할 수 있습니다. 시청자가 추가된 워터마크에 마우스를 가져가면 바로 채널을 구독할 수 있도록 창이 뜨는데, 이 옵션은 이미 채널을 구독하고 있는 사용자에게는 표시되지 않습니다.

PC화면에서는 워터마크 근처에 마우스를 가져가면 구독할 수 있다.

모바일 가로모드에서는 워터마크를 볼 수만 있고, 터치할 수는 없다.

단, 채널 워터마크는 현재 컴퓨터 및 모바일의 가로모드 보기에서 제공되며 모바일에서는 터치할 수 없다는 특징이 있습니다.

그럼 지금부터 〈도전 유튜버〉를 통해 기능을 하나씩 추가해 보겠습니다.

1 | 내 채널에 특정 URL 붙이기

본인 채널 URL 끝에 '?sub_confirmation=1'을 붙이면 구독 팝업을 설정할 수 있습니다.

① 유튜브 메인에서 우측 상단 채널 아이콘 [🐱] → [내 채널]에 접속한 후 주소창의 내 채널 주소 뒤에 '?sub_confirmation=1'을 붙여서 적은 후 주소를 복사합니다.

② 〈채널 맞춤 설정〉 → [정보] 탭에 들어간 후 하단의 〈+링크〉 또는 이미 연결된 링크가 있을 경우 〈✏〉을 누릅니다.

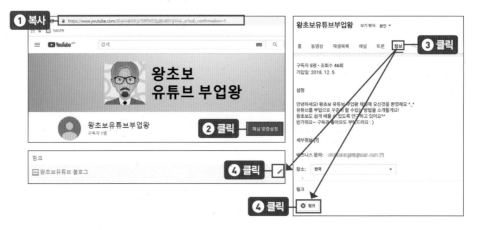

③ 〈+추가〉를 누른 후, 'URL'에 복사한 주소를, '링크 제목'에 원하는 구독 요청 문구를 입력해 주세요. 필자는 '무료 구독하기'라고 썼습니다.

④ 다 되었으면 하단의 〈완료〉를 누릅니다.

⑤ 내 채널 아트에 '구독 요청 링크(예 무료 구독하기)'가 떠 있는 것을 확인할 수 있습니다.

2 | 구독 팝업 확인하기

시청자가 채널 아트의 링크를 클릭하면 [채널 구독 확인] 창과 함께 구독 요청 문구가 뜨는데, 〈구독〉을 누르면 구독이 됩니다.

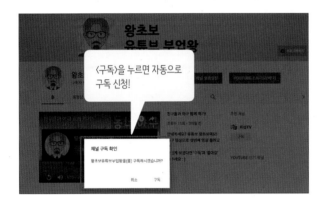

구독 팝업 링크 공유하기

구독 팝업은 위의 방법과 같이 채널 아트에 링크해서 사용할 수도 있지만, 다른 커뮤니티나 사이트에 내 채널을 홍보하거나 공유할 때도 유용하게 사용할 수 있습니다.

주소 뒤 '?sub_confirmation=1'을 붙인 주소를 공유하면 내 채널을 구독하지 않은 사람이 그 주소를 눌러 채널에 접속할 경우, 구독 팝업이 바로 나타나면서 구독을 요청할 수 있습니다.

유튜브 채널 주소, 내 마음대로 설정하고 싶어요!

처음 유튜브를 시작하면 채널 주소가 굉장히 어렵고 복잡합니다. 이 채널 주소를 변경할 수 있는데요, 단 조건이 있습니다. 구독자 100명 이상, 개설 후 30일이 경과한 채널, 채널 아트와 채널 아이콘이 모두 등록되어 있어야 맞춤 URL을 만들 수 있습니다.

맞춤 URL 만드는 법

❶ 유튜브에 로그인합니다. 우측 상단의 채널 아이콘 [😎] → [설정]으로 들어갑니다.

❷ 좌측 메뉴 중 [고급 설정]을 클릭합니다.

❸ '채널 설정' 아래에서 '맞춤 URL을 사용할 수 있습니다.' 옆에 〈여기〉를 선택합니다. 단, 채널이 요건을 충족하는 경우에만 이 링크가 표시됩니다.

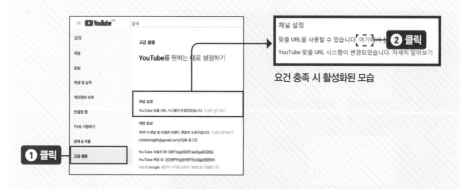

요건 충족 시 활성화된 모습

❹ '맞춤 URL 이용약관'을 읽고 동의한 후 〈URL 변경〉을 클릭하고 변경할 URL을 입력합니다. 일단 승인된 맞춤 URL은 변경이 불가하니 〈선택한 URL 확인〉을 클릭하기 전에 URL이 정말 마음에 드는지 확인하기 바랍니다.

1 | 카드 추가하기

① [YouTube 스튜디오] → [동영상]을 누릅니다.

② 카드를 넣고 싶은 영상을 선택한 후 우측 하단의 [카드] 탭을 클릭합니다.

③ 화면이 바뀌면 〈카드 추가〉를 누릅니다.

④ 동영상 또는 재생목록, 채널, 설문조사, 링크 등을 넣을 수 있는데, 링크의 경우
YPP 프로그램 참여(구독자 1,000명, 시청 시간 4,000시간 달성)가 승인되어야 사용할 수 있
습니다.

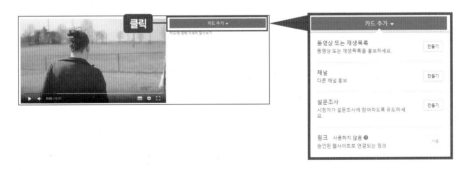

2 | 동영상 또는 재생목록 카드 추가하기

① '동영상 또는 재생목록'을 카드로 넣으려면 옆의 〈만들기〉를 클릭합니다.

② 새 창이 뜨면 [올린 동영상]이나, [재생목록] 탭 중 원하는 것을 선택합니다.

③ 하단의 〈티저 텍스트 맞춤작성 또는 맞춤 메시지 추가〉를 누르면 단계가 추가됩니다.

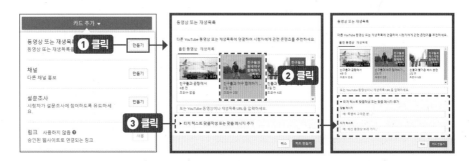

④ '맞춤 메시지'를 작성하면 카드를 클릭했을 때 영상 하단에 노출됩니다. '티저 텍스트'를 입력하면 입력한 문구가 카드에 노출됩니다. 만약 아무 설정도 적용하지 않으면 동영상 제목 또는 재생목록 이름이 카드에 노출됩니다.

아무 설정도 적용하지 않으면 동영상 제목이 노출된다.

'티저 텍스트'를 입력하면 동영상 제목 대신 텍스트가 노출된다.

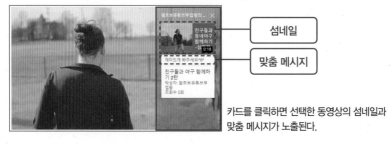

카드를 클릭하면 선택한 동영상의 섬네일과 맞춤 메시지가 노출된다.

⑤ 모든 설정이 끝나면 하단의 〈카드 만들기〉를 누릅니다.

⑥ 카드가 노출될 위치는 영상 하단의 타임라인에서 드래그하여 조정할 수 있습니다.

3 | 채널 카드 추가하기

① '채널' 옆의 〈만들기〉를 클릭합니다.

② 새 창이 뜨면 '채널 사용자 이름 또는 URL'과 '맞춤 메시지', '티저 텍스트'를 입력하고, 하단의 〈카드 만들기〉를 누릅니다.

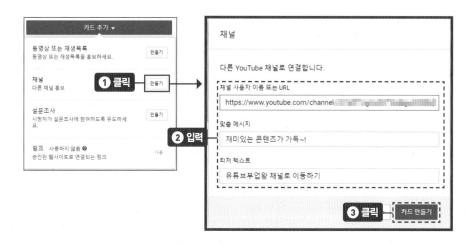

③ 채널 카드가 들어갈 위치를 타임라인에서 조정한 뒤(2단계 ④ 번 참고) 잘 들어갔는
지 확인해 보세요.

카드에 '티저 텍스트'가 노출된다.　　　　　카드를 클릭하면 채널 아이콘과 '맞춤 메시지'가 노출된다.

4 | 설문조사 카드 추가하기

① 설문조사를 카드로 넣으려면 '설문조사' 옆의 〈만들기〉를 클릭합니다.

② 새 창이 뜨면 설문조사 질문과 선택 항목들을 입력합니다. 선택지를 더 추가하고
싶다면 선택 항목 밑의 〈+다른 선택 항목 추가〉를 누르면 됩니다.

③ 질문 하단의 '이 텍스트는 카드 티저에서도 사용됩니다' 옆의 〈변경〉을 누르면 티
저 텍스트를 별도로 입력할 수 있습니다.

④ 모든 사항이 완료되었다면 하단의 〈카드 만들기〉를 눌러 카드를 추가합니다.

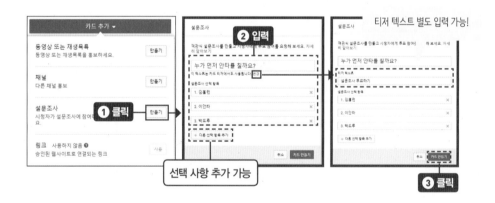

338

⑤ 카드가 들어갈 위치를 타임라인에서 드래그로 조정한 뒤(2단계 ⑥ 번 참고) 카드가
잘 들어갔는지 영상을 재생하여 확인해 보세요.

'티저 텍스트'를 입력하지 않으면 설문조사 질문이 카드에
노출된다.

'티저 텍스트'에 입력한 글이 카드에 노출된다.

카드를 클릭해 펼치면 설문조사 항목이 보인다.

선택 항목을 클릭하면 선택된 항목의 비율이 표시된다.

5 | 링크 카드 추가하기

① 링크 카드를 넣으려면 '링크' 옆의 〈만들기〉를 클릭합니다.

② 새 창이 뜨면 링크 URL에 사이트 주소를 입력하고 [다음]을 누릅니다.

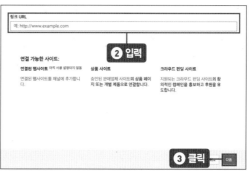

③ 상품 제목을 입력하고 '클릭 유도문안' 중 하나를 선택합니다. 〈이미지 변경〉을 눌러 원하는 이미지도 넣은 후 〈요소 만들기〉를 클릭합니다.

④ 카드가 들어갈 위치를 타임라인에서 드래그로 조정한 뒤(2단계 ⑥ 번 참고) 카드가 잘 들어갔는지 영상을 재생하여 확인해 보세요.

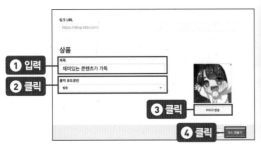

도전유튜버

영상에 브랜딩 추가하기

1 | 워터마크 설정하기

① [YouTube 스튜디오] → [설정]에 들어갑니다.

② [설정] 창이 뜨면 [기타 설정] → [채널 브랜딩]을 누릅니다.

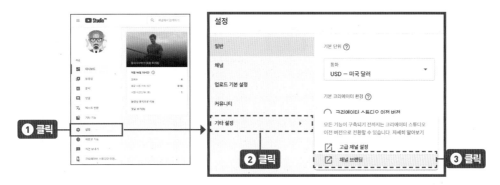

③ 화면이 바뀌면 하단의 〈워터마크 추가〉를 클릭합니다.

④ [워터마크 업로드] 창이 뜨면 〈파일 선택〉을 클릭해, 내 채널 로고 또는 워터마크로 입력할 이미지를 클릭하고 하단의 〈저장〉을 누릅니다.

⑤ 업로드한 워터마크를 미리 볼 수 있습니다. 내가 선택한 로고가 맞다면 〈저장〉을 누릅니다.

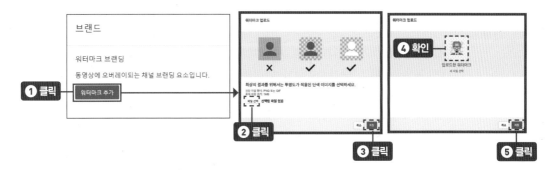

341

2 | 워터마크 확인하기

① 워터마크를 동영상 끝에 놓을 건지, 전체적으로 다 넣을 건지, 시작 부분에 넣을
건지 결정합니다. '맞춤 시작 시간'에 놓을 경우에는 시작 시간을 설정합니다.

② 표시 시간을 선택한 후 〈업데이트〉를 누릅니다.

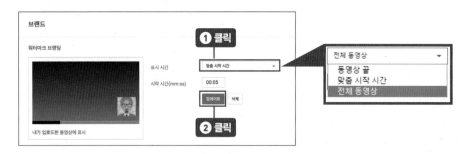

③ 영상을 컴퓨터 PC환경에서 재생하면 우측 하단에 워터마크가 표시되고, 워터마
크에 마우스를 가져다대면 구독을 요청하는 버튼이 뜹니다.

구독자 수 Up! 이벤트 활용법

구독자 수를 늘리기 위해 유튜버들은 다양한 이벤트를 진행합니다. 1만, 5만, 10만, 50만,
100만 등 일정 단위의 구독자 수를 달성하면 상품 등을 걸고 이벤트를 진행하죠. 해당 상품
과 이벤트를 담은 영상을 촬영해 공지하면 시청자들이 댓글로 참여하고, 이후 영상을 통해
당첨자를 발표합니다. 시청자들은 소통이 활발한 유튜브 채널을 좋아하므로 가끔씩 이런
이벤트를 진행하는 것도 구독자를 늘리는 데 도움이 됩니다.

진성 구독자는 물론 수익 창출까지
– 실시간 스트리밍(슈퍼챗)

라이브 방송으로 진성 구독자 수 늘리기

댓글도 커뮤니케이션에서 아주 중요한 부분이지만, 시청자들과 직접 소통할 수 있는 방법이 있습니다. 바로 라이브 방송인데요, 유튜브에서는 이 라이브 방송을 '실시간 스트리밍'이라고 부릅니다. 공중파 TV에서 방영되었던 〈마이 리틀 텔레비전〉이나 인터넷 방송인 아프리카 TV 등이 모두 라이브 방송입니다.

라이브 방송으로 소통도 하고, 구독자 수도 늘리고!

실시간 라이브 중인 '백수골방'

실시간 스트리밍을 진행하면 그때마다 찾아오는 진성 구독자[*]를 늘릴 수 있으며, 유튜브가 중요하게 여기는 시청 시간도 눈에 띄게 늘릴 수 있습니다. 또한, 실시간 스트리밍 중 재미있던 부분만 편집해 올릴 수 있으므로 원소스 멀티유스(OSMU)[**] 효과도 얻을 수 있습니다.

실시간 스트리밍으로 수익 창출 - 슈퍼챗

댓글로 소통하려면 기다림이 필요하지만 실시간 스트리밍은 방송하면서 즉각적으로 리액션할 수 있기 때문에, 아무래도 시청자와 소통하는 것이 더 쉽습니다. 그래서 게임, 토크, 음악 커버 등 인기 분야에서 많이 사용해왔죠. 그간 유튜브 콘텐츠는 주로 편집 영상 위주로만 업로드되었는데, 슈퍼챗 기능이 도입되면서 수익성이 개선되었고 이는 실시간 스트리밍의 수요를 증가시켰습니다.

슈퍼챗은 구독자 수 1,000명 이상, 18세 이상의 자격을 갖춘 유튜버가 기능이 제공되는 지역(한국은 문제없이 사용 가능)에 거주해야 사용할 수 있습니다. 시청자는 슈퍼챗을 구매해서 유튜버에게 자신의 메시지를 더욱 돋보이게 할 수 있습니다. 슈퍼챗으로 발생하는 수익의 70%는 유튜버가, 30%는 구글이 가져간다고 되어 있지만, 실제로는 수수료와 환율로 인해 유튜버가 얻을 수 있는 수익은 63~65% 정도라고 알려져 있습니다.

유튜브는 후원 금액당 메시지의 최대 길이와 스티커 표시 시간에 차등을 두어 시청자들의 슈퍼챗을 유도하고 있습니다. 또한, 시청자의 최대 슈퍼챗 구매 한도를 하루에 500달러(한화 약 57만원) 혹은 일주일에 2,000달러(한화 약 227만원)로 제한하여 무분별한

◆ **진성 구독자**: 내 채널을 단순히 구독만 하는 것이 아니라 내 채널 콘텐츠에 좋아요, 댓글을 꾸준히 달고 공유하면서 활발하게 참여하는 구독자를 말한다.
◆◆ **원소스 멀티유스(OSMU: One Source Multi Use)**: 하나의 콘텐츠를 다양한 방식으로 재생산, 소비하는 것

구매를 막고 있습니다. 유튜버 입장에서는 영상의 광고 수익과는 별개로 실시간 스트리밍을 통해 구독자들의 친밀감과 함께 수익까지 얻을 수 있어서 일석이조입니다.

지출 금액에 따라 다른 혜택이 주어집니다. 아래에서 내가 사용하는 통화에 해당하는 가격을 확인하세요.

구매 금액(대한민국 원)	색상	색상 이름	메시지 최대 길이(영문 기준)	티커에 표시되는 최대 시간
1,000~1,999원		파란색	0자	0초
2,000~4,999원		연한 파란색	50자	0초
5,000~9,999원		초록색	150자	2분
10,000~19,999원		노란색	200자	5분
20,000~49,999원		주황색	225자	10분
50,000~99,999원		자홍색	250자	30분
100,000~199,999원		빨간색	270자	1시간
200,000~299,999원		빨간색	290자	2시간
300,000~399,999원		빨간색	310자	3시간
400,000~499,999원		빨간색	330자	4시간
500,000원		빨간색	350자	5시간

참고: 사이트 전체에서 일일 한도는 대한민국 원 기준으로 500,000원입니다.
구매 금액이 5,000원 미만이면 티커에 표시되지 않습니다.

가격별로 혜택이 다른 슈퍼챗

슈퍼챗 정책에 따라 초록색은 영문 기준 150자 길이의 메시지가 2분간 노출!

슈퍼챗 예시 화면

실시간 스트리밍은 구독자 수 1만~5만명 이상일 때 추천!

유튜브 실시간 스트리밍은 생방송이어서 준비 작업이 필요합니다. 실시간으로 방송을 내보내기 위한 과정은 1. 실시간 스트리밍 콘텐츠 준비하기 → 2. 실시간 스트리밍 장비 점검하기 → 3. 실시간 스트리밍 진행하기와 같이 3단계로 진행됩니다.

준비과정은 어렵지 않지만 유튜브 채널 초기에는 실시간 스트리밍을 권하지 않습니다. 이것은 구독자가 최소 1만~5만명 이상일 때 효과적인 방법입니다. 구독자가 없는 상태에서 스트리밍을 하면 방송을 보는 사람이 적기도 하거니와, 생방송이나 다름없는 실시간 스트리밍에서 돌이킬 수 없는 실수를 한다면 채널 운영에 치명적이기 때문입니다. 그러니 채널 운영 초기에는 잘 기획한 편집 영상을 통해 유튜브 콘텐츠에 대한 학습과 훈련을 충분히 한 다음, 부담스럽지 않은 수준에서 실시간 스트리밍에 도전해 보세요.

그럼 구독자를 충분히 확보했다는 가정하에 지금부터 실시간 스트리밍을 어떻게 진행해야 하는지 단계별로 알아보겠습니다.

1 | 실시간 스트리밍 콘텐츠 준비하기

방송 시작 전 콘텐츠를 미리 기획하고 점검해야 합니다. 다음의 형식을 참고해 준비해 보세요.

스스로 작성해 보세요.

▪ 실시간 스트리밍 콘텐츠 점검하기 ▪

1 무슨 요일, 몇 시에 방송할 것인가?

~~~~~~

2 어떤 내용을 다룰 것인가?

~~~~~~

3 라이브로 해야 더 좋은 것이 확실한가? → 아니라면 편집 영상으로 업로드하기

4 시청자가 라이브를 계속 봐야 할 이유는 무엇인가? → 시청자가 꼭 봐야 할 재미요소 생각하기

5 방송시간은 어느 정도인가? → 스스로 부담스럽지 않을 정도인지 점검하기

2 | 실시간 스트리밍 장비 점검하기

실시간 스트리밍을 하려면 그에 걸맞은 장비를 준비할 필요가 있습니다. 장비의 기술적 문제 때문에 실시간 스트리밍이 중단되면 안 되겠지요? 그러니 장비 점검도 철저히 하기 바랍니다.

① 스마트폰으로 방송할 경우

유튜브 앱을 이용하면 복잡한 설정 없이 손쉽게 방송할 수 있지만 화질이 다소 떨어집니다. 또한 야외에서 이동하면서 간편하게 방송할 때는 유리하지만, 방송 중인 화면에 참고 자료를 띄우는 등의 활용이 어렵습니다.

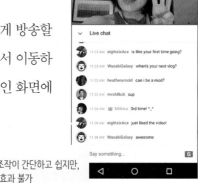

스마트폰은 조작이 간단하고 쉽지만,
다양한 화면 효과 불가

② 노트북 내장 카메라로 방송할 경우

외부 프로그램을 활용해 좀 더 다양한 기능(자막, 참고 영상 등)을 사용할 수 있고, 별도로 카메라 연결이 필요하지 않아서 쉽습니다. 반면에 내장 카메라이기 때문에 촬영 도중 화면 이동이 어려워 토크 위주의 실시간 스트리밍에 유리한 방식입니다.

노트북은 토크 위주의
실시간 스트리밍에 적합

출처: Blimey

③ 외부 카메라를 사용해 방송할 경우

컴퓨터와 연결할 캡처보드◆와 마이크, 별도의 카메라가 필요하기 때문에 장비 세팅에 예산이 많이 필요합니다. 하지만 스마트폰과 노트북 내장 카메라에 비해 화질이 훨씬 뛰어나며, 카메라를 다양한 장소에 두고 방송할 수 있어서 화각 면에서도 좋습니다.

외부 카메라는 필요한 장비가 많지만
높은 퀄리티로 방송 가능

출처: 리뷰엉이

◆ **캡처보드**: PC에 장착되는 부가 장치. 일반 PC는 비디오 입력이 불가능한데, 캡처보드를 이용하면 A/V, S-단자, 컴포넌트, HDMI 등을 이용해 PC로 인터넷 방송을 할 수 있다.

3 │ 실시간 스트리밍 진행하기

실시간 스트리밍의 콘텐츠와 장비까지 모두 점검을 마쳤다면, 이제 실시간 스트리밍을 진행하는 단계만 남았습니다. PC로 스트리밍할 때는 자격 기준이 따로 없지만, 모바일은 최근 자격 기준이 상향되어 채널의 구독자가 1,000명 이상 되어야 실시간 스트리밍을 할 수 있습니다.

이제 실시간 스트리밍의 기본이라고 할 수 있는 노트북(PC)과 스마트폰을 활용한 실시간 스트리밍 방법을 〈도전 유튜버〉에서 알아보겠습니다.

수익과 직결되는 구독자 수를 늘리기 위해서는
꾸준한 홍보와 소통이 중요하다는 사실!

1 | 실시간 스트리밍 기능 활성화하기

실시간 스트리밍을 진행하려면 먼저 기능을 활성화해야 합니다. 스트리밍 활성화는
컴퓨터에서만 신청할 수 있습니다.

① [YouTube 스튜디오] → [동영상] → [실시간 스트리밍]을 누른 다음 〈시작하기〉를
클릭합니다.

② 화면이 바뀌면 다시 한번 〈시작하기〉를 클릭합니다.

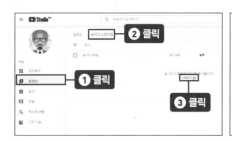

③ 〈시작하기〉를 누르면 '24시간 후 이용 가능'이 뜨며, 시간이 경과하면 실시간 스트
리밍 기능이 활성화됩니다.

스트리밍 활성화는 한 번만 신청하면
모바일과 PC에서 모두 사용 가능!

실시간 스트리밍은 매번 유예기간이 있나요?

스트리밍 활성화는 처음 한 번만 신청하면 되는데 처음 신청할 때만 24시간의 유예기간이 있습니다. 승인이 되면 모바일과 PC에서 모두 사용 가능합니다.

2 | 실시간 스트리밍 설정하기

① 유튜브에 접속해 오른쪽 상단의 동영상 또는 게시물 만들기 [📷] → [실시간 스트리밍 시작]을 클릭합니다.

② [웹캠 스트림 정보] 창에서 방송 제목을 입력합니다.

③ [방송 공개 설정]을 눌러 [공개(모든 사용자)]/[미등록(링크 있는 모든 사용자)]/[비공개(나)] 중 하나를 선택합니다.

④ '나중에 방송하도록 예약'을 사용하면 동영상을 시작할 날짜와 시간 입력이 가능합니다. 이 기능을 사용하면, 시청자가 유튜버의 스트리밍에 접속해도 '실시간 스트리밍을 준비 중입니다. (예정: 00월 00일 00시)'라는 문구가 표시되며, 해당 시간이 되어야 화면이 공개됩니다.

⑤ 하단의 〈옵션 더보기〉를 누르면 스트리밍 유형(여행/이벤트, 게임, 코미디 등)과 카메라, 마이크를 선택할 수 있고, 〈고급 설정〉에서는 채팅 허용, 연령 제한 사용 등을 설정할 수 있습니다.

⑥ 모든 설정이 완료되면 〈다음〉을 클릭합니다.

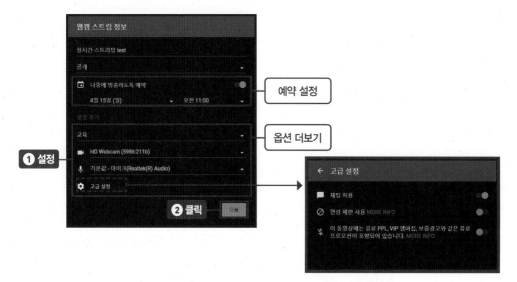

⑦ 카메라를 이용해 미리보기 이미지를 촬영하거나 맞춤 미리보기 이미지를 업로드합니다. 다 완료되면 〈실시간 스트리밍 시작하기〉를 누릅니다.

실시간 스트리밍에는 카메라와 마이크가 필수!

실시간 스트리밍을 하려면 당연히 화면을 비출 카메라와 내 목소리를 들려줄 마이크가 있어야겠죠? 요즘 노트북엔 내장 카메라와 마이크가 있어 따로 설치할 필요는 없지만, 나중에 퀄리티를 높여 방송하고 싶다면 그때 외부장비를 구매하면 됩니다.

만약 노트북으로 실시간 스트리밍을 하려고 하는데 마이크와 카메라 사용 권한을 요청한다면 반드시 〈허용〉을 눌러야 정상적으로 방송을 시작할 수 있습니다.

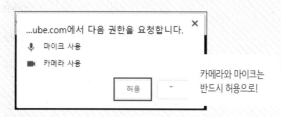

카메라와 마이크는
반드시 허용으로!

3 │ 실시간 스트리밍 시작 및 종료하기

1 모든 설정을 완료했다면 실시간 스트리밍을 시작합니다.

진행 시간, 참여 인원, 좋아요

스트리밍 화면

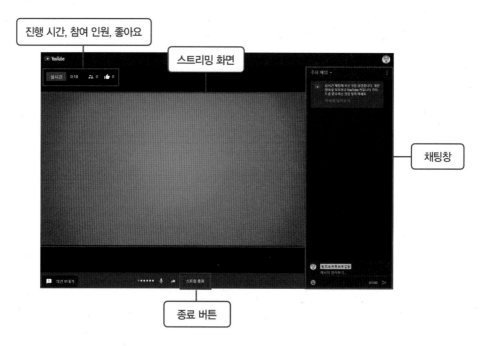

채팅창

종료 버튼

② 스트리밍을 모두 완료하면 하단에 있는 〈스트림 종료〉를 클릭한 후 새 창이 뜨면 〈종료〉를 누릅니다.

③ [스트림 완료] 창이 뜨면 실시간 스트리밍이 어떻게 진행되었는지 세부내역을 확인할 수 있습니다. 확인 후 〈완료〉를 누르거나 〈스튜디오에서 수정〉을 누릅니다. 〈스튜디오에서 수정〉을 누르면 바로 동영상 편집으로 화면이 바뀝니다.

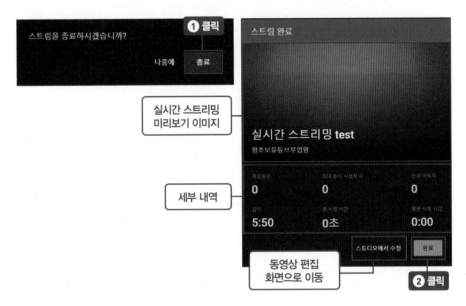

④ 스트리밍 파일은 내 채널에 보관됩니다. [동영상] 탭에서 공개, 비공개로 설정할 수도 있고, 영상을 삭제할 수도 있습니다.

[동영상] 탭에서 실시간 스트리밍 수정, 편집 가능!

실시간 스트리밍 중 자막을 넣고 싶다면 – OBS 스튜디오

OBS 스튜디오 홈페이지

실시간 스트리밍 자막 사례(출처: 이사배)

실시간 스트리밍을 하다 보면, 중간에 자막을 넣거나, 필요한 자료를 화면에 띄워야 할 상황이 생깁니다. 그럴 때는 유튜브 자체 스튜디오를 통한 실시간 스트리밍 기능이 아닌, 외부 프로그램을 사용해야 합니다. 추천하는 외부 프로그램은 한글도 지원되며, 무료로 제공되는 'OBS 스튜디오'입니다. OBS 스튜디오는 OBS 홈페이지(obsproject.com)에서 다운로드할 수 있고 윈도와 맥에서 모두 사용할 수 있습니다.

도전유튜버

스마트폰으로 실시간 스트리밍 진행하기

실시간 스트리밍을 사용하려면 먼저 활성화를 해야 합니다. 실시간 스트리밍 활성화에 대해서는 〈도전 유튜버〉 350쪽 1단계를 확인하세요.

1 │ 스마트폰에서 실시간 스트리밍 시작하기

① 유튜브 앱에 접속한 후, 화면 상단에 동영상 또는 게시물 만들기[■◀]를 누릅니다.

② 〈실시간 스트리밍 시작하기〉를 누릅니다.

③ 방송 제목을 작성하고, 방송 공개 여부를 설정한 뒤 〈다음〉을 누릅니다.

④ 미리보기 이미지로 사용할 사진을 찍고, 〈실시간 스트리밍 시작〉을 누르면 실시간 스트리밍이 시작됩니다.

진행 시간, 참여 인원, 좋아요

1 입력

2 설정

실시간 스트리밍
미리보기 이미지

스트리밍 화면

3 터치

4 터치

2 | 실시간 스트리밍 끝내기

1 우측 상단의 종료 아이콘 [✕] → 〈확인〉을 선택하면 실시간 스트리밍 세부내역
을 확인한 뒤 종료할 수 있습니다. 〈완료〉를 누릅니다.

2 스트리밍 파일은 실시간 스트림 내 채널에 보관됩니다. [동영상] 탭에서 수정이 가
능하고, 설정 변경 및 영상 삭제도 할 수 있습니다.

실시간 스트리밍
미리보기 이미지

1 터치

2 터치

세부내역

3 터치

35 │ **YouTube 파트너 프로그램 참여로 수익 창출하기**

36 │ **유튜브로 어떻게 돈을 벌까?** – 유튜브 수익 채널

37 │ **유튜브 광고 수익 정산받기**

38 │ **유튜브 밖에서도 돈 버는 유튜브 부업왕**

왕초보 ◆ 유튜브 ◆ 부업왕

여|섯|째|마|당

유튜브 부업왕 되는
애드센스 활용법

YouTube 파트너 프로그램 참여로 수익 창출하기

35

〈다섯째마당〉에서 구독자 수 늘리는 최강 홍보법을 알아보았습니다. 〈여섯째마당〉에서는 '유튜브 부업왕'이란 제목에 걸맞게 유튜브로 수익을 내는 방법과 노하우에 대해서 알아보겠습니다. 먼저 내 유튜브 채널을 수익형으로 바꾸기 위해서는 YouTube 파트너 프로그램(YPP)에 가입해야 합니다.

YouTube 파트너 프로그램에 참여 신청하기

YouTube 파트너 프로그램에 가입이 최종 승인되면 광고 프로그램인 구글 애드센스와 연동되며, 그때부터 내 유튜브 채널에 광고를 붙여 수익을 낼 수 있습니다. 따라서 채널이 활성화되기 전에 미리 신청해 놓는 것이 좋습니다.

참여 신청만 한다고 무조건 승인이 나는 것이 아니라 어느 정도 자격 기준이 필요한데요, 최소 자격은 다음과 같습니다.

■ YouTube 파트너 프로그램 참여 최소 자격 요건

1. 모든 YouTube 파트너 프로그램 정책을 준수합니다.
2. YouTube 파트너 프로그램이 제공되는 국가나 지역에 거주합니다.
3. 최근 12개월간 채널의 시청 시간이 4,000시간 이상입니다.
4. 구독자 수가 1,000명 이상입니다.
5. 연결된 애드센스 계정이 있습니다.

YouTube 파트너 프로그램 참여 신청은 유튜브 채널 운영자라면 누구나 할 수 있지만 가이드라인을 준수해야 합니다. 신청하기 전 내 채널이 아래의 항목을 충족하는지 확인해 보세요.

스스로 작성해 보세요.

■ YouTube 파트너 프로그램 참여 신청 전 체크리스트 ■

1	**채널이 유튜브 정책과 가이드라인을 준수하는가?** → 채널이 유튜브 정책과 가이드라인을 준수해야 합니다. 프로그램 참여를 신청하면, 유튜브는 표준 검토 절차에 따라 채널이 유튜브 정책과 가이드라인을 준수하는지 검토합니다. 이 기준을 충족하는 채널만 프로그램 참여를 승인받을 수 있습니다. 유튜브는 프로그램에 참여하는 채널의 유튜브 정책 및 가이드라인 준수 여부를 지속적으로 확인합니다.	☐
2	**채널의 이메일에 연결된 애드센스 계정이 1개인가?** → 애드센스 계정은 1개여야 합니다. 프로그램에 참여하면 수익금을 지급받을 애드센스 계정이 필요합니다. 계정이 여러 개인 채널은 수익을 창출할 수 없으므로, 채널의 이메일에 애드센스 계정이 1개만 연결되어 있는지 확인합니다.	☐
3	**구독자 수 1,000명과 시청 시간 4,000시간을 충족했는가?** → 구독자 수가 1,000명 이상이고 시청 시간이 4,000시간 이상이어야 합니다. YouTube 파트너 프로그램 참여 자격을 평가할 때는 맥락이 필요한데, 채널이 이 기준에 부합한다는 것은 일반적으로 많은 콘텐츠가 게시되어 있음을 뜻합니다. 이러한 기준은 유튜브가 충분한 정보를 바탕으로 채널의 정책 및 가이드라인 준수 여부를 판단하는 데 도움이 됩니다.	☐

4	**YouTube 파트너 프로그램에 참여를 신청했는가?** → YouTube 파트너 프로그램에 참여를 신청해야 합니다. 참여는 언제든지 신청할 수 있지만 채널이 유튜브의 기준을 충족할 때만 검토 대상이 됩니다.	☐
5	**YouTube 파트너 프로그램 자격요건 충족 후 신청 상태를 확인했는가?** → 참여 신청이 받아들여졌는지 확인해야 합니다. 채널이 YouTube 파트너 프로그램 자격요건을 충족하면 자동으로 검토 대기열로 이동합니다. 그러면 유튜브 자동 시스템과 전문 검토자가 채널의 콘텐츠를 살펴보고 모든 가이드라인의 준수 여부를 확인합니다. 신청 상태는 [YouTube 스튜디오] → [기타 기능] → [수익 창출]에서 언제든지 확인할 수 있습니다.	☐

채널이 구독자 수 1,000명, 시청 시간 기준으로 12개월간 4,000시간을 충족하면 참여 신청은 대기열로 이동하고, 전문 검토자들이 채널 전반을 살펴본 뒤 YouTube 파트너 프로그램 정책을 준수하는지 확인합니다. 일반적으로 기준을 충족한 시점부터 검토까지는 1개월 정도 소요됩니다. 별 문제가 없는 한 신청은 승인되며, 승인되지 않으면 30일이 지난 뒤 다시 신청할 수 있습니다.

참여 신청이 승인되지 않았다면, 전문 검토자들이 채널의 상당 부분이 유튜브 정책 및 가이드라인을 충족하지 않는다고 판단했다고 보면 됩니다.

채널을 검토 중인 모습

채널이 승인된 모습

왕초보 Q&A! YouTube 파트너 프로그램

① 구독자 1,000명 달성 시 바로 유튜브 광고 수익을 얻을 수 있나요?

아니오. YouTube 파트너 프로그램에 참여하려면 구독자 1,000명 외에도 12개월간 시청자들의 영상 시청 시간이 4,000시간을 돌파해야 합니다. 이것은 3분 영상 기준으로 10만 조회 수 이상 달성해야 충족 가능한 기준입니다(예 3분 영상 10개를 끝까지 시청했을 때 영상당 1만 조회 수를 기록하면 가능합니다).

채널 기준을 충족하면 기본적인 검토절차에 돌입하며, 전문 검토자들이 해당 채널이 YouTube 파트너 프로그램 정책을 준수하는지 확인합니다. 구독자 수와 시청 시간을 충족하더라도 유튜브 정책과 가이드라인을 준수하는 채널만 수익을 창출할 수 있습니다.

② YouTube 파트너 프로그램 신청 후, 내 채널이 최소 자격요건 이하로 떨어지면 어떻게 되나요?

채널이 기준을 충족하지 못하더라도 YPP에서 자동으로 제외되지는 않습니다. 하지만 채널이 6개월 이상 비활성 상태이거나 게시물이 업로드 또는 게시되지 않으면 유튜브는 재량에 따라 채널의 수익 창출 자격을 박탈할 수 있습니다. 단, YouTube 파트너 프로그램 정책을 위반한 채널은 시청 시간과 구독자 수에 관계없이 수익 창출 자격을 잃습니다.

tip

내 콘텐츠의 매력도는 얼마? – 평균 조회율

평균 조회율이란 동영상 전체 길이 중 사용자가 본 길이의 평균 비율입니다.

$$(\text{평균 조회율}) = \frac{(\text{총 동영상 시청 기간})}{(\text{동영상 조회 수}) \times (\text{동영상 재생 길이})}$$

예를 들어 사용자 두 명이 20초 길이의 동영상을 클릭하여 각자 정확히 10초씩 보는 경우 동영상 평균 조회율은 50%(10초×2회÷조회 2회×20초)로 계산됩니다. 권장하는 평균 조회율은 50% 이상이며, 영상을 클릭한 시청자가 영상을 절반 이상 보게 만드는 것이 중요합니다.

평균 조회율을 높이려면 타깃팅한 시청자가 좋아할 만한 특정 소재나 주제 위주로 다루되, 각각의 동영상을 이전의 동영상과 연관지어서 만들지 말고, 이전 동영상을 보지 않아도 이해할 수 있도록 별개의 콘텐츠를 만드는 것이 좋습니다. 또한, 섬네일과 제목만 그럴듯하게 만드는 낚시성 콘텐츠는 피해야 합니다. 스토리텔링(기–승–전–결)에 대해 고민하고, 대본 구성 및 영상 편집 시 초반부에 뒷내용에 대한 호기심을 유발해야 합니다.

도전유튜버

YouTube 파트너 프로그램 참여하기

1 | YouTube 파트너 프로그램에 참여하기

① 먼저 유튜브에 로그인한 후 오른쪽 상단에서 채널 아이콘 [🐱] →[YouTube 스튜디오]를 선택합니다.

② 좌측 메뉴에서 [기타 기능] →[상태 및 기능]을 선택합니다.

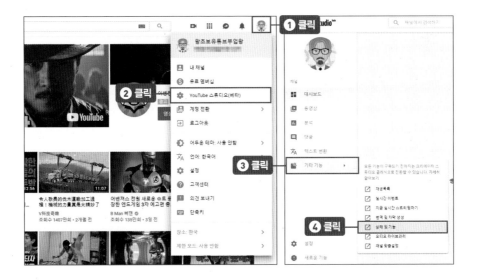

③ [수익 창출]의 〈사용〉을 클릭합니다.

④ 수익 창출을 '사용'으로 바꾼 뒤 뜨는 화면은 다음과 같습니다. YouTube 파트너 프로그램에 참여하기 위한 단계는 총 4단계입니다.

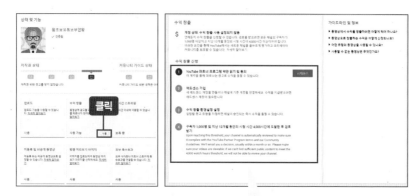

YPP 참여하기 4단계
1. YouTube 파트너 프로그램 약관 읽기 및 동의하기
2. 애드센스 가입하기
3. 수익 창출 환경설정 설정하기
4. 구독자 수 1,000명 및 지난 12개월 동안의 시청 시간 4,000시간에 도달한 후 검토받기

tip

수익 창출이 '사용 불가'예요!

만약 [수익 창출]이 '사용 불가'라고 되어 있다면 밑줄이 쳐져 있는 〈국가 위치를 선택〉을 클릭합니다. 국가를 [한국]으로 선택하고 아래 〈저장〉을 클릭합니다.

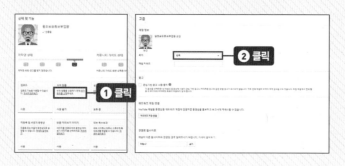

2 | YouTube 파트너 프로그램 약관 읽기 및 동의하기

① 1단계 'YouTube 파트너 프로그램 약관 읽기 및 동의' 옆에 있는 〈시작하기〉를 클릭합니다.

② 새 창이 뜨면 모든 체크상자에 체크하고, 〈동의함〉을 클릭합니다.

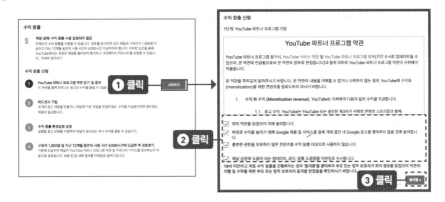

3 | 애드센스 가입하기

동영상으로 수익을 창출하여 지급받으려면 애드센스◆ 계정이 필요합니다.

① 2단계 '애드센스 가입' 옆에 있는 〈시작하기〉를 클릭합니다.

② 애드센스 연결 관련 페이지 내용이 뜨면 〈다음〉을 클릭합니다.

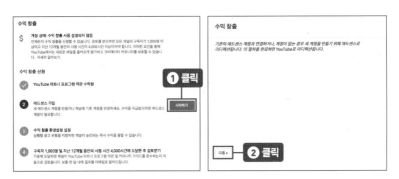

◆ **에드센스**: 구글의 광고 프로그램. 유튜브 및 웹사이트 운영자가 애드센스에 가입해 구글에서 제공하는 광고를 게재하면 수익을 얻을 수 있다. 광고 수익은 구글과 유튜브(웹사이트) 운영자가 나눠 가진다.

❸ 구글 애드센스 가입창이 열리면 '애드센스를 최대한 활용하기'에서 이메일 수신 여부에 체크하고 국가는 '대한민국'을 선택합니다. 그 후, 이용약관 동의란에 체크한 다음 〈계정 만들기〉를 누르세요.

❹ 애드센스를 간단하게 설명하는 창이 하나 뜹니다. 좌우 버튼을 눌러 애드센스의 효과를 읽은 뒤 아래의 〈시작하기〉를 누르세요.

❺ 수취인 주소 세부정보 입력 페이지가 뜨면 이름 및 주소를 정확히 입력한 후 아래쪽의 〈제출〉을 누르세요. 이때 주소는 애드센스 인증 우편물을 받아야 하므로 실제로 수취할 수 있는 주소로 입력해야 합니다.

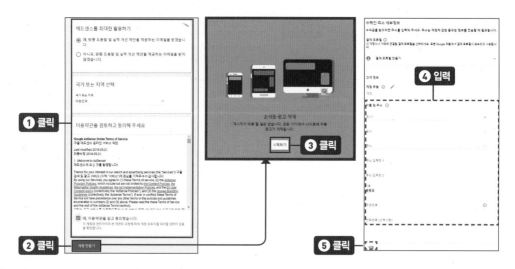

 애드센스 인증 우편물이란?

애드센스 인증 우편물은 애드센스 수익이 10달러가 넘으면 발송됩니다. 우편을 받으면 애드센스 웹사이트에 접속해 인증 우편물에 적힌 PIN번호를 입력하여 주소를 인증받아야 합니다. 만약 애드센스 인증 우편물을 받지 못했다면 애드센스 웹사이트에서 PIN번호를 재발송해야 하며, 그래도 우편물이 오지 않는다면 애드센스 웹사이트의 주소를 변경한 후 다시 PIN번호를 재발송해 보세요.

4 | 수익 창출 환경설정하기

① 애드센스의 '호스트 리디렉션♦'이 완료되면, 3단계인 '수익 창출 환경설정 설정' 옆에 〈시작하기〉를 누르세요.

② 유튜브 채널에 게재할 광고 형식을 선택하는 창이 나오면 모두 선택한 후 〈저장〉을 클릭합니다.

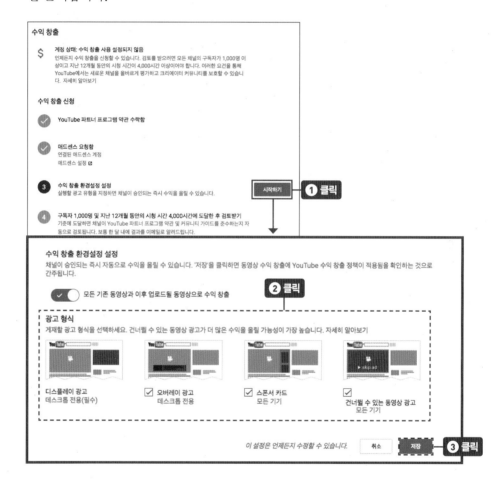

◆　**리디렉션**: 컴퓨팅에서 표준 스트림을 사용자 지정 위치로 우회할 수 있는 다양한 유닉스 셸을 포함한 대부분의 명령어 인터프리터에 대한 일반적인 명령이다. 여기서는 쉽게 말해 유튜브와 애드센스의 연동을 의미한다.

5 | 구독자 1,000명 및 지난 12개월 동안의 시청 시간 4,000시간에 도달한 후 검토받기

① YouTube 파트너 프로그램 신청이 완료되면 지난 12개월 동안의 시청 시간과 구독자 수가 나옵니다. 구독자 수 1,000명, 시청 시간 4,000시간을 돌파하면 자동으로 검토가 시작되며, 검토에는 최대 1달 이상 소요될 수 있습니다.

② 구독자 수 1,000명 및 시청 시간 4,000시간을 달성한 뒤 수익 창출이 활성화되었는지 확인하려면 [YouTube 스튜디오] → [동영상]을 선택합니다. 수익 창출 아이콘($)이 뜬다면 수익 창출이 활성화된 것입니다.

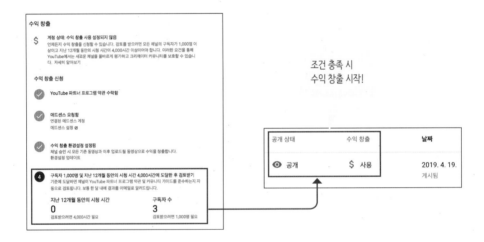

조건 충족 시
수익 창출 시작!

tip

YPP 참여 후 수익이 발생하면 어떻게 되나요?

조건을 만족한 뒤 검토까지 모두 끝나면 내 유튜브 영상에 광고가 달리고, 이에 따른 광고 수익을 얻을 수 있습니다. 유튜브에서 발생한 수익은 애드센스에 모이는데, 애드센스 기준 누적 수익금이 100달러를 넘으면 다음 달 21일 전후로 내가 설정한 통장에 입금됩니다. 100달러는 매달 받을 수 있는 최소 지급 기준일 뿐 애드센스에서 지급 기준을 1,000달러로 변경한다면 그에 도달해야 수익금을 지급받을 수 있습니다.

광고 형식을 바꾸고 싶어요!

[YouTube 스튜디오] → [크리에이터 스튜디오] → [채널] → [업로드 기본 설정]에서 수익
창출 환경을 변경할 수 있습니다.

1 클릭

2 클릭

크리에이터 스튜디오에서
광고 형식 변경 가능!

유튜브로 어떻게 돈을 벌까?
– 유튜브 수익 채널

36

앞에서 구독자 수 1,000명, 12개월 동안 시청 시간 4,000시간을 충족하면 수익이 발생한다고 했습니다. 이번에는 유튜브로 어떻게 돈을 벌 수 있는지, 또 수익을 낼 수 있는 광고의 종류는 무엇인지 함께 알아봅시다.

유튜브도 미디어, 광고 수익은 애드센스로 입금!

■ 유튜브 광고 수익 발생 3단계 과정 ■

1		**2**		**3**
광고주	▶	유튜브	▶	유튜버
광고 의뢰 및 광고비 책정		광고 집행		영상 업로드 시 시청자에게 광고 노출

지구상에 존재하는 거의 모든 미디어 산업은 광고를 기반으로 성장했다고 봐도 무방할 정도로 광고가 미디어 회사에 주는 수익은 절대적입니다. 광고주에 해당하는 기업, 관공서 등에서는 새로운 제품, 서비스, 정책 등이 나오면 신문, 방송 등 미디어 회사에 광고비를 책정하고 집행합니다.

유튜브도 뉴미디어의 일종이므로 광고주들은 유튜브에 광고비를 주고 광고를 의뢰합니다. 이 광고는 유튜버 채널 중 판매 타깃과 채널 시청층이 일치하는 채널(영상)에 분배됩니다. 유튜버의 영상을 보려고 클릭한 시청자가 광고에 노출되는 대가로 광고주가 해당 유튜버에게 광고비를 주는 것이죠.

광고비로 제공되는 모든 수익이 100% 유튜버에게 전달되는 것은 아니고, 수익 중 45%는 유튜브가 가져가고 55% 정도만 애드센스를 통해 입금됩니다. 슈퍼챗 수익의 정산 비율은 유튜버와 구글이 70:30이지만, 일반적으로 영상 앞에 붙는 광고 수익의 정산 비율은 55:45입니다.

유튜브 광고 형식 6가지 총정리

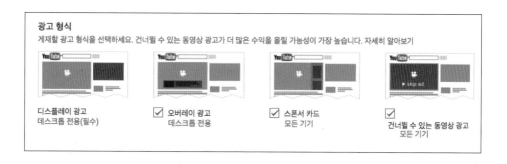

그렇다면 영상에 삽입되는 광고 유형에는 어떤 것들이 있을까요? 유튜버는 디스플레이 광고를 필수로 오버레이, 스폰서 카드, 건너뛸 수 있는 동영상 광고 등 직접 광고 유형을 선택할 수 있습니다.

① 디스플레이 광고 – 데스크톱에서만 가능

출처: 피로

추천 동영상 좌측과 동영상 추천목록 상단에 광고가 게재됩니다. 플레이어가 더 클 때는 플레이어 하단에 게재될 수도 있습니다. 시청자가 광고를 클릭하거나 시청할 때 수익이 발생하는데 수익률은 낮은 편입니다.

② 오버레이 광고 – 데스크톱에서만 가능

출처: 레이니

반투명 오버레이 광고(배너)가 동영상 하단 20% 부분에 게재됩니다. 시청자가 개제된 광고 배너를 클릭하거나 동영상에 광고 배너가 그냥 뜨기만 해도 수익이 발생합니다. 시청자가 배너창을 닫을 수 있습니다.

③ 건너뛸 수 있는 동영상 광고 – 모든 기기에서 가능

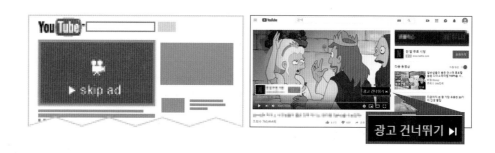

건너뛸 수 있는 동영상 광고는 시청자가 원할 경우 광고 시작 5초 후부터 건너뛸 수 있습니다. 기본 동영상 전후 또는 중간에 삽입됩니다. 건너뛸 수 있는 광고와 범퍼 광고가 연달아 재생될 수도 있습니다. 30초 미만인 광고는 끝까지 시청해야, 30초 이상인 광고는 그 이상 시청해야 수익이 발생합니다. 업로드한 영상 길이가 10분 이상이면 중간에 광고를 추가로 넣을 수 있습니다.

④ 건너뛸 수 없는 동영상 광고 – 데스크톱 및 모바일에서만 가능

건너뛸 수 없는 동영상 광고가 나타나면 모두 시청해야 동영상을 볼 수 있습니다. 최대 30초이며, 보통 15초 정도 시청하면 본 영상으로 넘어갑니다. 도중에 건너뛸 수 없어 무조건 끝까지 시청해야 하므로 수익률이 상대적으로 나은 편이지만, 건너뛸 수 없으므로 자주 나오면 시청자들이 불만을 가질 수 있습니다.

⑤ 범퍼 광고 – 데스크톱 및 모바일에서만 가능

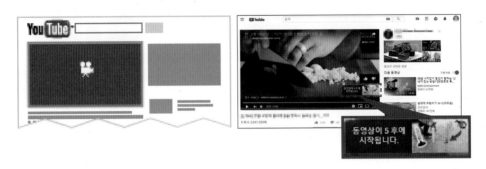

건너뛸 수 없는 광고이지만, 최대 6초밖에 되지 않습니다.

⑥ 스폰서 카드 – 데스크톱 및 모바일에서만 가능

Awesome Stuff Week: Tuesday Reviewsday, adidas Tubular X

출처: Brad Hall

    스폰서 카드에는 동영상에 포함된 제품 등 동영상과 관련이 있는 콘텐츠가 표시됩니다. 카드의 티저가 몇 초간 표시되며, 동영상 오른쪽 상단의 아이콘을 클릭하여 카드를 탐색할 수 있습니다.

유튜브 광고 외 수익 채널 3가지

유튜브는 일반적인 광고 수익 외에도 슈퍼챗, 유튜브 프리미엄 시청료 분배, 채널 멤버십 등을 통해 유튜버에게 수익 다각화를 제공하고 있습니다.

① 슈퍼챗

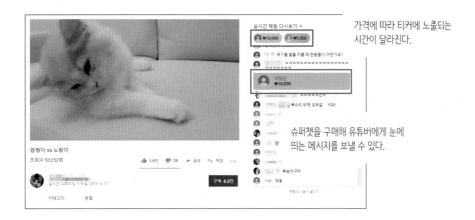

가격에 따라 티커에 노출되는 시간이 달라진다.

슈퍼챗을 구매해 유튜버에게 눈에 띄는 메시지를 보낼 수 있다.

먼저 〈다섯째마당〉에서 살펴본 슈퍼챗입니다. YouTube 파트너 프로그램에 가입해 수익 창출이 가능하고 구독자 1,000명 이상, 지난 12개월 동안의 시청 시간 4,000시간을 충족하는 18세 이상의 유튜버는 실시간 스트리밍을 할 때, 시청자가 구매한 슈퍼챗(유료 채팅 메시지)을 통해 수익을 얻을 수 있습니다. 단, 슈퍼챗은 18세 이상이라는 연령 제한이 있고 미등록, 비공개 실시간 스트리밍(공개적인 실시간 스트리밍에서만 사용 가능)에서는 사용할 수 없습니다. 유튜브에서 가져가는 수익과 수수료를 제하고 65~67% 정도의 수익이 발생합니다.

② 유튜브 프리미엄 시청료

유튜브는 '유튜브 프리미엄'이라는 유료멤버십을 운영하고 있습니다. 유튜브 프리미엄에 가입한 시청자는 수백만 편의 유튜브 동영상을 광고 없이 감상할 수 있고, 동영상과 재생목록을 휴대기기에 다운로드하여 데이터를 사용하지 않고도 시청할 수 있습니다. 또한, 휴대기기에서 다른 앱을 사용 중이거나 화면이 꺼진 상태에서도 계속 동영상을 재생할 수 있으며, 모든 유튜브 오리지널 시리즈와 영화를 감상할 수 있고, 유튜브 뮤직을 무료로 구독할 수 있습니다. 구글 홈(Google Home)◆ 또는 크롬캐스트 오디오(Chromecast Audio)◆◆에서 음악을 즐길 수도 있어서 가입자가 증가하는 추세입니다.

■ **유튜브 프리미엄 가입 혜택**

- 유튜브 동영상을 광고 없이 감상할 수 있다.
- 동영상과 재생목록을 다운로드하여 데이터를 쓰지 않고도 재생할 수 있다.
- 다른 앱을 사용 중이거나 화면이 꺼진 상태에서도 끊김 없이 재생할 수 있다.
- 모든 유튜브 오리지널 시리즈와 영화를 볼 수 있다.
- 유튜브 뮤직을 무료로 사용할 수 있다.
- 구글 홈과 크롬캐스트를 통해 음악을 즐길 수 있다.

유튜브는 유튜브 프리미엄에 가입한 시청자가 유튜버의 영상을 시청하면 시청 시간 대비 유튜버에게 시청료를 분배해 줍니다.

◆ **구글 홈(Google Home):** 구글에서 선보인 AI 스피커
◆◆ **크롬캐스트 오디오(Cromecast Audio):** 집에 있는 유선 스피커, 헤드폰, 이어폰을 와이파이로 연결하여 블루투스 스피커처럼 사용할 수 있게 해준다.

③ 채널 멤버십

채널 멤버십 기능을 이용하는 시청자는 매달 반복 결제를 통해 채널에 가입하고 배지, 그림, 이모티콘, 기타 제공 상품 등의 회원 전용 혜택을 누릴 수 있습니다. 채널 멤버십 가입은 채널 멤버십 기능 페이지(youtube.com/channel_memberships)에서 할 수 있습니다.

유튜브 채널 구독자 수 3만명 이상, 유튜버 나이 만 18세 이상, YouTube 파트너 프로그램에 가입 시 개설할 수 있으며 활성 상태에서 위반 경고가 없어야 합니다. 유튜버는 채널 멤버십 가입 수익의 일부를 제공받습니다.

왕초보 Q&A! 유튜브 수익 모델

① 유튜브 광고 수익 조회 수가 1만회이면 1만원이 광고 수익으로 들어오나요?

대표적으로 가장 잘못 알려진 정보입니다. 유튜브의 광고 수익은 시청자의 시청 시간과 어떤 광고가 집행되었는지, 광고 유형은 무엇인지에 따라 달라지고, 채널마다 집행되는 광고비가 다릅니다. 따라서 조회 수 1에 1원의 수익이 발생한다는 것은 사실이 아닙니다. 예를 들어 어떤 영상이 똑같이 조회 수 100만을 기록해도 유튜버 A는 20만원의 수익만 얻고, 유튜버 B는 80만원을 수익으로 얻을 수도 있는 것이죠.

② 광고 수익을 높이려면 어떻게 해야 하나요?

10분 이상의 영상에는 중간 광고를 붙이는 것이 가능합니다. 하나의 영상을 몰입감 있게 만들면 시청자는 중간에 광고가 나오더라도 쉽게 이탈하지 않습니다. 단, 중간 광고를 너무 많이 넣으면 영상과 채널에 대한 호감도가 하락하기 때문에 길이에 따라 적당히 넣어야 합니다. 광고는 10분당 하나 이상은 넣지 않는 것이 좋습니다. 예를 들어 30분짜리 영상에 중간 광고 2개까지는 괜찮지만, 그 이상 넘어가면 채널 호감도가

하락합니다. 시청자 입장에서는 광고가 없을수록 좋으니까요.

또한, 광고 수익은 시청 시간에 절대적으로 영향받으므로 제목과 섬네일로 시청자들을 낚는 콘텐츠는 수익에 불리합니다. 시청자들이 곧바로 이탈하기 때문이죠. 내용에 충실한 제목과 섬네일을 통해 시청 시간을 높이고, 채널 이탈율을 낮추는 데 힘써야 합니다. 시청 시간과 조회 수 높은 영상과 채널에 더 높은 단가의 광고가 집행되는건 당연하겠죠?

초보 유튜버가 유튜브를 운영하면서 할 수 있는 최선은 3분 이상의 영상을 꾸준히 제작하되 진정성을 가지고 러닝타임을 조금씩 늘려나가는 것입니다.

③ 구독자가 많아지면 수입도 더 많아지나요?

해외 사례를 살펴보면 구독자 수에 따라 유튜버가 구간별로 받는 광고 집행료가 다르다는 사실을 알 수 있습니다. 즉, 같은 길이의 영상을 업로드하더라도 시청 시간이 높고 구독자의 채널 이탈율이 낮은 채널에는 높은 단가의 광고가 집행되고, 그렇지 않은 채널에는 적은 단가의 광고가 집행되는 거죠. 따라서 좋은 콘텐츠와 내용으로 채널을 운영하는 것은 구독자 수만큼이나 중요합니다.

구독자가 많으면 많을수록 광고 수익에서 유리한 것은 사실입니다. 단, 구독자가 아무리 많아도 시청하는 사람이 적고, 한 달에 1~2개의 영상만 업로드된다면 수익은 적을 수밖에 없지요. 반면, 구독자는 적지만 매일매일 꾸준히 영상을 업로드하고 시청 시간과 조회 수가 높은 채널은 수익도 점점 증가할 뿐 아니라 구독자 수도 꾸준히 상승합니다.

유튜버도 소속사가 있다? – MCN

MCN은 다중 채널 네트워크(Multi Channel Network)의 약자로, 유튜버 중 많은 수익을 내는 스타들이 생겨나자 이들을 묶어서 관리하기 위해 생겨난 회사입니다. MCN은 유튜버에게 브랜디드 콘텐츠✦ 제작 중계, 프로그램 기획, 프로모션, 저작권 관리, 추가 수익 창출, 굿즈 판매 및 잠재고객 개발 등을 지원하는 역할을 합니다. 국내에서는 샌드박스 네트워크, DIA TV, 트레저헌터 등이 있습니다.

샌드박스 네트워크   DIA TV

MCN은 유튜버의 소속사!

트레저헌터

채널이 건강하게 성장하고 있고, 타깃이 분명하다는 가정하에 MCN측에서 유튜버에게 영입 제안을 하는 경우도 있고, 유튜버가 스스로 MCN 측에 소속 희망 의사를 밝히고 들어가기도 합니다.

몇몇 MCN은 가입 조건으로 유튜버의 영상 광고 수익을 일정 부분 공유하기 때문에, 수익이 적은 채널에는 불리할 수도 있습니다. 그러나 광고 수익을 공유하더라도 본인이 얻을 것이 더 크다고 판단되면 가입하는 것을 추천합니다.

✦   **브랜디드 콘텐츠(Branded Contents)**: 다양한 문화적 요소와 브랜드 광고 콘텐츠의 결합으로, 콘텐츠 안에 자연스럽게 브랜드 메시지를 녹이는 것을 목표로 한다. 즉 광고이지만 광고가 아닌 듯, 시청자들에게 재미를 선사하고 공감을 이끌어내는 광고 형태를 말한다.

37 유튜브 광고 수익 정산받기

외화로 입금되는 유튜브 광고 수익

꾸준히 영상을 업로드해서 실제로 내 유튜브 채널에 광고 수익이 들어온다면 어떻게 확인하고, 내 계좌로 지급받을 수 있을까요?

▪ 유튜브 광고 수익 지급 4단계 과정 ▪

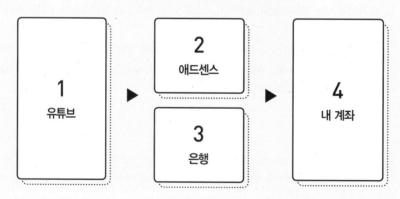

유튜브에서 발생한 광고수익은 유튜버의 계좌로 곧장 들어오지 않습니다. 수익이 외화로 지급되기 때문에 처음 수익을 지급받는 유튜버의 경우 은행에서 여러 단계의 신원 확인을 거쳐야 합니다. 이번 시간에는 내 유튜브 채널의 광고 수익을 확인하고, 계좌로 지급받는 방법에 대해 알아보겠습니다.

왕초보 Q&A! 유튜브 광고 수익

① YouTube 스튜디오에서는 실시간으로 수익을 확인할 수 없어서 답답해요. 실시간으로 수익을 확인할 수는 없나요?

광고 수익을 실시간으로 확인하는 방법은 애드센스 홈페이지(www.google.co.kr/adsense)에 들어가서 보는 방법 외에는 없습니다. 애드센스에 접속한 후 메뉴의 [보고서] → [제품] → [실적 보고서] → [신규 보고서]에서 YouTube 호스트를 조회하면 실시간으로 수익을 확인할 수 있습니다. 단, 정확도는 YouTube 스튜디오의 추정 광고 수익이 더 높은 편입니다. 만약 [실적 보고서]를 찾을 수 없다면, 유튜브와 애드센스를 연결해야 합니다. 보통 YouTube 파트너 프로그램 참여 신청 후 검토까지 승인되면 저절로 연결됩니다.

② 유튜브 광고 수익도 세금을 내야 하나요?

당연히 내야 합니다. 수익금이 외화라서 영세율을 적용받아 부가세는 납부하지 않아도 되지만, 올해 유튜브 광고 수익으로 소득이 발생했다면 내년 5월에 종합소득세 신고를 통해 정상적으로 세금을 납부해야 합니다.

1 | 유튜브 광고 수익 확인하기

YouTube 스튜디오가 개편되면서 수익을 편하게 확인할 수 있게 되었습니다. 월별로 수익이 얼마나 들어오는지, 어떤 동영상에서 수익이 많이 발생했는지, 어떤 광고 유형에서 수익이 났는지 확인할 수 있습니다.

① YouTube 스튜디오(studio.youtube.com)에 접속한 후, 좌측의 [분석] → [수익 창출]을 누릅니다. YPP 참여 승인이 되지 않은 상태에서도 수익 창출 탭은 활성화되지만 수입은 들어오지 않습니다.

② 그래프 아래 월별 추정 수익, 수익 상위 동영상, 광고 유형 등 확인하고 싶은 내역 밑 〈더보기〉를 마우스로 클릭하면 상세한 정보를 볼 수 있습니다.

〈더보기〉를 클릭하면
상세내역 확인 가능

2 | 수익 지급받을 정보 입력하기

① 유튜브 수익이 10달러에 도달하면 애드센스 가입 시 입력했던 주소로 PIN번호가 우편물로 발송됩니다. 단, 우편물 발송에 짧게는 2주 길게는 4주까지 소요될 수 있으므로 기다려야 필요합니다.

PIN번호가 적힌 우편물의 모습

PIN번호가 적힌 우편물은 수익 10달러 달성 시 발송!

② 애드센스 사이트(www.google.co.kr/adsense)에 접속해 [계정] → [계정 정보]에 들어가 〈주소 인증〉을 누릅니다. '주소를 확인하지 않아 지급이 보류 중입니다.'라는 메시지는 10달러 이상 수익이 발생했지만 주소 인증을 하지 않았을 때 뜹니다.

---

tip

콘텐츠 제작에도 도움 되는 수익 창출 분석

YouTube 스튜디오에서는 2일 전까지의 수익 정보를 확인할 수 있습니다. 유튜브 수익은 추정 광고 수익과 슈퍼챗, 유튜브 프리미엄 시청료 등이 합산되어 표시되는데, 나중에 지급되는 것과 확인해 봐도 별다른 차이가 없을 정도로 정확한 편에 속합니다.

수익 창출 현황을 보면 어떤 영상에서 수익이 많이 발생했는지 확인할 수 있어서 다음 콘텐츠 계획을 세우는 데도 도움이 됩니다. 또한, 수익을 확인하면서 시청자의 연령, 성별 등도 파악할 수 있고 트래픽이 어디에서 들어왔는지도 알 수 있으므로 타깃에 맞는 영상 콘텐츠를 기획한다면 더 높은 수익 창출이 가능합니다.

③ 하단의 빈칸에 PIN번호를 입력하고, 〈PIN 제출〉을 눌러주세요.

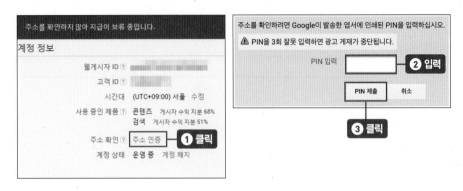

④ 수익금을 지급받을 계좌번호를 입력하기 위해 애드센스에 접속합니다. [지급] → '지급 받는 방법'에서 〈결제 수단 추가〉를 클릭합니다.

⑤ [결제 수단 추가] 창이 뜨면 '새 은행 송금 세부정보 추가'를 선택 후 〈저장〉을 누릅니다.

⑥ 수익금을 받을 예금주, 은행 이름, SWIFT 은행 식별 코드, 계좌번호를 영문으로 입력합니다. 외화로 들어오기 때문에 반드시 영문으로 작성해야 합니다.

7 다 작성했다면 〈저장〉을 누릅니다.

외화가 입금되므로
반드시 영문으로 작성!

SWIFT 은행 식별 코드

은행명	영문명	SWIFT 은행 식별 코드
신한은행	SHIN HAN BANK	SHBKKRSE
하나은행	HANA BANK	HNBNKRSE
외환은행	KOREA EXCHANGE BANK	KOEXKRSEXXX
우리은행	WOORI BANK	HVBKKRSEXXX
한국씨티은행	CITIBANK KOREA	CITIKRSX
SC제일은행	STANDARD CHARTERED FIRST BANK KOREA	SCBLKRSE
대구은행	DAEGU BANK	DAEBKR22
우체국	KOREA POST OFFICE	SHBKKRSEKPO
국민은행	KOOK MIN BANK	CZNBKRSE
기업은행	INDUSTRIAL BANK OF KOREA	IBKOKRSE
경남은행	KYONGNAM BANK	KYNAKR22XXX
부산은행	BUSAN BANK	PUSBKR2P
농협	NATIONAL AGRICULTURAL COOPERATIVE FEDERATION	NACFKRSEXXX
광주은행	THE KWANGJU BANK, LTD.	KWABKRSE

3 | 유튜브 광고 수익 지급받기

은행 계좌를 애드센스에 등록하고 수익이 100달러에 도달하면 그때부터 수익금을 지급받을 수 있습니다. 이번 달에 열심히 활동한 유튜버의 수익은 다음 달 10~14일에 애드센스의 가상 계좌로 정산됩니다. 애드센스 가상 계좌에 입금된 수익금이 100달러를 초과하면 입력한 은행 계좌로 보통 21일 전후로 지급됩니다.

■ 유튜브 광고 수익 지급 3단계 과정 ■

1		2		3
유튜브 유튜브 수익 발생	▶	**애드센스 가상계좌** 다음달 10~14일 정산	▶	**유튜버** 정산금액 100달러 초과 시 21일 전후 지급

유튜브에서 애드센스로의 정산이나, 애드센스에서 유튜버의 은행 계좌로 지급은 한 번 설정해두면 자동으로 실행됩니다.

Google AdSense

최근 지급 내역 확인 필요

2018년 8월 21일에 Google AdSense의 수익금을 귀하에게 송금하였습니다.

본 이메일을 수신한 날짜로부터 영업일 기준 5일 이내에 수익금을 수령하지 못하면 은행에 문의하여 자세한 내용을 알아보시기 바랍니다.

최근 지급 내역을 확인하는 방법은 다음과 같습니다.

- 애드센스 계정에 로그인합니다.
- 앱의 오른쪽 상단에 있는 톱니바퀴 아이콘을 클릭한 후 드롭다운 목록에서 '지급'을 선택합니다.

은행에서 외화 확인 검토를 거친 뒤
통장으로 입금!

송금했다는 메일이 왔는데도 계좌로 수익금이 입금되지 않았다고 해서 초조해할 필요는 없습니다. 수익금이 처음 은행으로 지급되면, 은행에서 입금된 외화를 검토하느라 담당 은행원에게서 확인 전화가 올 수 있는데, 구글 광고 수익이라고 말하면 별다른 문제 없이 지급 처리가 됩니다.

유튜브 광고 수익 수령 시 수수료 아끼는 방법

1 | 수익은 외화통장으로!

유튜브 광고 수익은 해외에서 국내로 송금되기 때문에 외화통장으로 받는 것이 유리합니다. 일반적인 통장으로 100달러 이상 송금받으면 1만원 상당의 수수료가 발생하기 때문이죠. SC제일은행의 외화입출금통장은 300달러 미만의 수익금에 대해서는 수수료를 내지 않아도 되기 때문에 많은 유튜버들이 사용하고 있습니다.

2 | 지급 기준액 높이기!

대부분 은행에서는 미화 100달러 수령 시 1만원 내외의 수수료가 발생합니다. 유튜브 수익금이 10만원인데 수수료가 1만원이면 너무 비싸죠. 이럴 땐 어떻게 해야 할까요? 지급 기준액을 높이면 해당 금액에 도달해야 수익이 지급되므로 수수료를 아낄 수 있습니다.

❶ 애드센스에 접속한 뒤 [지급] → '설정'의 〈설정 관리〉를 누릅니다.
❷ [결제 계정] 하위 메뉴 중 '지급 일정' 옆 수정 아이콘 〈✏〉을 클릭합니다.
❸ '지급 기준액 늘리기'에서 기준액 설정을 변경할 수 있습니다.

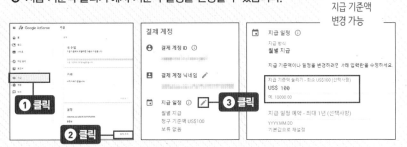

38 ▶ 유튜브 밖에서도
돈 버는 유튜브 부업왕

지금까지 유튜브 광고 수익을 정산 받는 방법에 대해 알아보았습니다. 혹시 광고 수익만이 유튜버가 얻을 수 있는 수익의 전부가 아니란 사실을 알고 있나요? 유튜브를 기반으로 활동하는 1인 크리에이터들은 광고 수익 외에도 여러 활동을 통해서 추가로 수익을 내고 있습니다. 이번 시간에는 유튜브 밖에서도 수익을 낼 수 있는 다양한 방법에 대해 알아보겠습니다.

다양한 수익을 얻기 위한 유튜브 기초 체력 만들기

유튜브 밖에서도 수익을 내기 위해서는 우선 기본이 되는 유튜브 채널이 건강하게 성장해야 합니다. 채널을 운영하다 보면 반복되는 콘텐츠 제작으로 인해 매너리즘에 빠지기도 하고, 유튜브가 아닌 다른 것에 한눈파는 경우도 많습니다. 처음부터 빨리 뭔가 되기를 바라기보다는 유튜브 채널이 안정적인 궤도에 오를 때까지는 조금 느리더라도 자신만의 생산성 루틴을 만들어서 잘 관리해야 하죠.

유튜브를 건강하게 운영하는 데 필요한 기초 체력은 크게 체력과 정신력으로 나눌 수 있습니다. 체력 부분에서는 감기와 몸살 등이 걸리지 않게 육체를 관리하며 꾸준히 콘텐츠를 제작해야 하고, 정신력 부분에서는 끊임없는 반복 작업을 통해 번아웃♦이 오지 않도록 멘탈을 관리하면서 콘텐츠를 기획하고 채널을 운영해야 합니다.

체력이란? 콘텐츠 제작과 실행!

① 유튜브 운영 기본에 충실하기

1주일에 2~3개씩 꾸준히 콘텐츠를 제작해서 업로드해야 합니다. 유튜브는 커뮤니케이션을 기반으로 한 플랫폼이므로 콘텐츠 업로드가 곧 시청자들과 소통할 수 있는 수단이 됩니다.

② 흥행 콘텐츠 모방하기

채널 운영 초기에는 자신이 정한 분야에 해당하는 유튜브 콘텐츠를 많이 보고, 인기 영상을 벤치마킹하면서 유튜브에서 즐겨 사용되는 콘텐츠 제작 문법을 익혀야 합니다. 아무것도 없는 0에서 시작하려고 하면 너무나 막막하고 힘들죠. 처음부터 뭔가 새로운 것을 만들려고 하기보다는 약간 모방하더라도 유튜브 고유의 문법을 완전히 체득할 때까지 꾸준히 만드는 것이 중요합니다.

◆ **번아웃(Burnout):** 의욕적으로 일에 몰두하던 사람이 극도의 신체적·정신적 피로감을 호소하며 무기력해지는 현상

③ SNS 닉네임 통합하기

블로그, 인스타그램, 브런치◆ 등 유튜브 외 보조 채널의 닉네임을 유튜브와 동일하게 사용하여 기업이나 관공서 담당자들이 섭외할 때 쉽게 접근할 수 있게 해야 합니다. 가끔 SNS에서 다른 닉네임을 사용하는 분들도 있는데, 모든 것은 나의 입장과 기준이 아니라 그것을 소비하는 시청자와 섭외자의 관점에서 바라봐야 합니다.

정신력이란? 채널 기획과 운영!

① 통찰력

내가 좋아하고 흥미 있는 시장이 아니라 시청자가 존재하는 시장(분야)에서 채널을 시작해야 합니다. 대중적인 감각을 타고나서 자신이 좋아하는 것을 다른 사람들도 좋아하는 경우가 간혹 낮은 확률로 있을지도 모르겠으나, 일반적인 경우에는 나의 취향과 대중의 소비가 다를 때가 많습니다. 자신이 선택한 분야의 시청자가 무엇을 원하는지 계속 배워나가고 알아가는 과정이 유튜브 운영의 핵심입니다. 그들이 원하는 것이 무엇인지 알았다면 제공해 주면 됩니다.

② 확장성

광고 수익만이 유튜브로 얻을 수 있는 수익의 전부가 아닙니다. 광고 수익을 기본으로 삼아, 자신의 유튜브 채널이 인기를 얻었을 때 오프라인 활동과 비즈니스까지도 가능한지 염두에 두고 채널을 기획해야 합니다. 2차 활동을 통해 수익과 영향력을 더욱 증대할 수 있습니다.

◆ **브런치**: 카카오톡을 만든 카카오에서 내놓은 소셜미디어 서비스로, 일반인들도 자기만의 공간에 글을 적고 다른 사람과 공유할 수 있다.

③ 필승법

시행착오를 통해 변수를 줄여야 합니다. 영상을 올릴 때마다 조회 수가 높게 나온 다면 그건 확실한 진성 구독자가 많아졌기 때문이기도 하지만, 자신이 운영하는 유튜브 채널 시청자가 무엇을 원하는지 정확히 알고 그것을 제공하고 있기 때문입니다. 처음에는 그 분야의 시청자가 원하는 것을 정확히 알기 어렵습니다. 모두 짐작이고 가설일 뿐이죠.

자신이 운영하는 채널의 시청자가 원하는 콘텐츠에 대한 가설을 세우세요. 그 가설을 토대로 10개의 콘텐츠를 만들고, 어떤 내용으로 조합할 때 가장 반응이 좋은지 분석하세요. 반응이 좋지 않은 조합은 버리고, 좋은 반응에서 추출한 코드를 계속 반영

■ 시청자 타깃팅하기 ■

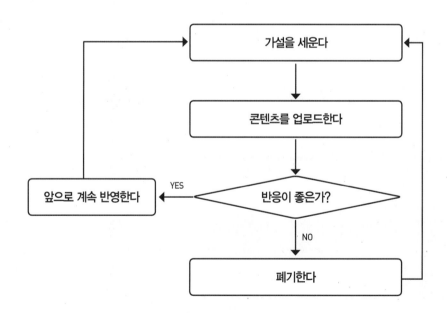

해 가설을 업데이트해 나가시길 바랍니다.

어느 날부터 콘텐츠에 대한 반응이 지속적으로 좋다면 그것은 더 이상 가설이 아닙니다. 자신의 채널을 시청하는 사람들의 욕망을 정확히 읽어낸 것이지요. 변수가 0이 될 때까지 계속 시도하고 시행착오를 거듭하세요. 그렇게 이해한 시청자의 욕망을 바탕으로 채널을 운영한다면 구독자는 계속 늘어날 것입니다.

구독자 수가 1만명이 되면 자신의 채널에 관한 최고의 고수는 바로 자기 자신이며, 이때부터는 건강한 콘텐츠 제작 습관을 통해 생산성 루틴을 몸에 익혀서 꾸준히 운영하면 됩니다.

유튜브 추가 수익 1 | 브랜디드 콘텐츠 제작

과거에는 블로그를 운영하는 파워 블로거들에게 제품이나 서비스 협찬이 많이 제공되었습니다. 브랜디드 콘텐츠 제작은 이것이 유튜브로 옮겨간 것으로 보면 됩니다. 하지만 브랜디드 콘텐츠는 단순히 제품 PPL을 해주는 개념이 아니라, 유튜브 채널을 운영하는 유튜버들이 자기 콘텐츠 스타일대로 클라이언트(기업, 공공기관)의 제품과 서비스를 시청자의 눈높이에 맞게 소개해주는 방식입니다. 쉽게 '브랜드 컬래버레이션 광고'라고 부르기도 하죠.

제품이나 서비스를 유튜버만의
스타일로 창작하여 홍보

브랜디드 콘텐츠 사례(출처: 영국남자)

유튜브 채널을 운영할 때, 영상에 붙는 기본적인 광고 수익은 영상을 꾸준히 업로드한다는 가정하에 매달 정기적으로 들어오는 좋은 수입원입니다. 이 수익은 자신이 얼마나 영상을 꾸준히 업로드하느냐에 따라 달라집니다.

반면, 브랜디드 콘텐츠는 스스로 하고 싶다고 할 수 있는 게 아닙니다. 클라이언트인 기업과 공공기관 등이 의뢰해야 할 수 있죠. 이들은 보통 유튜버들의 소속사인 MCN에 많이 의뢰하는 편입니다.

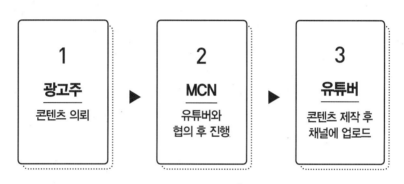

■ 브랜디드 콘텐츠 진행 3단계 과정 ■

MCN에서는 광고주에게 브랜디드 콘텐츠를 의뢰받아 유튜버에게 일을 줍니다. 회사별로 다르지만 보통 유튜버와 MCN이 6:4 비율로 광고 의뢰비를 나눕니다. 예를 들어 광고주가 100만원에 광고를 의뢰했다고 가정했을 때 유튜버는 60만원, MCN은 40만원을 가져갑니다.

어떤 분은 "MCN이 너무 많이 가져가는 거 아니냐?"라고도 하는데, MCN은 유튜버가 제작에만 집중할 수 있도록 광고주와의 모든 커뮤니케이션을 담당합니다. 계약서에 나와 있지 않은 무분별한 수정도 막아주고, 비즈니스가 원활히 성사될 수 있도록 최선을 다하기 때문에 40% 정도의 몫을 주더라도 MCN과 함께하는 것이 브랜디드 콘텐츠로 수익 내기에는 유리합니다. 무엇보다 브랜디드 콘텐츠의 경우 개인에게 의뢰하기보다는 MCN에 의뢰하는 경우가 훨씬 많기 때문이죠.

유튜브 추가 수익 2 | 강연료

예전에는 전문가로 불리려면 관련 학위를 취득한 후 특정 직업에 오래도록 종사해야 했습니다. 하지만 지금은 유튜브를 통해 한 가지 주제를 꾸준히 다루고, 그에 대한 팬덤이 확실히 형성되면 준전문가 대우를 해주는 시대가 되었습니다.

오프라인 강연 시장도 작은 규모는 아니어서 자신의 유튜브 분야에 해당하는 주제로 강연할 기회를 잡을 수도 있습니다. 강연은 1회성일 수도, 몇 회에 걸친 연속 강의일수도 있습니다.

이처럼 유튜브를 통해 오프라인 비즈니스로도 진출할 수 있고, 이때 내가 가진 해당 분야의 콘텐츠 인사이트를 바탕으로 진행하기 때문에 퍼스널 브랜딩◆에도 유리합니다.

유튜브로 쌓은 퍼스널 브랜딩을 활용하여 강의

필자(수다쟁이쭌)의 강연

◆ **퍼스널 브랜딩(Personal Branding):** 자기 자신을 브랜드화하여 사람들에게 '나'를 각인시키는 것

유튜브 추가 수익 3 | 온라인 마케팅 대행

　　해외 유명 이커머스 '아마존 닷컴'과 국내 기업 '쿠팡'의 온라인 마케팅을 대행해 주고 수익을 낼 수 있습니다. 먼저 아마존은 '어필리에이트'라는 서비스를 운영합니다. 어필리에이트는 아마존이 제공하는 제휴마케팅 프로그램입니다. 제휴 링크를 타고 아마존에 접속한 소비자가 제품을 구매하면 제품 가격의 일부분을 아마존 어필리에이트 파트너에게 지불하는 방식입니다. 즉, 유튜버가 영상에 관련 아마존 제휴 링크를 넣고, 시청자가 이 링크로 아마존에 방문해 제품을 구매하면 수수료를 통한 수익을 얻을 수 있습니다. 아마존 입장에서는 유튜버에게 홍보비를 제공하는 셈이고 유튜버 입장에서도 추가 수익이 발생하므로 나쁘지 않습니다.

■ 아마존 · 쿠팡 온라인 마케팅 수익 창출 방식 ■

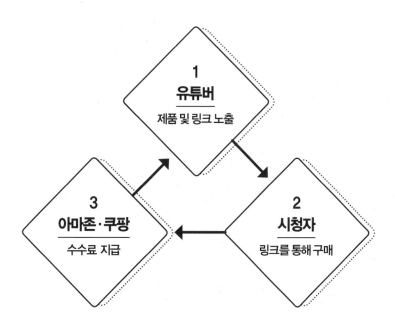

국내에서는 쿠팡이 비슷한 '파트너스'라는 제휴마케팅 프로그램을 제공합니다. 제품을 매력적으로 소개하는 영상을 올리고, 내용 설명란에 해당 상품의 쿠팡 파트너스로 생성된 나만의 링크를 올린 뒤 그 링크를 타고 간 시청자가 제품을 구매하면 3~8%의 수수료를 주는 방식입니다. 쿠팡이 아마존과 다른 점은 한 번 링크를 클릭한 후 바로 구매하지 않아도 24시간 내에 구매하면 인정해준다는 점입니다. 이런 쪽에 수완이 좋은 분들에게는 앞으로 수익을 많이 낼 수 있는 분야로 보입니다.

유튜브 추가 수익 4 | 방송 등 게스트 출연료

유튜브를 통해 해당 분야에 영향력이 생기고 구독자가 늘어나면, 1인 미디어로만 활동하는 것이 아니라 방송에 출연할 기회도 생깁니다. 요즘 방송국들은 유튜버를 단골 게스트로 끌어들여 새로운 시청자층을 늘리려고 노력 중입니다.

앞으로는 TV 프로그램뿐만 아니라 라디오 등에서도 게스트로 출연할 수 있는 기회가 점점 늘어날 것으로 보입니다. 연예인에 대한 로망이 없다면 시청률이 저조한 방송에는 출연하지 않는 것이 바람직합니다. 홍보에 도움이 되지 않을뿐더러 들이는 노력에 비해 출연료가 생각보다 적을 수 있기 때문입니다. 하지만 한 번쯤 경험삼아 해보고 싶다거나, 시청률이 높고 출연료가 적절하다면 나쁘지 않습니다.

방송 진출 계획이 있다면 방송 출연 추천

방송 출연 중인 유튜버들(출처: 랜선라이프)

유튜브 추가 수익 5 | 오프라인 행사 패널 참가비

단독으로 진행하는 강연과 녹화를 통한 방송 말고도 다양한 패널들이 나와서 진행하는 오프라인 행사에서도 유튜버 섭외가 큰 인기를 얻고 있습니다. 자신의 유튜브 채널과 일치하는 분야의 경우, 구독자가 많아 그 분야에 영향력이 있다고 판단되면 기자와 전문가가 아니더라도 유튜버를 패널로 부르는 경우가 종종 있는데요. 이때 참가비를 받을 수 있습니다. 사전 인터뷰와 미팅을 많이 해야 하는 방송에 비해 에너지 소모가 덜하며, 입금도 상대적으로 빨리 되는 편입니다.

이처럼 유튜브는 단지 동영상 업로드에 그치는 것이 아니라 나만의 콘텐츠로 퍼스널 브랜딩을 할 수도 있고, 시청자와 소통해 얻은 두터운 팬층을 기반으로 방송 및 강연 등 여러 방면에 진출할 수 있는 기회가 되기도 합니다. 이런 측면을 잘 활용하면 수익을 꾸준히 창출하여 부업으로 이용할 수도 있고, 은퇴 후 적적한 노후생활에 활기를 되찾을 수도 있으며, 나만의 브랜드를 홍보할 수도 있습니다.

누군가는 부업왕이 되고 싶어서 다른 누군가는 그저 자신이 좋아하는 것을 남들도 좋아해 주었으면 하는 '정보 공유 차원'에서 유튜브를 시작했을 수도 있습니다. 여러분이 어떤 계기로 유튜브를 시작했든 그것은 더 이상 중요하지 않습니다. 일단 시작한 뒤에는 앞으로 어떻게 해나가느냐가 더욱 중요한 과제이니까요. 이 책이 유튜브라는 넓은 세계에서 여러분에게 좋은 나침반이 되기를 바랍니다.

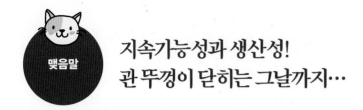

지속가능성과 생산성!
관 뚜껑이 닫히는 그날까지…

유튜브를 시작하는 이에게 필요한 것은
지속가능성과 생산성

어느덧 명망 있는 기업의 대표이사가 된 선배를 오랜만에 만났다. 수많은 고생 끝에 이제는 편하게 살 줄 알았던 선배는 이번 달에 퇴사한다고 말했다. 퇴사하고 무엇을 할 건지 묻는 나에게 선배는 자신이 해왔던 업무의 컨설팅 활동과 더불어 유튜브 운영을 시작할 거라고 했다. 한창 일할 40대에 대표이사까지 하고 있는 분이 왜 퇴사를 하는지를 묻자, 선배는 아무리 회사 생활을 열심히 하더라도 정년까지 직장을 다닐 수 없으며 대표이사라는 직함이 있어도 결국 그 회사는 남의 것이라고 했다.

선배는 아주 작더라도 자신의 것을 하며, 내 일을 일구고 싶다고 했다. 그러면서 유튜브를 할 때 뭐가 가장 중요한 거 같냐고 물었다. 나는 '지속가능성과 생산성'이라고 대답했다. 중간에 그만 둘 것 같으면 시작을 말아야 하고, 시작했다면 관 뚜껑이 닫히는 그날까지 지속해야 한다고…. 그리고 매주 콘텐츠를 업로드해야 하기에 생산성도 중요하다고 말했다.

업로드는 시청자와의 연락 수단,
꾸준한 업로드와 부담 없는 제작이 관계 유지의 포인트!

조직을 떠나 개인이 혼자서 활동하며 수익을 낼 수 있는 유튜브 크리에이터 활동은 지속가능성과 생산성이 거의 전부라 할 정도로 중요하다. 매주 콘텐츠를 생산하고 꾸준히 업로드를 하지 않으면, 시청자와의 관계를 잃게 된다. 커뮤니티 성격이 강한 유튜브에서 시청자와의 관계를 잃으면 조회 수, 시청 시간을 잃게 되고, 수익을 비롯한 모든 것이 무너지게 된다.

무너지지 않으려면 유튜브를 어떻게 운영해야 하며, 생산성을 높일 수 있는 방법은 무엇인가? 친구든 연인이든 모든 인간관계는 꾸준히 연락하지 않으면 사이가 소원해질 수밖에 없다. 유튜브 콘텐츠 업로드는 시청자들에게 하는 크리에이터의 연락 수단이다. 따라서 매주 꾸준히 콘텐츠를 업로드해야만 관계를 지속할 수 있다.

또한 생산성을 높이려면 힘을 빼야 한다. 유튜브 영상 하나를 만들 때마다 엄청난 힘과 거대한 비용을 들여 제작한다면 얼마 못가 번아웃이 찾아올 것이다. 아무리 사랑하는 연인이라도 만날 때마다 50만 원짜리 밥을 먹고 최고급 호텔에서 약속을 잡아야만 만날 수 있다면 그 관계가 오래갈 수 있겠는가? 동네에서 떡볶이를 먹고, 트레이닝 복 차림으로 만나도 애틋하고 그립고 사랑스러울 수 있어야 지치지 않고 오래가지 않겠는가?

유튜브는 골인지점 없는 마라톤,
유튜브의 특성과 타깃에 맞춰 페이스를 유지하자

비오는 날 지하철 입구에서 2,000원짜리 일회용 우산을 파는 상인의 마음으로 유튜브 콘텐츠를 제작해야 한다. 비오는 날 지하철 입구에서 20만 원짜리 최고급 명품 우산을 판다고 가정했을 때 객관적으로는 그 우산이 훨씬 좋겠지만 과연 몇 명이나 그 우산을 구입하겠는가? 그 상황과 공간에서는 2,000원짜리 우산이면 충분하다.

마찬가지로 유튜브 콘텐츠를 제작할 때 플랫폼의 특성과 타깃을 생각하지 않고, 무조건 좋은 것들만 집어넣어 잘 만들려고 힘을 주는 분들이 많다. 하지만 유튜브 운영은 골인지점 없는 마라톤이라고 할 수 있다. 평생을 해야 할지도 모르는 일에 단기간에 무리해서 과도하게 힘을 쓰면, 번아웃이 찾아와 중도에 유튜브 운영을 포기하게 될지도 모른다.

적절한 장소에서 그들이 필요로 하는 타이밍에 그들이 원하는 것을 합리적인 가격에 파는 우산 상인의 심정으로 유튜브 콘텐츠를 제작했으면 하고 진심으로 바란다.

유튜브 롱런의 핵심!
시청자의 입장에서 욕구를 재빠르게 충족해주는 것

나의 욕망이 기준이 되는 것이 아니라 그들의 욕망이 무엇인지 파악하고, 그들이 필요로 하는 것을 그들이 원하는 타이밍에 정확히 제공해주는 것. 그러면서 힘을 빼고 재빠르게 제작하는 것! 그것이야말로 지속가능성과 생산성에서 가장 중요한 요소다.

필자가 만난 선배만큼이나 수많은 사연을 가진 여러분이 지속가능성과 생산성을 잊지 않고, 꾸준히 유튜브를 운영했으면 좋겠다. 필자는 여러분이 포기하지 않고, 지속적인 수익을 내는 부업 크리에이터의 길을 계속 가길 원한다. 그러다가 수입이 많아지면, 전업으로 뛰어드는 것도 좋다. 필자도 지치지 않고 꾸준히 활동할 수 있도록 노력하겠다.

여러 가지 업무를 동시에 진행하느라 턱없이 부족한 시간을 쪼개가며 책을 집필해야 했다. 길어진 작업 일정에도 너그럽게 기다려준 진서원 출판사와 별 볼일 없는 사람에게 긴 시간 소중한 강의를 맡겨준 퇴사학교, 그곳에서 만난 수많은 수강생들, 항상 작업에 힘이 되어준 사랑하는 아내, 언제나 응원해주는 어머니, 낡은 컴퓨터를 새 것으로 교체해준 장인어른과 장모님, 마지막으로 항상 건강과 지혜를 주시는 하나님께 감사드린다.

찾아보기

ㄱ

강연료	396
게임 채널	57
고정 촬영	127
고프로	109, 113
골드	29
곰믹스 프로	154
곰캠	43, 136
공정 사용	44, 48
광고 수입	31
구글 계정	219
구글 번역기	305
구글 홈	378
구도	126
구독 버튼	258
구독 팝업	326
구독 팝업 링크 공유하기	333
구독 팝업 설정하기	332
구독자 수	32
구독자 수별 7단계 혜택	28
그레파이트	29
그립	110

ㄴ

네이버 블로그	294, 298
네이버 파파고	305
노후 준비 유튜버	38

ㄷ

다이아	29
닥터캡처	137
답글	322
대본 쓰기	51, 99
댓글 노하우	324
댓글 활용법	321
동영상 또는 재생목록 카드	330
동영상 캡처하는 방법	207
동영상 콘텐츠 폴더 관리법	155
동영상에 자막 넣기	189
디스플레이 광고	374

ㄹ

라이브 포커스	121
레드오션	56
롱 샷	124, 125
루비	29
룩스패드	110, 129
리허설하는 법	132
링크 카드	330

ㅁ

마블	65
마일스톤	28
맞춤 미리보기 이미지	254
메모장	309
메타데이터	253, 315, 318
목소리만 출연하기	41
무료 소스, 무료 프로그램	44
무료 음원	45
무료 이미지 사이트	46

무료 편집 프로그램	151
무료 폰트	196
문화콘텐츠 리뷰 채널	62
미디엄 샷	124
미러리스 카메라	108, 114, 121

ㅂ

바스트 샷	124, 125
반디캠	43, 136
방송 등 게스트 출연료	398
배경음악(BGM)	44, 45, 147, 164, 186
배경지	112
뱁믹스	151
번아웃	391
범퍼 광고	376
베가스 프로	152
병맛 더빙 유튜버	41
뷰티 채널	59
브랜딩	232
브랜드 계정	219
브랜디드 콘텐츠	394
브런치	392
브론즈	29
블로그 포스팅	299
블루오션	56
비바비디오	200
비틀어보기	81, 83

ㅅ

사용자 숨기기 기능	325

삼각대 110
상위노출 319
색상 매트 180
생활습관 5단계 66
선 기획, 후 놀이 69
설명 319
설문조사 카드 330
섬네일 79, 202, 205, 208, 251, 270
셀카 모드 121
소스 44
소스 패널 158
슈퍼챗 31, 343, 377
스마트폰 112
스크립트 작성 및 자동 동기화 308
스탁스냅 46
스폰서 카드 376
슬라이드 크기 조절하는 법 209
슬레이트 132
시간관리 계획표 71
시청 시간 32, 319
시청자 유입경로 289
시퀀스 54, 146, 169
신체 일부만 출연하기 42
실버 29
실시간 스트리밍 343, 350
실험 채널 61

ㅇ
아마존 397
아바타메이커 236, 238
아이무비 151, 201
악성 댓글 차단 및 필터링 325
악플 322
알고리즘 56
애드센스 367
애드센스 인증 우편물 368

앱 스토어 289
어도비 153
언플래시 46
얼굴 공개 40, 134
영상 업로드 추천 시간 283
영상 콘텐츠 51
영상 확장자의 종류 150
영상기획서 작성법 91
영상에 브랜딩 추가하기 341
예비 구독자 구체화하기 90
예비 구독자 타깃팅하기 89
예약, 비공개 기능 활용법 256
오버레이 광고 374
오캠 43, 134, 138
오토포커스 122
오팔 29
오프라인 행사 패널 참가비 399
온라인 마케팅 대행 397
온라인로고메이커 236
올리기 54, 249, 252, 255
외국어 자막 306
외장 마이크 122
욕설 필터링 325
워터마크 135, 341
원소스 멀티유스 344
웨이스트 샷 124, 125
윈도 무비 메이커 151
유료 편집 프로그램 151
유튜버 26, 27
유튜버 소속사 MCN 381
유튜브 26
유튜브 광고 수익 383
유튜브 광고 수익 발생 3단계 372
유튜브 광고 형식 6가지 373
유튜브 맞춤 URL 만들기 334
유튜브 브랜드 계정 217

유튜브 수익 모델 379
유튜브 수익 지급 4단계 382
유튜브 수익 채널 372
유튜브 오디오 라이브러리 45, 46, 164
유튜브 채널 216
유튜브 채널 브랜딩 232
유튜브 콘텐츠 51
유튜브 크리에이터 26, 27
유튜브 프리미엄 31
유튜브 프리미엄 시청료 377
은행 식별 SWFT 코드 387
음성 싱크 맞추는 법 188
음악/댄스/커버 채널 61
이벤트 342
이커머스 60
인기 콘텐츠 VS 비인기 콘텐츠 78
인스타그램 296, 300

ㅈ
자막 147, 306
자막 번역 요청 311
장난감 채널 57
재생목록 263, 266
저작권 35, 48
저작권 침해 35
제목 319
제작 리소스 30
조명 128
지식 유튜버 41
지향성 마이크 109
직장인 부업 유튜버 37
진성 구독자 344
짐벌 110, 112

ㅊ

창업 준비 유튜버	38
채널 레이아웃	273
채널 멤버십	378
채널 사용자별 권한	231
채널 아이콘	233, 238, 240
채널 아트	233, 242
채널 아트 템플릿	242
채널 정보	279
채널 카드	330
채널 콘셉트 구체화하기	87
채널 홈에 재생목록 추가하기	267
채널 홍보하기	286
채널(닉네임) 작명 체크리스트	85
채널명	84, 224
채널아이콘	234, 240
초지향성	122
촬영샷	123
촬영하기	52, 106
최고의 유튜브 아이템	75
추천 동영상	56, 258, 316

ㅋ

카드	329, 335
캡처보드	348
커버	61
커뮤니티	26, 27
코덱	148
콘셉트	86
쿠팡	397
쿡방	59
퀵타임	140
크롬	218
크롬캐스트 오디오	378
크리에이터 스튜디오	225
크리에이터 아카데미	30
크리에이터 어워즈	30
클로즈업	124, 125
키네마스터	200
키워드	318
키즈 채널	58

ㅌ

타깃팅	88, 393
타임라인	54
타임라인 패널	146, 159, 185
탐색	316
태그	269
탐구	319
통찰력	392

ㅍ

파워 디렉터	45
파워포인트	208, 242
파이널 컷 프로	154
파트너 관리자	30
패션 채널	60
퍼스널 브랜딩	396
퍼플오션	65
페이스유어망가	237
편집하기	53, 144
평균 조회율	364
푸드/쿠킹 채널	59
풀 샷	124, 125
프로그램 패널	160
프로젝트 패널	158
프로필 아이콘	222
프리미어 프로	153, 156, 165, 170
프리큐레이션	46
플러그인	154
픽사베이	49
픽슬러	206

ㅎ

핀 마이크	110
필승법	393

해시태그	320
해외 구독자	304
호스트 리디렉션	369
화면 녹화로 진행하기	43
화이트 밸런스	120
확장성	392
후원 수입	31

기타

3분 동영상	97, 98
3줄 구성법	81, 83
6하원칙	93
Adobe Creative Cloud	167
ASMR 채널	63
DSRL 카메라	114
FanFest 크리에이터 캠프	30
H.264 코덱	148
mp4	54, 150, 197
Next Up	30
OBS 스튜디오	355
Play 스토어	289
ppt(pptx)	213
YouTube 스튜디오	225, 289, 306
YouTube 파트너 프로그램(YPP)	31, 33, 360, 365

왕초보 유튜브 프리미어 프로

좐느(이하나) 지음 | 23,000원

유튜브 최고 영상 편집 크리에이터!
좐느의 쉽지만 '있어보이는'
고급 기술 대방출!

· 왕초보를 중고급자로 변신시키는 마법의 학습서!
· | 왕초보 코스 | 하루 만에 끝낸다! '고양이 소개영상' 완성!
· | 중고급 코스 | 전문가 뺨치는 자막, 사운드, 영상 효과

엑스브레인 쇼핑몰 성공법

엑스브레인 지음 | 20,000원

기사회생! 매출급등!
이 책 1권이면
쇼핑몰·스마트스토어·오픈마켓 모두 OK!

· 왕초보도 연매출 4천만원! 성공한 쇼핑몰의 비밀 대공개!
· 경쟁사 분석, 기획력, 마케팅, 아이템 선정 노하우 수록!
· 2주 완성 쇼핑몰 실전 창업 리스트 수록!

쇼핑몰도 장사다! 장사는 마케팅이다!
상위노출? 키워드 광고? SNS 팔로워? 더 이상 속지말자!

돈이 된다! 스마트스토어

엑스브레인 지음 | 19,800원

네이버 No.1 쇼핑몰 카페 주인장
엑스브레인의 스마트스토어 비밀 과외!

· 취업준비생, 자영업자, 제2의 월급을 꿈꾸는 직장인 강추!
· 포토샵 몰라도, 사진 어설퍼도, 광고비 없어도 OK!

돈이 된다! 해외소싱 대박템

하태성(물주 하사장) 지음 | 22,000원

국내 유명 셀러를 부자로 만든 하사장의
해외소싱 비법 대공개!

· 돈많은언니, 유정햇살, 정다르크 등 유명 셀러 강추!
· 고수의 눈으로 대박 아이템 찾고, 해외소싱까지 한방에
· 이론은 책으로! 현장실습은 동영상으로! 1석2조 학습서
| 부록 | 왕초보를 위한 소싱 파격지원 쿠폰 제공!